The Ideas and Techniques
That will Make You a
Better Cook

RUHLMAN'S TWENTY

邁可・魯曼＿＿＿著
Michael Ruhlman

唐娜・魯曼＿＿＿攝影
Donna Turner Ruhlman

潘昱均＿＿＿＿＿譯

輕鬆打造
完美廚藝

新手變大廚的 *20* 項關鍵技法 & *120* 道經典料理

輕鬆打造
完美廚藝 新手變大廚的20項關鍵技法&120道經典料理

作 者	邁可・魯曼（Michael Ruhlman）
攝 影	唐娜・魯曼（Donna Turner Ruhlman）
譯 者	潘昱均
執 行 長	陳蕙慧
總 編 輯	曹 慧
主 編	曹 慧
封面設計	Bianco Tsai
內頁排版	一起有限公司｜Together Ltd.
行銷企畫	陳雅雯、尹子麟、張宜倩
社 長	郭重興
發行人兼 出版總監	曾大福
編輯出版	奇光出版／遠足文化事業股份有限公司
	E-mail: lumieres@bookrep.com.tw
	粉絲團：https://www.facebook.com/lumierespublishing
發 行	遠足文化事業股份有限公司
	www.bookrep.com.tw
	23141新北市新店區民權路108-4號8樓
	電話：(02) 22181417 傳真：(02) 86671065
	客服專線：0800-221029
	郵撥帳號：19504465 戶名：遠足文化事業股份有限公司
法律顧問	華洋法律事務所 蘇文生律師
印 製	成陽印刷股份有限公司
三版一刷	2021年2月
定 價	450元

有著作權・侵害必究・缺頁或破損請寄回更換
特別聲明：有關本書中的言論內容，不代表本公司／出版集團之立場與意見，文責由作者自行承擔
歡迎團體訂購，另有優惠，請洽業務部（02）22181417分機1124、1135

RUHLMAN'S TWENTY
Text © 2011 by Michael Ruhlman
First published in English by Chronicle Books LLC, San Francisco, California.
This edition arranged with Chronicle Books LLC
Through Big Apple Agency, Inc., Labuan, Malaysia
Complex Characters Chinese edition copyright © 2014, 2021 Lumières Publishing, a division of
Walkers Cultural Enterprises, Ltd.
ALL RIGHTS RESERVED.

國家圖書館出版品預行編目（CIP）資料

輕鬆打造完美廚藝：新手變大廚的20項關鍵技法和120道經典料理 / 邁可.魯曼
（Michael Ruhlman）著；潘昱均譯. -- 三版. -- 新北市：奇光出版：遠足文化事業股份
有限公司, 2021.02
　面；　公分.
譯自：Ruhlman's twenty : the ideas and techniques that will make you a better cook

ISBN 978-986-99274-6-8（平裝）

1.烹飪 2.食譜

427.8　　　　　　　　　　　　　　　　　　　　　　　109020996

線上讀者回函

Michael Ruhlman

前言

這書寫的是今日廚房工作的基本技法,還加入食譜。最重要的是,這本書也探討食物。一切烹飪之事都基於一套基本技法,如果你知道這些技巧,就少有在廚房裡做不出的菜餚。萬幸的是,這些基本技法並沒有成千上萬,甚至連100個都不到。我列出20項,你只需要這20項基礎就可以做出其餘種種。

本書的目標顯而易見:(1)定義並描述廚師所需和使用的全部基本技法,不論他們的技術如何,類別為何。(2)描述清楚這些技法的細微之處,包括如何運作,為什麼重要,以及到底是什麼機制讓它們廣被接受,如此有用。(3)拍下這些技法,讓大家更了解它們的本質、如何運作和為何有用。(4)設計食譜提供實際做法,展現這些基本技法影響深遠之處。

當你看到我所列的技法清單,你會發現有些像是食材成分,而不是烹飪技術。然而與其說它們是食材,倒不如說是工具,而最好的工具總是多用途。運用這些工具,如:鹽、水、酸、洋蔥、雞蛋、奶油、麵粉、糖,其實就是技法所在。每項食材都有多種用途。了解單一食材的所有用法,就像是為你的廚藝肌肉注入類固醇。

其他章節則說明如何做出多變的風味,包括醬汁、高湯,以及增添風味的各種靈丹妙藥。

最後由烹燒方法作結,也就是料理的用火之法,知道什麼食物要用什麼烹燒法,要燒多久,還有常見的何時關火問題。

我將廚藝的基礎整理成20個技法,提供給現代家庭的廚房運用。而烹飪的起點則始於思考。

CONTENTS 前言

思考 THINK

料理起點

它一向被人低估忽視。如果你有食譜，還需要想嗎？當你打開書，上面寫著：「混合A和B，再加入C，攪拌均勻，用350℉／180℃的溫度烤20分鐘。」你是否就只是照著指示做？

這樣烹飪是行不通的。烹飪是無數細微的連串行動，結果根據無數變數而來。你能想到最簡單的菜色是什麼？就說奶油吐司好了。你可以為它寫出一份完美的食譜嗎？目前還沒有切確的方法傳達奶油吐司的做法，並解釋所有的變數。做這類麵包時，奶油的溫度對結果有巨大的影響，你切的多厚，吐司就承受多高的溫度。因為烹飪中所有變數無法清楚交代，無論你是照著書做或跟著本能走，照理說，廚房裡最重要的第一步就是思考而已，即便你只是做一道奶油吐司。

廚房中的思考被低估。

想一想。

在開始之前，停一下，想清楚。

這個工具有難以置信的力量——也許是你在廚房最重要的工具和技法，但是我並沒聽到有哪位主廚或電視烹飪節目曾明確說過「思考」的重要。好好想一想「思考」這件事吧。你能否只靠「想清楚」就證明掉落物體的加速度比定速快？在伽利略證明這點之前，人們已經花了幾千年去了解，但這問題只需做一個簡單實驗就能回答。

先在你的腦中想像有個水桶裝了滿滿一桶水，上面有一塊磚頭從略高處掉下來，想想飛濺的水花。然後，再想像磚頭拿到距離水桶的最高處。你知道會發生什麼事，也理解為什麼——在磚頭擊中水面前你就得跳開。為什麼水花會濺得這麼大？因為從高處掉落的磚頭比低處掉落的磚頭速度快。如此，你已想到了掉落物體的加速度比定速快的道理。重要的物理學定律只要思考清楚就能明白。

當你烹飪時，也該想一想會發生什麼事，想清楚你到底要這個東西看來像什麼。就像鍋中的那塊肉——你要它煎到什麼程度呢？肉下鍋前，油是

什麼狀況？如果和你腦中的想像不符，就要問問自己原因。人家告訴你把奶油減半，請試想要是奶油減半，水分就少了一半，出現的油泡又會像什麼？請想清楚吧！如果奶油燒乾了，奶油多半會燒乾，而這又是什麼意思？這是否意謂你的爐子將會一團亂？沒錯。但更重要的是，那表示鍋裡的油比你所需要的少，因為有一半都變成爐子上的煙了。請想清楚你在煮什麼，先想清楚再做。

組織和準備是廚房中兩項重要的行動，但只有思考後才會出現。任何工作只要事前做好這兩項行動——組織及準備——之後就會得心應手。但如果忽視它們，就會讓自己在還沒開始前就陷入危險。要知道廚房裡95%的失敗，都可歸咎於開始時沒做好組織和準備工作。

餐廳的廚房有個專指組織和準備工夫的法文術語——**Mise en place**，對每個家庭廚房也一樣適用。

Mise en place的字面意思就是「就定位／一切就緒」，但真正的意思是「組織與準備」。它表示所有東西都該各就各位，該在廚檯上的要放在廚檯，該在爐子旁的要放在爐子旁邊，該在火爐上的就要放在火爐上，而最重要的是，事事放在心上。

Mise en place是廚師工作檯上的餐廳用語，好比每個6號鍋和9號鍋都放上切碎的紅蔥頭，青椒要烤好，四季豆也先煮透冰鎮，分切好的牛羊豬肉都盛在托盤上放入矮冰櫃，雙層蒸鍋裡插著抹刀、醬汁湯匙和湯勺。這是一種設計好的安排，好讓餐廳得以完成為眾多客人料理及服務的不可能任務，這些事得同時做好，且在極短的時間內，日復一日地做，如此才行得通。

這一套工夫在自家廚房沒有行不通的道理。你只要下定決心去做，在開始前停下來想清楚。

再三強調一切就緒的重要性一點也不為過。它不只是把所有食材放在烤盤上，拿到砧板上，或放在爐子旁（如果你正照著食譜的指示，最好先放下手邊工作，請把食譜全部看完再說）。總歸一句，一切都跟思考有關。組織你的「一切

就緒」會讓你把每個環節的工作從頭到尾想一遍，在腦海中將一連串的動作計畫好。

在「一切就緒」的內涵中，第二準則就是確認什麼是你眼前需要的，什麼又是不要的，哪些東西不該出現在你的砧板上、火爐邊，還有你的腦海裡，而這點很少有人明確指出。

成功的料理關鍵之一在於**去除過程中的阻礙**，程序上的障礙物都得拿掉。如果烹飪是一連串無法打斷的行動，一個動作接著一個動作再一個動作，因此很明顯，只要會絆住行動的阻礙都得在開始前移除。去除障礙，你跌跤的機會就少一些。這意謂所有食材都得備妥在面前，工作碗也要拿出來，這樣就不必中斷做菜去找這些東西。這也表示工作區不要放任何無關的東西。請拿掉購物單，清空牛奶杯，車鑰匙放上廚櫃。就算這些東西不在旁邊，只要在你的視線內，也請拿開它們。

我永遠無法忘懷那一刻。當時我正在寫《大廚的誕生》（*The Making of a Chef*），為此還在美國邦提餐廳（American Bounty Restaurant）的燒烤部門工作——這是美國廚藝學院（Culinary Institute of America，CIA）研習課程中實習的最後一家餐廳。而同期的學生「陳」正在煎烤檯工作，那裡也許是廚房線上最忙的部門了。但他簡直一團亂，洋蔥皮散亂各處，棕色抹布上沾滿被小火燒過的碎屑，鹽和胡椒撒了一地，工作檯上到處都是結成硬塊的醬汁。陳360度旋轉似的想要趕上腳步，卻埋在一團廢物中無法自拔，直到擔任指導的大廚丹・圖戎（Dan Turgeon）插手制止他。他強迫陳停下來。

「當你身邊都是廢物，你就等於在製造髒亂。」他對陳如此說，眼睛一面掃過陳的工作檯，上面正是一片混亂。「如果這些東西擋著你的去路，你的腦袋大概看起來也差不多了。」

我笑了，因為圖戎說的正是廢物的真相。當你工作多，速度又要快，一定要想清楚你在煮什麼，還要想清楚你煮東西時該有的樣子。在烹飪這件忙碌活中，事情不外乎你想像的東西和眼睛實際看到的互相對應。視線之內一團亂糟糟，也會阻礙你的思緒，心智一旦受阻，就會慢下來，就得改

過再重來。

　　陳於是停下腳步，把工作檯擦過一遍，再回到烹飪崗位。

　　家庭廚師百百款——有為了放鬆而煮飯的廚師；有把烹飪當嗜好的廚師；也有為了家人健康、口味、省錢因素而做菜的廚師；還有人下廚是因為這是得到一日所需最不討厭的選項。無論你是哪一種廚師，都適用於最基本的法則。第一且最重要的原則就是料理前請先思考，當你做了準備和組織，當你安排好所有工作，一切就緒，烹飪應該是容易、迅速、更有效果、更容易成功，也更好玩的事。

　　這不是額外的步驟，而是簡單的動作，從烹飪開始到結束，反正這件事總是要做的。你只是在事前先做，好讓你在碗櫃、廚檯、冰箱、瓦斯爐間少花點時間。確定你的廚檯或工作區完全乾淨，去冰箱把你需要的所有東西都拿出來放好，再到櫥櫃拿出你會用到的東西，把工具拿到砧板邊擺好，把要用到的鍋子放到爐台上，如果要用烤箱就先預熱，想清楚連貫步驟後**再**開始工作。而當你烹調時，手邊做這件事時就想到下一件事是什麼，然後再下一件又是什麼。

　　清除料理過程中的阻礙，永遠在思考。

鹽 SALT

最重要的工具

Recipes

我分享過這個故事，但它值得再說一次，因為故事的真相再明白不過，對我有如一記當頭棒喝。那是 1998 年的冬天，我剛開始和湯瑪斯・凱勒一起撰寫《法國洗衣店餐廳食譜》(*The French Laundry Cookbook*)。我們談到很多關於食物和廚藝的事，我問了一件好像很明顯，而主廚卻不常被問到的問題：「什麼是廚師最重要一定要知道的事？」

他不假思索地說：「調味。」

「調味的意思是……」我問。

「用鹽和胡椒。」他說，然後更言簡意賅地回答：「鹽，真的。要知道如何用鹽。」

「如何用鹽？」

「是啊。」他說：「只要有新進廚師，我們教的第一件事，就是如何讓食物有味道。」

我上過廚藝學校，那兒總是不斷叮嚀要我們學習調味。我第一次進廚房就學到這件事，那時我們正做一道基本高湯。老師教我們先試試湯的味道，加一點鹽再嘗嘗有何差別，然後要我們用醋做一樣的事。老師說如果嘗得出鹽的味道，就表示太鹹了，但他們從不會告訴我們用鹽是廚房裡最重要的事。我訪問過多位主廚，也沒有哪位曾提及廚房裡最重要的事是用鹽調味。然而，這是事實。

後來我寫了一本有關熟食和煙燻肉品的書，內容涉及醃肉技巧，而這多半要靠用鹽的功夫。在文明的歷史進程中，明確可知鹽是一種基本食材，因為它能保存食物。在冰儲技術和交通運輸使食物方便取得的數千年前，是鹽讓食物橫越長途，無論當作貨物買賣，還是作為遠洋航行探索世界的存糧，它一度比黃金白銀更有價值；人也為鹽付出代價。我不是第一個這麼說：鹽是我們吃下的唯一岩石。

上述一切我後來都知道，但當凱勒向我說他做了什麼，我立刻心頭一震，靈光乍現：**真是這樣啊**，這太有道理了。調味的概念總在空氣中。這是廚師做料理最普通的指令。如果某道菜出了什麼差錯，最常見的問題就是

鹽用得太少或太多。餐廳裡甚至流傳一個手勢,關於調味的手勢,就是手指捏在一起搖著,好像撒鹽一般。如果你到了一家只有開口要才會奉上鹽的餐廳,當與服務生眼光交會時就可做出這個動作,服務生就會簡單點個頭,隨即奉上你的鹽。懂得用鹽是廚房中最重要的知識,也是人們時常覺得餐廳食物較鹹的部分原因。正因為主廚知道用鹽的重要,更想將味道調得恰到好處,所以有時會下手過重,一旦下得過重,鹽的味道就更強,食物可能也就毀了。

身體需要鹽才能存活,我們的口味因此變得對鹽極度敏感。我們喜歡它,但它太多時我們也有感覺。太多鹽對我們有害。現今飲食依賴加工肉品到某個程度,其中藏著各種形式的鈉,而舌頭多半嘗不出來。攝取太多鹽的副作用會導致許多嚴重問題,比方高血壓,這已是舉世都關切的焦點。有很多理由避免攝入加工食品,像是罐頭食物、裝在鮮豔袋子裡的食物,或用可微波保鮮膜封存的食物,含鈉量都很高。只要你沒有高血壓等疾病,也吃未經過高度加工的天然食物,你大可以隨個人喜好在食物中加鹽而不必擔心健康問題。

可用的鹽:猶太鹽

在各種不同的鹽中,我建議可以每天食用的鹽是粗粒的猶太鹽[1],最好是鑽石牌(Diamond Crystal),如果買不到,可以選用莫頓牌(Morton's),這牌子的鹽不會結塊。

使用粗鹽的主要原因是它不需要用量匙,用手指和眼睛就可拿捏數量。粗鹽比細鹽好拿,也比較容易控制。用鹽是不精確的技術,也就是無法以明確字彙說明在每份菜餚中到底要加多少鹽,而是要看廚師,純粹只是口味的問題。而且,每個人對鹽的偏好不同,取決於個人經驗及對鹹味的

---

[1] 猶太鹽(coarse kosher salt),原是猶太教徒用來撒在肉上洗淨血水的鹽,因為含碘量低,甚受廚師喜愛。

期待，所以總是嘗過再用鹽。有的醬汁和湯品食譜上寫出精確的用鹽量，假設是一茶匙好了，但也只供一般參考，或是以度量級數為基準，如一茶匙，而不是一湯匙。你也許會加更多，誰知道呢？嘗了才知道。

烹飪過程從頭到尾都需要加鹽，用手指拿捏鹽量反而更有手感。如果每次加鹽都得用到量匙，只會把自己逼瘋。因為用鹽是一種不精確的技術，做菜要用匙來量實在說不通。

學著用感覺和眼力調味會使做菜簡單些。如果你注意，很快就可學會一眼看穿一茶匙鹽量的技術。先用茶匙量好一匙粗鹽的量有多少，把它握在掌中，感覺一下一茶匙的量大概有多少，再試著用大拇指和四隻手指抓起大約數量的鹽，秤出重量。然後再用大拇指和三根手指抓出大約的鹽量，再秤出重量，這樣你就知道大概要加多少的鹽而不必四處找量匙了。我說過，我最喜歡的廚房用具就在雙臂的盡頭。

使用同個品牌的鹽很重要，否則無法訓練自己調味一致。鑽石牌的鹽比莫頓鹽細碎，莫頓鹽比較密實，所以相同份量的莫頓鹽比鑽石鹽要鹹；一湯匙莫頓鹽也會重些。如果你以前都習慣用鑽石鹽調味，現在才開始用莫頓鹽，食物就可能被你弄得過鹹。

再說一次，用粗鹽的原因在於粗鹽比較好控制。但如果你比較習慣用細鹽，沒有理由不行。我就遇過一個喜歡用細鹽的主廚，因為細鹽溶在湯水裡的速度比粗鹽快。好的細鹽通常是海鹽，有很多上好細鹽可供選擇。我替魚抹鹽就偏好用細海鹽。再說一次，善用你的感官。一湯匙細海鹽是一湯匙粗猶太鹽的兩倍重，也就是說，如果食譜要你用一湯匙猶太鹽，而你用了一湯匙細海鹽，那就等於加了食譜要求的兩倍鹽量。

請勿用含碘的鹽。它嘗起來有化學味，對食物不好。鹽公司自 1920 年代開始在食鹽中加入碘化鉀，以預防缺碘症，因為缺碘會引起嚴重的甲狀腺疾病，但在已發展國家已毋須擔心這問題。只要你均衡飲食，就不必擔心甲狀腺問題，況且你一定不希望食物有怪味。基於同樣的理由，請勿使用桌上擺著的顆粒狀食用鹽，它含有添加劑，味道不太好。

本書食譜寫的用鹽狀況有一點很重要：所有食譜都使用莫頓鹽，所以鹽的體積和重量相等，也就是1湯匙的鹽是1/2盎司，也等於15克。

其他種類的鹽

除了含有微量礦物質的普通海鹽外，市面上還可買到數種「精製」鹽，比方：鹽之花（fleur de sel，產自法國）、馬爾頓海鹽（Maldon salt，產自英格蘭）、喜馬拉雅山粉紅岩鹽（Himalayan pink salt，請勿與染色的醃製用粉紅鹽混淆）、印度黑鹽，以及煙燻鹽和加味鹽（如李子、松露、番紅花、香草和蘑菇）。我最喜歡鹽之花和馬爾頓海鹽，它們有著清新乾淨的味道和甜美細緻的嚼感，為食物增添風味、視覺美感和絕妙口感。這種鹽往往很貴，你不會想在烹飪過程中使用，只會在盛盤時撒些點綴一下。這些純屬個人口味問題，如果你特別偏愛某種鹽，盡可多多使用（請見p.365「參考資料」）。但是裝飾用鹽和猶太鹽應屬兩個不同範疇。

如何用鹽
烹飪過程中的用鹽

一般烹飪以用鹽為第一要緊的事。鹽在各種用途都可增添滋味，不論早中晚，從鹹食到甜點。一旦你開始準備烹飪，第一件應該想到的事就是用鹽。我做菜一開始就會用上鹽。當洋蔥一下鍋出水[2]，我就立刻加入一點鹽，既可以調味，又可以引出洋蔥水分幫助燒軟。而當主食材入鍋，加入番茄好做醬汁，這時候再加一點鹽，不要太多，然後過一小時，再嘗一下醬汁，就會發現醬汁比起沒有加鹽的時候多了一點深度和風味。當然，我可以一開始就全部調味好，也可以在烹飪結束時再調味，但風味會不太一樣。

---

[2] 出水（sweat），指蔬菜脫水，西式菜餚多以慢火煎炒使蔬菜出水，而中式料理中的醃菜、泡菜則會加入糖或鹽使蔬菜脫水。

高湯、湯品、醬汁和燉菜都是早點放鹽比最後加鹽好，如果到了最後才加鹽，鹽就沒有辦法滲盡食材裡，要給鹽一點時間才能完成魔法。

用鹽醃肉

　　鹽最厲害的用處是可以醃肉。鹽對肉可產生什麼樣的效果，何時用鹽可說是最有影響力的因素。多數情況下，你不可以太早就把鹽加到肉裡，但我建議你從店裡買肉回家後就立刻用鹽抹一遍然後擦掉，如此，鹽會融化滲透到肉裡，肉的內外就會均勻入味。作風老派的法國佬可能會告訴你別太早加鹽，因為這麼做會滲出肉汁。這不是什麼有用觀點。一直滲出的主要是水分，肉味因此濃縮，而不是肉在變壞。鹽用得早，對於健康及風味有額外的幫助，可以抑制敗壞肉品的細菌。如果你買了新鮮的豬排回家，拿出一塊立刻上鹽，另一塊不上，放入冰箱一星期，沒有上鹽的那塊豬排可能早有怪味，摸起來也黏呼呼的。而上過鹽的那塊豬排就沒有這個狀況，因為某種意義上，它已經稍微鹽漬過或醃製過了。

　　越大的肉塊，越需要即早上鹽。如果你計畫處理一大塊肉，做烤肋排，燒烤前最好先醃上幾天（可以不加蓋放在冰箱裡，讓它變得比較乾，也濃縮風味）。

　　我唯一不會預先把肉醃好的情形是當我想讓鹽留在肉表面上的時候，這樣做可形成某種脆皮。好比烤雞，如果你在燒烤前就用鹽把雞抹好，或用鹽水醃過，鹽會讓雞皮脫水，而雞皮在烤的時候就會變得光滑且透著金棕色光澤。如果你喜歡這種效果，這樣做很好。但如果喜歡鳥禽烤來有鹹香脆皮的效果，用鹽就要比較大膽，大概用一湯匙鹽抹在雞上，再立刻送進極熱的烤箱。

　　但是按照規矩，你不能太早就把肉用鹽醃起來。

用鹽醃魚

　　魚肉很細嫩，如果用大顆粗鹽一定會把魚肉「燒壞」；最好用細鹽，且在烹煮前才上鹽。如果處理的魚肉很大塊或是一整條魚，你可以在魚肉離火

時再加點鹽調味。假如要做水煮魚，在泡魚的水中調味就行了（請見p.290-291）。

用鹽醃蔬菜水果

鹽對於有機物具有強大的滲透力，提供特定機制讓細胞交換營養。這也是用濃鹽水醃泡豬里肌，鹽可以滲入豬肉中心的原因。鹽會吸引水通過細胞膜，企圖平衡細胞兩側鹽水濃度。因為蔬菜含水比例高，鹽對風味及口感的影響相對來得大且迅速。

鹽可讓蔬菜出水，鹽漬茄子片就是很好的例子。細胞扁塌後，茄子吸油的能力降低，如此就完成一道簡單小菜。鹽也可以改變櫛瓜的口感，讓它每一口都更細緻有風味。

想要了解鹽對味道的影響，請試著比較用鹽醃了十分鐘的番茄片和沒有加鹽的番茄片，風味差異之大，讓你永遠記得番茄上桌前，一定要用鹽醃過才好。同時也記得泡出的湯汁十分美味，可以加在醋裡或和奶油拌在一起當做醬汁。

因為鹽對含水量高的食物影響很大，請記得高含水食物不要太早加鹽，不然會變得爛糊糊的。太多水分從細胞裡冒出來讓蔬菜又軟又爛，口感就不佳了。事實上，軟爛的蔬菜比高水分蔬菜更不好咀嚼。

水果加鹽可以突顯水果的風味和甜味，西瓜加鹽就是最好的例子。撒一點鹽花在西瓜切片上，再試試味道——呣，真是美味。這就是哈密瓜為什麼和羊奶酪或火腿等鹽漬食材如此相配的道理。

鹽水

很多食譜都寫道：「煮開一鍋鹽水。」這句話到底是什麼意思？這就像在食譜上讀到：「取一塊肉，給它上點味道。」

現在帶大家認識鹽水。鹽水有兩種：（1）用來煮義大利麵、穀類和豆類的鹽水。（2）用來煮綠色蔬菜的鹽水。

我從10歲到33歲的這段人生，煮義大利麵時會在一大鍋水中放一小撮鹽，相信它會起些作用。我到底在**想什麼**？我**當時**真的有在思考嗎？

　　直到我去上了烹飪課，知道該怎麼煮義大利麵後才停止這種行為。天啊！我大概有一百萬次被提醒要**嘗嘗**煮麵水的味道。它嘗起來應該味道剛剛好，烹飪老師說，我們評估煮麵水的味道就像在試清湯的滋味。這麼做，你的義大利麵才會味道恰好。

　　一大鍋水需要的鹽分比一小撮鹽要多，每1加侖的水（4公升）要加2湯匙的鹽，更精確的說，50盎司的水需要0.5盎司的鹽；或說1公升水要加40克鹽，也就是1%的鹽溶液。因此，無論你煮義大利麵還是米飯，或是任何穀物，味道都是剛剛好。請嘗嘗你的煮麵水，它的鹹度也就是你的義大利麵或是穀物的鹹度。

　　雖然淡淡的鹽水煮綠色蔬菜正好——特別是表面積很大的蔬菜，如燙好立刻就吃的花椰菜——但也可用濃鹽水處理，濃鹽水不但會讓蔬菜美味，也會讓蔬菜顏色鮮活，特別是當蔬菜需要預先燙好的時候。大多數的綠色蔬菜都可以先燙熟，再放到冰水裡，這過程稱為「冰鎮」（shocking），而後蔬菜再稍微加熱。這種情況下，蔬菜用濃鹽水處理最好。

　　濃鹽水是指1加侖的水加快1杯量的鹽，更確切的說，是1公升的水加50克鹽，就是濃鹽水的最好鹹度。

替油底醬汁加鹽

　　鹽不會溶解在脂肪或是油脂裡，但所有的油底醬汁，如美乃滋、油醋醬、荷蘭醬，在開始做時都會加水，而這些水會溶解鹽。比方做油醋醬時，一開始就要在醋裡先調味，讓鹽有機會先溶解，然後才再加油，這樣你的油底醬汁才會均勻調味。

使用帶鹹味的食材

　　另一種使食物有鹹味的方法是利用味道很鹹的食材，這也是調味的一種形式，就像凱薩沙拉的醬汁就是最好的例子。凱薩沙拉的醬汁會加鯷魚，加的分量比鹽還要多，但是加鯷魚就是加鹽，還可增加醬汁的風味。

　　當你在配菜時，這件事很重要，請謹記在心。如果沙拉、湯品、燉菜還需要多點什麼，不用去找裝猶太鹽的小罐了，可以考慮加點帶鹹味的東西，如堅果、橄欖，還可以加菲達（feta）或帕瑪森（Parmigiano-Reggiano）等帶鹹味的乳酪，也可以加「魚露」（泰國名是 nam pla，越南名則是 nuoc nam），或者培根。

Cooking Tip

不是只有泰國料理才可以加魚露！

　　麥可‧帕德斯（Michael Pardus）是我的第一位主廚老師，現在也是我的好友。他用一句話改變我此生的調味態度：「我用魚露替義大利通心麵和乳酪調味。」

　　我並不訝異他會這麼講，卻真的嚇了我一跳。這也正好說明我們已被制約，只會自我設限地思考。魚露是亞洲食材，所以我們用它做亞洲菜而不是西式餐點。事實上卻是，魚露是跨領域的厲害調味工具，就像凱薩沙拉中的鯷魚，可以釋放出鹹味及發酵魚類的酯味，而發酵魚類正是魚露的原料——不必懷疑，只要一點就夠香了。所謂「酯味」有時又稱為「第五味」[3]，或描述成「醍醐味」，有幾種食材都有這樣的味道，像鹽、帕瑪森乾酪、蘑菇，但沒有比魚露更有味的。怎麼會有聞起來如此腥臭、加在食物上效果卻這麼好的東西，這就是酯味，你絕對不會想直接來上一小口。（雖然凌晨三點竟然和帕德斯喝了起來，你也許會在直接喝的時候發現魚露品質差異很大，所以請在亞洲商店購買品質較好的魚露。）但是像焗烤通心粉、沙拉醬汁或雞湯等菜色，只要加上魚露真的會大大不同。

---

[3] 其他四味是：甜、鹹、苦、酸。

在麵包、糕餅和甜點等甜食中加鹽

大多數甜點和所有以麵粉為主的甜食，都可因加入適當的猶太鹽而更增美味。在糕點廚房中，鹽用得很廣泛但也更小心。如果麵包沒有加一點鹽，味道就很平淡，在派皮中放入一點鹽可增加脆皮的風味，還有蛋糕、餅乾、卡士達和奶油都需要鹽來增加風味。相較而言，比起鹹食，甜點比較不需擔心鹽的問題，除非鹽的功用在對比甜味。像焦糖或蘇格蘭奶油等醬汁，如果加上一點恰到好處的鹽，它們的等級立刻從好變成棒。甜的東西加鹽時，請務必要好好嘗嘗味道，確定鹹味的程度，這和你評估湯品或醬汁的狀況是一樣的。

焦糖和綜合巧克力等味道極甜的東西只要稍微撒一點鹽當裝飾，也許在最後盛盤時散點鹽之花，或是粗粒猶太鹽，就可得到好處。這聽起來好像有違常理，但是當你想到大家都會在巧克力聖代和布朗尼放堅果，就不會奇怪了。因為這些堅果的鹹味正突顯了甜味。

濃鹽水的使用——液態的鹽

濃鹽水在廚房是最厲害的工具之一。可以用來醃漬肉類，把肉由裡到外醃到透；還可傳送提香料[4]的香氣（如果你懷疑它的力量，請見 p.328，用迷迭香鹽水醃的雞）；某種程度上，濃鹽水也能改變肉的細胞讓它們可以抓住更多水分，所以成品的肉汁就更多。

雖然濃鹽水是強大的工具，但也會被濫用。鹽水濃度泡得太強，或是肉

——— *Cooking Tip* ———

煮鮭魚肉時為了不流出難看的白色乳狀物，可以把魚肉放在濃度5%的濃鹽水中10分鐘後再煮。

---

[4] 提香料（aromatic），有香味的蔬菜和香草，如洋蔥、西芹、百里香等。

泡在鹽水裡太久，結果拿在手上的可能只是一塊不能吃的蛋白質。

　　要做萬用、效果強、使用後不著痕跡的濃鹽水，我建議用濃度5％的濃鹽水：也就是每20盎司水要放1盎司鹽，或是1公升的水要加50克的鹽（如果你沒有秤，可以在2.5杯的水中放2湯匙莫頓鹽。）為了融化這麼多鹽，你可以把水加熱。如果想要濃鹽水中帶有提香料的香氣，可以把香草、辛香料或柳橙加入水裡，再用小火煨一下。

　　最好等濃鹽水完全冷卻才放入肉，這樣才不會把肉燙熟。想縮短冷卻時間，可把全部的鹽和提香料加入一半的水中，用小火煮一下讓鹽融化，秤出另一半的水冷卻用（如果你有秤，量出相當於另一半水重量的冰塊，放在濃鹽水裡立刻可用）。請記得使用提香料需要時間，要浸在熱水中30分鐘，香氣才會完全進到水裡。

　　使用濃鹽水的基本原則是：永遠把浸泡濃鹽水的肉放在冰箱。切勿重複使用——用過的濃鹽水鹽的濃度已不正確，裡面還有肉塊泡出的血水和殘渣。如果需要，肉從濃鹽水中拿出後，最好靜置一下，讓鹽的濃度可以平均。

用鹽保存食品

　　鹽在歷史上最重要的功能與風味無關，而是保存。鹽從數千年前就當做保存劑在使用了。有些細菌會使食物腐敗，肉裡水分會增加細菌生長，在食物上加鹽就可使這些細菌無法移動，也會降低肉裡水分的活動。雖然我們不再需要用鹽保存食物，但仍然用鹽醃漬，而醃漬讓我們得到最珍貴的食物，如：培根、火腿、醃漬鮭魚。這些食物也很容易做。做法請見p.32和p.34的食譜。

糟了！鹽放太多該怎麼辦？

　　即使你的鹽加得很正確，就算每次都加得很好，但總有失手的時候。就是會出現放了太多鹽讓食物難以下嚥的時候，如果真的不能吃，抱歉，沒

有簡單容易的補救方法，但還是有方法可以不要浪費過鹹的食物。假設失手的是一碗湯、一份醬汁或一道燉菜，請盡量撈去鹽分，再加回到菜裡。

如果你有時間也有食材，最好的解決方法是無論什麼菜都再做一份，然後和過鹹的那份混在一起。如果這不再考慮之列，可放入大塊澱粉質食材，如馬鈴薯、米飯、義大利麵、麵包，這些食材需要大量鹽才有風味，加入奶油等脂肪則可稀釋鹽的濃度。

最重要的是，我們沒有理由丟棄食物。即使你沒有時間再做第二批，也可把食物冰到冰箱等可以時再做。

另一種太鹹的狀況也很常見，就是處理食材時，以濃鹽水浸泡或用重鹽乾醃食物的時候，這種情形就可以輕易修正。如果覺得把肉泡在濃鹽水或放在鹽裡時間太久，趕快把肉浸泡在乾淨清水裡，浸泡時間要和泡在濃鹽水中一樣長，鹽分就會釋出在水中。

如果某個東西用鹽水或鹽漬得太鹹，然後你還把它煮了（就像培根或火腿），請把它們放在水中用小火煨煮，把水倒掉再完成料理程序就可以了。

再次重申，替食物加鹽不該是食物上桌後再做的事，那時候的料理工作已經結束，用鹽要從料理一開始到結束為止都要處理。請學習如何用鹽，這件事只能自我學習，不斷思考、嘗試和比較，然後再試更多次，這會比其他技術更能增加你的烹飪功力。本書的食譜大多都要用到鹽，請注意如何使用。這裡，我設計了幾道食譜來展現各種用鹽技巧，從調味到保存，再到改變食物質地口感，都是用鹽的厲害方法。

焦糖聖代佐粗鹽 / **4**人份

鹽和焦糖直覺上湊不到一塊，卻是絕配。告訴小孩你要在她的焦糖聖代上放一點鹽，她一定瞪你，好像你在發神經亂搞，就像你要她吃菠菜一樣。只要試試看，你就會發現鹽當作完成工具的強大力量。焦糖帶著強烈的堅果甜味，鹽卻能突顯這甜味，帶出清楚的風味和口感。在上好的蘇格蘭奶油裡，鹽是關鍵食材，當然也可以加在焦糖醬汁裡，放在焦糖味的糖果或軟糖上也很好吃。而我喜歡用粗鹽，入口時還吃得到些許口感。

材料

● 冰淇淋（如果你想自己做，請參考 p.354）。
● 焦糖醬（請見 p.184）。
● 半茶匙粗海鹽，可用鹽之花或馬爾頓海鹽。

做法

冰淇淋分裝成四碟，每份分別放上 1/4 杯（60毫升）醬汁，上面再撒上約 1/8 茶匙的鹽。

櫛瓜沙拉／**4**人份

用櫛瓜做沙拉，櫛瓜的口感得經過徹底轉變，由開始的堅硬無味變成富彈性和風味。這道菜是我向好友麥克‧西蒙（Michael Symon）[5]學來的，而他則是從了不起的美國主廚強納森‧懷克斯曼（Jonathan Waxman）[6]那裡學來的。大多數蔬菜用鹽醃漬後都會產生變化，其中速度最快、最容易看到劇烈改變的不外是醃漬瓜類。這裡使用的醬汁只是事先泡過紅蔥頭和大蒜的檸檬汁，再加上橄欖油。想要增加口感，還可以加入烤香的堅果，若是還想多點新鮮風味，就撒一點新鮮的香草嫩葉，如羅勒、細蔥、龍蒿或茴香。但是蔬菜才是真正的主角：不但清淡、回甘，而且令人心滿意足，是極好的蔬菜配菜，特別是夏末早秋，櫛瓜豐收之時。

材料

- 2個櫛瓜，約680克。最好一綠一黃，以斜刀切成約3公釐寬的細絲，不然就用刨刀刨成細條
- 猶太鹽
- 1湯匙紅蔥頭末
- 1瓣大蒜，切末
- 1湯匙檸檬汁
- 2湯匙橄欖油
- 少許現磨黑胡椒粉
- 1/4杯（40克）烤香的杏仁片或核桃碎（自由選用）
- 1/4杯（30克）新鮮香草嫩葉，如巴西里、羅勒或香蔥，切細絲（自由選用）

做法

櫛瓜放入漏杓均勻地撒上一茶匙鹽，反覆搖動後再均勻加上一茶匙鹽（讓鹽分散布均勻）。然後靜置10到20分鐘（櫛瓜應該會變得比較軟，但還是保留一些口感）。

用小碗裝入紅蔥頭、大蒜，倒入檸檬汁。

櫛瓜醃汁倒掉後試味道，如果太鹹，用冷水將櫛瓜略微漂去鹽分後再用紙擦乾。用中碗將櫛瓜和橄欖油拌勻，舀入醃過紅蔥頭的檸檬汁，再拌一下。再撒上胡椒，如果覺得需要，還可多上點檸檬汁和鹽，也可以用堅果和新鮮香草做裝飾。

---

[5] 麥克‧西蒙（Michael Symon），知名廚師，美國飲食頻道料理節目主持人，也是「美國料理鐵人」（Iron Chef）節目中的守關主廚之一。

[6] 強納森‧懷克斯曼（Jonathan Waxman），世界頂尖大廚，加州料理的先驅。

鼠尾草蒜味鹽漬豬排 / 4人份

豬肉是最適合用濃鹽水醃漬的肉類，因為濃鹽水可以保留豬肉的肉汁。烹調豬肉時，大家常會犯的錯誤就是把豬肉煮過頭；而用濃鹽水醃肉不但可使豬肉在烹燒時多留一些空間，也可讓各種風味入味——而在這道菜裡，加入的味道是紅蔥頭、檸檬、胡椒和鼠尾草。

以下濃鹽水的分量可依照豬排多寡而增加或減少，只要讓鹽水濃度維持在5%就可以了（正確比例請見p.22）。去骨的豬腰肉也可用濃鹽水處理，浸泡時間得增加到16到24小時。如果要醃里肌肉，就得把肉泡在濃鹽水中約8小時。

醃料

● 30盎司的水中加入1.5盎司猶太鹽，或是用1公升的水加入50克猶太鹽，或是在3³/₄杯的水中加入1.5湯匙的莫頓鹽

● 1大顆紅蔥頭，切末

● 10瓣大蒜，用刀背拍碎

● 1顆檸檬，對半切

● 1大湯匙新鮮鼠尾草葉

● 2片月桂葉

● 1湯匙黑胡椒粒，放入磨缽裡用研杵磨碎，或放在砧板上用厚鍋底部敲碎

材料

● 4塊帶骨豬排，每份大約225克

做法

醃製食材：取中型醬汁鍋放爐上以高溫預熱，放入濃鹽水、紅蔥頭、大蒜、檸檬、鼠尾草、月桂葉和胡椒粒，小火煮到稍滾。從火上移開，讓醃料溫度降到室溫，把醃料不加蓋放入冰箱直到冷卻。

豬排浸在醃料裡，放冰箱冷藏6到8小時。

從醃料裡取出豬排，醃料丟棄不用。豬排洗淨後用紙巾拍乾，先在室溫靜置1小時後再料理。這些排骨可以用煎的，或者裹上粉用半煎炸，也可放進烤箱烤，或用BBQ燒烤。我覺得用半煎炸的方式料理最好。請參考p.326有關半煎炸的技巧。

1. 醃料就定位：鹽、胡椒粒、大蒜、檸檬、鼠　　2. 用醃料醃豬排。
   尾草和月桂葉。

3. 裹粉的標準程序：先沾麵粉，再沾蛋液，再　　4. 沾好麵包粉的豬排放到架子上，讓豬排底部
   上麵包粉。　　　　　　　　　　　　　　　　　的麵包粉不會沾黏。

5. 用筷子確定油溫是否夠熱，如果筷子一插入立刻起油泡，就表示油溫夠熱了。

6. 鍋裡的油要夠多，排骨全部入鍋後，油最少要到排骨厚度的一半。

7. 用鏟子和叉子小心地將豬排翻面，請小心不要把脆皮弄破了。

8. 豬排炸到半熟程度（起鍋後豬排還會後熟）。

9. 趁豬排靜置時，製作酸豆奶油醬。

10. 醬汁淋在靜置好的豬排上。

鹽漬檸檬／5個

鹽漬檸檬就是醃製的檸檬皮，是我用過最誘人的調味工具。無論你加在雞肉原汁、肉汁還是油醋醬裡，人們都會驚呼它的味道：「這是什麼味道？」他們說不出來，但都愛極了。這風味很難形容——絕對是檸檬味，但多了複雜深度，又少了點酸，有點像是水果的變奏，檸檬的花俏版本。

鹽漬檸檬常見於北非料理裡，可以在特產店找到。但它們很容易就可以在家自己做，花上大把銀子去買實在有點笨（除非你當天就需要！）。因為檸檬需要用鹽醃三個月才會醃成。鹽漬檸檬和很多食物都是絕配，凡是要用檸檬汁的時候，改用鹽漬檸檬也會很合，搭配魚、雞、小牛肉都很棒，搭配豬、鴨、羊等較肥的肉類也很美味（請見p.278的鹽漬檸檬燉羊膝）。沙拉加一點就好吃，許多燉湯加一點味道就提升，還可作為燜燉菜餚的最佳裝飾。無論怎麼用，鹽漬檸檬就是能將普通好吃的菜變成美味非凡的佳餚。

傳統上，鹽漬檸檬的做法是用鹽包覆檸檬，但我會加一點糖平衡鹹度。檸檬醃好後，拿掉鹽，再切掉醃得軟爛的檸檬肉及中間心部，只留下皮。檸檬皮則可切成碎末，切小塊，切細絲，或乾脆一大片放著。如果要直接拿來用，就得把皮先用水浸泡一下降低鹹味。記得試吃一點再看看如何。如果用這些皮來做料理，鹽分會滲到湯汁裡。

有些文化會把檸檬或萊姆醃出的湯汁當作飲料，混著蘇打水或加點冰來喝（若是這種情形，要用一整顆檸檬醃，而不是用對半切的檸檬）。

醃漬檸檬可以無限期放在食物櫃，隨著時間過去，可以看到各種氧化狀態或褐變。唯一要擔心的是發霉；只要檸檬接觸到空氣，就會開始發霉，東西發霉就不要吃了。我想這不用我多說，把發霉檸檬丟了吧！

下列食譜可依照個人需求調整分量。唯一關鍵的要求是，檸檬必須完全覆蓋浸泡，並請注意要用無應容器[7]醃製檸檬。

材料

- 910克猶太鹽
- 455克糖
- 5個檸檬，對半切
- 1杯水（240毫升）

做法

拿一個大碗，將鹽和糖用湯匙或攪拌器拌勻，讓糖和鹽均勻分布。檸檬放在2公升的非金屬容器裡，倒入鹽糖混合物，搖搖容器，確定所有細縫都填滿。再加入水（水分會使鹽和檸檬更密合），密封容器，放進廚櫃或冰箱三個月（醃漬時最好在容器外面貼上標籤註明日期）。鹽漬檸檬可以無限期保存。

---

[7] 無應容器，對食物中的酸鹼不會有反應的餐具，陶瓷、玻璃、不銹鋼等材質就是。

手工培根 / 12到16人份

自己做手工培根其實和醃牛排一樣容易。只要動手做，就會發現什麼才是真正的培根，那和你在超市買到的打鹽水醃漬的完全不同，徹底展現鹽的功力。傳統上，美式培根都是煙燻口味，如果你有簡易的煙燻爐或爐上型的煙燻鍋具，只要不是烤箱，都可以拿來煙燻。在義大利，多數培根或鹹肉都不用煙燻，而是風乾，而煙燻決不是做醃製品的必要關鍵。

做大部分的鹽漬品，最重要的關鍵是鹽和糖或某種糖精／甜味劑的平衡。我比較喜歡用紅糖而不是糖精，用它來平衡鹹味已足夠。如果培根要煙燻，甜甜的味道對煙燻是很有好處的，但這裡，你也需要大蒜和香草作鹹味的點綴。

傳統培根都會以亞硝酸鈉作醃漬材料，亞硝酸鈉不是化學添加物，而是一種預防壞菌生長的抗菌成分，可以讓肉的顏色鮮紅，也讓培根有特殊風味。我們身體中大半的亞硝酸鈉來自蔬菜，而蔬菜裡的亞硝酸鈉則來自土壤。在這道菜的備料裡，亞硝酸鈉可用可不用，但事前先聲明，如果你不用，培根的顏色會像煮過的豬排，豬肉的味道也比較濃，結果會比較像照燒肉排而不像培根（想知道哪裡買亞硝酸鈉，請見 p.365 參考資料）。

醃製五花肉需要一星期時間和兩個步驟。首先，五花肉得先慢烤或煙燻到熟透。然後，標準的做法是先冷卻，再切片，再以小火煎，煎到油逼出來，就會有焦脆的效果。

下面提供兩款很棒的醃漬配方：一種是鹹的，做出來比較偏向義式鹹肉 pancetta。另一種是甜的，蜂蜜芥末醬口味。我覺得甜味的醃製配料和傳統的煙燻培根很合，所以如果你想煙燻培根肉，用甜味的配方不錯，不然就用鹹味的。但只要你想做培根，兩種配方都可以醃得很好。

胡椒鹽培根醃料

- 3湯匙猶太鹽
- 1茶匙亞硝酸鈉（自由選用）
- 2湯匙紅糖
- 4瓣大蒜，用刀背拍碎
- 1湯匙黑胡椒粒
- 4片月桂葉，捏碎
- 2茶匙紅辣椒碎

蜂蜜芥末蒜味培根醃料

- 3湯匙猶太鹽
- 1茶匙亞硝酸鈉（自由選用）
- 2湯匙紅糖
- 1/4杯（60毫升）第戎芥末醬
- 1/4杯（60毫升）蜂蜜
- 8到10瓣大蒜，用刀背拍碎再剁成細末
- 4或5支新鮮百里香（自由選用）

- 一整塊，約2.3公斤豬腹腩（五花肉）

做法

　　製作醃肉：視你的選擇，將所有醃料放在大碗裡混合。

　　取9.5公升的大號密封袋，或拿同樣容量的無應保鮮盒，放入一整塊五花肉，然後把所有醃料抹在五花肉上，封好密封袋或保鮮盒蓋上蓋子放入冰箱七天。隔一段時間拿出肉來，把調味料再抹均勻，或者每隔一天就把密封袋整個顛倒放。

　　醃好後拿掉醃料，肉用水沖乾淨，再用紙巾拍乾，醃料丟棄不用。五花肉用新的塑膠袋裝好，再放到冰箱幾天，等想要料理時再拿出來。

　　如果醃肉想用烤的，先把烤箱預熱到95℃（200℉），把肉放在烤架上，再整個移到烤盤紙或烤盤上，烤到肉中心的溫度達到65℃（150℉），時間約需2小時。但大概烤了1小時左右就要檢查溫度（如果醃五花肉時沒有把皮去掉，可以趁豬油還是熱的時候趕快把皮切掉。切掉的皮可用來做高湯或燉湯，就像p.76的冬季捲心菜濃湯）。

　　如果你有煙燻鍋，選一種木頭將醃肉用95℃（200℉）的溫度烤到肉中心溫度達到65℃（150℉）。

　　等培根冷卻到常溫，用保鮮膜將培根包好放到冰箱冷藏。醃好的培根可以在冰箱保存2個星期。或者切成片狀或塊狀，包好放到冰凍庫冷凍，就可保存3個月之久。

　　等到要吃時，再將培根切成3公釐厚的片狀，或切成1.2公分的板油條，然後用慢火煎（請見p.256），直到油逼出來，培根變得香脆。

1.　培根抹上猶太鹽、粉紅醃漬鹽、糖和提香料。

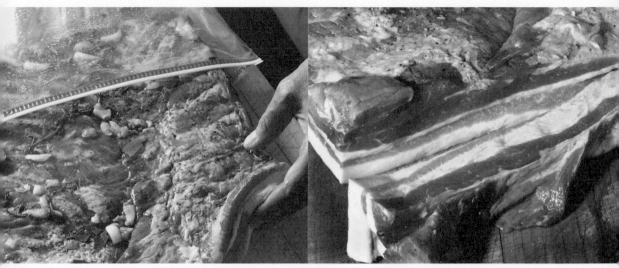

2. 放在大號密封袋醃漬較容易。

3. 亞硝酸鈉會讓肉的顏色鮮紅且有臘味。

4. 上方的肉經過煙燻，顏色帶著鐵鏽般的黃橘色。下方的肉則是直接烤的培根。

5. 培根烤過，放涼冷卻，就可以切了。

柑橘鹽漬鮭魚 / 1到1.25公斤的鹽漬鮭魚

我不是熟鮭魚肉的迷，卻很喜愛鹽漬鮭魚的深度及扎實口感。它比培根更好做，且材料比新鮮豬腹腩更容易取得。我喜歡鮭魚帶有新鮮的柑橘香味，但是一旦你知道如何醃漬鮭魚，就可以加入茴香或蒔蘿等不同風味，也可以把糖改成紅糖或蜂蜜。

鹽醃鮭魚最好切成近乎透明的薄片。如果你覺得很困難，切成小方塊或小碎塊也可以。一片醃漬鮭魚塊足夠做15到20人份的餐前小菜，也可以做成8到10人份的開味菜或套餐的首道菜。要做簡易的一口份餐前點心，可以將些許紅洋蔥碎或醋醃紅蔥頭（做法請見 p.81）拌入法式酸奶油，再塗在烤麵包上，上面放上切片的鮭魚，最後撒上一些香蔥或檸檬皮做裝飾。當然，如果底部改用塗上奶油乳酪的貝果也很棒。

材料

- 1杯（225克）猶太鹽
- 半杯（100克）糖
- 1湯匙現刮柑橘皮末
- 1茶匙現刮檸檬皮末
- 1茶匙現刮萊姆皮末
- 1塊約1到1.5公斤鮭魚排，去掉骨頭，切成極薄的片狀

做法

小碗裝入鹽和糖攪拌均勻。再拿另一個小碗混合所有柑橘皮。

工作檯鋪上大張鋁箔紙，長度要比鮭魚長度超出許多。把1/3攪拌好的鹽糖醃料鋪在鋁箔紙的中央當作床，放上鮭魚，讓魚皮那面朝下碰到鹽。再均勻撒上柑橘皮，再將剩下的鹽全部鋪在魚上，完全覆蓋。鋁箔紙摺起來包住鹽，再拿一張鋁箔紙整個包住，兩張紙壓得緊緊的。緊壓的目的在於使鹽糖醃料和鮭魚表面可以完全接觸到。

鋁箔包放在烤盤或大盤上，上面再疊一個烤盤或碟子，壓上幾塊磚頭或鐵罐，這樣才可以讓鮭魚在醃漬時排出水分，然後放入冰箱冷藏24小時。

醃好後，打開鋁箔包，拿掉鮭魚上的醃料，這時鋁箔和醃料都可以丟了。然後用水沖乾淨鮭魚，再用紙巾拍乾。如果要去掉魚皮，可把魚皮朝下放在砧板上，拿一把又利又薄又有彈性的刀，以30度角度切進魚肉和魚皮之間，切到可抓起一點魚皮時，就可以拿刀來回的切，將魚皮和魚肉分開。鮭魚放在鐵架上或放在鋪了紙巾的大盤上，再放入冰箱冰8到24個小時，讓鹽的濃度更平均，水分也再排出一些。之後，鮭魚就可用烘培紙包好，放進冰箱保存可長達兩星期。

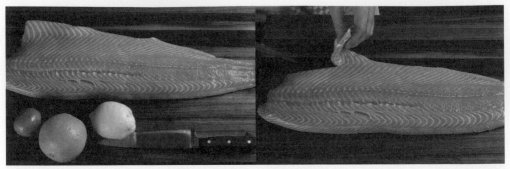

1. 一整塊鮭魚排，魚皮保留，去除魚刺，醃料只需鹽、糖和柑橘皮。

2. 首先剪除魚肉太薄的地方。

3. 鮭魚皮面朝下放在鹽糖醃料上，再放上柑橘皮。

4. 試著將柑橘皮均勻分布在鮭魚每個地方。

5. 剩下的鹽糖醃料鋪在鮭魚上。

6. 用鋁箔紙包起來。

7. 鮭魚會流出很多湯汁，所以要包兩層。

8. 捏緊鋁箔紙，鹽糖醃料會在裡面融化變成醃汁泡著鮭魚。

9. 用兩層盤子夾著鮭魚，第二層放上重物，壓上鋁箔紙包好的磚頭或很重的罐頭，幫助魚肉排出水分。

10. 24小時後，鮭魚會排出很多湯汁完全醃漬。

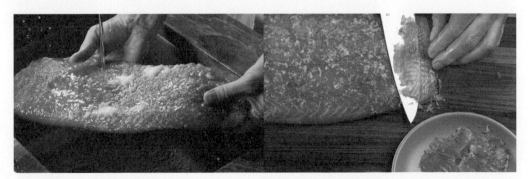

11. 用水沖乾淨鮭魚上的醃料。

12. 鮭魚片得越薄越好。

3

水 WATER

廚房中變化莫測的奇蹟

Recipes

在烹飪世界，水隨處可見十分普遍，以致很多書報雜誌都不把水視為食譜裡的食材——「我們假設讀者已經有了足夠的水。」《紐約時報》編輯尼克・福克斯（Nick Fox）如是說。這假設暗示，如果沒有無限制供應的水，你做起菜來絕對陷入困境——十分正確的暗示。我喜愛「紐約時報假設說」的原因在於，這說法既彰顯了水的事實卻又隱晦了水的真相，那就是水是廚房裡最重要的食材之一。

水無處不在，它看似無限的本質，也是我們企圖忽視的特性：水是我們每天使用的神奇食材。水就像鹽一樣，是維繫生命的重要關鍵。而在廚房，水既可當食材，也可作為工具，兩者同樣重要。

H_2O 的化學特性與其他分子完全不同。例如，水結成冰時密度不會變大，而是變小，所以當冰融化時，冰會浮在水上。冰可以不經過液態而直接進入氣態（這也是吊在繩上的濕衣服在冰冷的空氣中也會乾的原因）。你可在體積不變的情況下直接改變水的形狀，體積不變則重量不變。水的濃度，也就是密度——兩個氫原子和一個氧原子連結的緊度，也是水分子與另個水分子間的強烈吸引力——使水成為高效率的烹飪媒介，具有大量熱能，以極快的速度將溫度傳至食物。你可以把手放在95℃（200℉）的烤箱中很長一段時間手才會不舒服，但你把手放到同樣溫度的水中試試看，只要一下你的皮膚就留疤了。

水的加熱速度相對較慢，原因就在於水的密度。它蘊含極大能量，所以降溫時也很慢。水的密度可以讓油升到高湯表面，我們就可以從上面把油撇掉。另外，水在100℃（212℉）時會沸騰也是它的重要特性，且在0℃（32℉）時固態和液態同時存在，這就是冰鎮時所需狀態，水與冰同在。在冰塊水裡加入一點鹽，冰點就會降低，冰塊水越冷食物就降溫更快，卡士達醬就可快速結成冰淇淋。冰塊融化時會吸收能量，把滾燙食物丟到冰塊水中冰鎮，食物的熱能會快速流出釋入水中（請想像把很燙的東西丟進冷冰冰的油中，東西冷卻的速度幾乎就像你把它丟到同樣溫度的水中一樣快）。水變成蒸氣也需要能量，流汗時身體降溫就是如此，同樣的道理，這就是在濾水箱中水

溫降低的狀況。寒冷水面凝結成冰,熱量就被釋放了。

　　水有了足夠能量就無法維持相同體積,一躍而升變成蒸氣,而它所含的能量比液態水更大。因此水蒸汽,或說蒸氣,它的溫度可以比100℃(212℉)更高,是烹煮食物更有效率的工具。

　　一旦你了解水的特性,就會更能控制水,也就有了無處不在的食材和烹飪工具,能成為更有效率的廚師。想了解廚藝,就要發展出對水屬性的直覺,一面辨認,一面學習它的主要用途。

　　有三種特性使水成為廚房中最有力的家用食材:一是水的密度;二是它的化學組成——強大的氫鍵,使它擅長拉開其他分子;三是水在液態時,溫度無法超過100℃(212℉)的特性。

　　水以五種獨特方式作為烹飪工具:

　　1.當成直接烹煮的媒介(如滾水煮、蒸、水波煮)。

　　2.當成間接烹煮的媒介(如隔水加熱)。

　　3.用來降溫和結凍。

　　4.用來做濃鹽水。

　　5.作為萃取食物風味的工具,是味道的媒介。

直接烹煮

　　水作為直接烹煮的媒介,有多種運用方式。通常我們會用**滾水**煮兩樣東西:綠色蔬菜和義大利麵。對,我們有時可以用滾水煮有很多東西,但這兩類食物需要最快速、最濕潤的煮法。如果把通心麵和綠色蔬菜放進水裡慢慢燙,在內裡煮熟前,外層早就爛掉了。蔬菜也可以用烤的,但因為空氣的密度比水小,用烤的要多花一些時間,溫度也會燙一些,還會帶著焦褐的效果。對綠色蔬菜來說,煮快一點,就多維持一些深綠色,會增加蔬菜的吸引力。

　　用滾水煮東西不需太多技巧,但**有些**技巧還是要的。人們最常犯的錯誤是煮東西時水放太少。當時間急迫,而廚房裡有太多東西在忙,**未經思考**

下，很容易就拿錯鍋子或水放太少。沸水煮物的關鍵在於充足的水，但重點是水的能量而不是水的容量。你給予水的能量越大，煮食物的時間花得越少；食物煮得越快，成果越好。如果你放進水中的食物比水能量可以負擔的還要多，煮食物的水必須得到更多能量來給食物。理想的狀況是，你應該視食物的份量決定要用多少水，如此才不會東西一入鍋水就不滾了。

凱勒大力提倡這種煮綠色蔬菜的方法，他指導「法國洗衣店餐廳」的廚師們將一整批豌豆／蠶豆放到已經煮沸的水中，然後要求在水中加入很多鹽，再煮到大滾（水加鹽之後會比沒有加鹽的水更燙），這點在煮綠色蔬菜時必須牢記在心。如果你的鍋子不夠大，試著蓋上鍋蓋讓水溫盡可能快速提升（當水煮滾，切記趕快打開蓋子，如果來不及開蓋，很容易就把蔬菜煮過頭或煮到掉色）。煮義大利麵也一樣，要用充足的水，煮得越快越好。

我們也可以用滾水蒸蔬菜。蒸氣溫度比沸水高，但密度較小，因此用蒸的會比用水煮的更說不準；再說，水煮的溫度總是準確無誤地在100℃（212 ℉）。而蔬菜用蒸的和用水煮的幾乎一樣，但我發現用煮的比用蒸的狀態較一致。麵團和某些穀類產品用蒸的較好，因為強烈的濕熱氣不會完全浸潤食材，就像中國人的饅頭和餃子用蒸的最好。而傳統的庫斯庫斯[1]也要把湯汁全部蒸掉才算完成。

食物用**水波煮**（poach）[2]的好處在於有水分，卻無法快速烹調，或者應該說不管是高溫或是滾燙的沸水，對於細嫩食物都有害處。所以魚、蛋、細緻的絞肉團或海鮮丸子、根莖類蔬菜和豆子才會用水慢慢燙。水波煮是如此重要又獨特的用水方法，我得用一整章來說明（請見「17.水波煮：溫和的熱力」）。

---

[1] 庫斯庫斯（couscous），是食材也是料理名，北非人將杜蘭小麥粉及其他粉料拌勻，再慢慢揉成一粒粒比米稍大的顆粒，俗稱北非小米，另加上肉、菜、乾果蒸熟食用。
[2] 西餐的水波煮與中式汆燙不同，水波煮是指食材放入溫度低於100℃的湯水中以微火慢慢泡，燙泡食物的材料不一定是水，更可能是湯或醬汁。

間接烹煮

如果把水當成間接烹煮的工具，就要在水和食物間放一個格障，通常是可以放在熱水中的容器。最簡單的隔水加熱只要一個烤盤和另一個裝滿熱水的大鍋。隔水加熱利用水的力量溫和加熱，可讓卡士達固定，也可以煮熟其他以蛋為基材的餐點，也可以做「陶罐法國派」（pâté en terrine，用陶罐模型做的肉糜派）。如果用可微波的碗盤來做隔水加熱，溫度會達到83℃到95℃（180 ℉到200 ℉）。隔水加熱的好處部分來自持續蒸發，水變成蒸氣，熱氣也跟著走，因此即使用烤箱作隔水加熱，也會因為水氣蒸發，讓要煮的食物周圍只有和緩的熱氣。隔水加熱的溫和力量證明，用烤箱烤出來的乳酪蛋糕通常冷掉後會出現裂痕，但是用烤箱隔水加熱做出的乳酪蛋糕就不會。

降溫和結凍

水吸收熱能的能力讓它成為有效的降溫方式，廚師的主要工作不外是控制溫度，而水是極佳的溫度控制器。不只因為它可以把食物加熱到某一特定溫度，也可以快速讓食物降溫。我們經常需要冷卻食物（請見「20. 冷凍：溫度的抽離」），常常要讓食物半熟。當我們從爐火上移開食物，藏在食物裡的熱能會讓食物後熟。這就是為什麼當烤牛肉或烤羊腿從烤箱拿出來後，插入的溫度計最初可量到54℃至60℃（130℃至140 ℉），但十分鐘內溫度還會繼續上升。這情形對四季豆、卡士達、蛋糕，需要加熱的東西也都適用。

有時後，我們控制溫度的方法是把食物加熱到某個特定溫度再**很快**中止烹煮。就像我們把青豆煮到正好——綠得好亮好亮，又軟度正好——可以丟到冰水裡，用冰水來定色和柔軟口感。我們把蛋、糖、奶油混和在一起，放在火上攪打，等它濃稠均勻一致時，就把混和物倒入碗裡，放在冰水上維持質地，不要讓蛋煮到過熟。

水也可以用來冷凍食物。把鹽加入冰塊水中，冰點就會降低。如果不放鹽，冰塊水會保持在0℃（32 ℉）。加入大量的鹽，溫度就會降到比0℃還低

很多。鹽（或融解在水中的任何東西）會抑制冰的形成。鹽會形成阻礙讓水分子更難附著在冰上。這也是我們將卡士達變成冰淇淋、讓加味水和果汁變成冰沙和冰棒的方法。

濃鹽水

　　水是鹽的絕佳載體。當水含有足夠的鹽時，就會變成濃鹽水。濃鹽水可以醃透到食物中心，也可以讓食物更多汁。鹽會改變細胞結構，讓細胞抓住更多水分。鹽水也可以增加食物風味，加入鹽水中的提香料會隨著鹽上演的滲透奇觀將香味帶入肉中。

　　最後，也可能是最重要的事，鹽水會抑制引發腐敗的細菌。我說「最重

———————————— *Cooking Tip* ————————————

真空烹調法（Sous Vide）：嶄新的烹飪技巧

　　這是還在初步發展的烹飪技術（相較於其他古老的技法），這種烹調技術使用另一種間接隔水加熱法。Sous vide 是法文的「真空狀態下」，意指把食物以真空狀態封住，再以定溫的水加熱。例如，牛排用真空袋封住，溫度定在54℃（130 ℉）烹煮，就會到達完美的五分熟，把牛排從真空袋中拿出來，用平底鍋很快煎一下就好了。這種方法排除了煮東西時的臆測，而口感更是其他烹飪法做不到的。牛小排有牛筋等結締組織，肉質較硬，所以要把牛小排煮到熟又入口即化，必須放在湯湯水水中煮很久才行。但如果

　　用真空烹調，只要把牛小排定在低於60℃（140 ℉）的溫度加熱幾小時，煮到結締組織都軟透，肉質還是保持三分熟。很多蔬菜都可以用這種定溫的方法烹煮，只有綠色蔬菜不適用真空烹調法，因為綠色蔬菜用真空袋熱封起來，顏色會變得不好看。

　　真空烹調法在廚房扮演的角色有限，主要因為設備的關係，真空烹調低溫循環機和高品質的真空包裝機都十分昂貴。但當這些機器成為買得起又買得到的家電時，真空烹調也許會成為家庭廚房逐漸普遍的寶貴技術。

隔水加熱（Water Bath）：隔水加熱要準備燒烤盤或烤盤，甚至一口大鍋都可以。裡面要裝足夠的水，多到內層容器放進去時，水量起碼要到容器的2/3。你可以先把空的容器放入底盤，再開始加熱水，加到容器的2/3為止，然後把容器拿掉，把底盤慢慢滑進烤箱裡加熱，直到食物準備好再放進去。或者你也可以先把裝好食物的容器放在底盤裡，倒入非常燙的水，再把盤子滑進熱烤箱裡。如果你用的是很大的燒烤盤，要把它們從廚檯移到烤箱而不灑得到處都是水並不容易，如果擔心，就把底盤先放到烤箱，用水壺或平底鍋汲水裝滿燒烤盤。

冰水浴（Ice Bath）：冰水浴用的是冰塊水——冰塊用來維持冰涼溫度，而水的作用在確保放入的東西被冰溫均勻包覆。重要的是冰的分量要恰到好處，水才會盡可能地冷。所以水要占50％，冰也要占50％，冰水浴才會有效率。

如果想要降低冰水浴的溫度可以考慮加鹽，就像你做冰淇淋時要加鹽一樣，這會讓冰水浴更有效率。想要葡萄酒迅速透涼，這就是一個好方法。

要」是因為濃鹽水是文明進步的基礎，探險者因此可做長途旅行。豬肉用重鹽水醃著可以無限期保存，牛肉也可以用醃漬法保存——也就是用濃鹽水醃漬。而我們現在仍做鹽醃牛肉（corn beef）和燻牛肉（pastrami），不是因為為了維持生存，而是因為它們真的很好吃。

濃鹽水的關鍵在於鹽，而不是水；而水利於鹽的作用。有關製作濃鹽水的技法請見 p.22。

萃取味道

水可以帶走其他食材的味道而保留在水裡，卻仍然維持水的狀態，也許是我們最重要卻也懂得最少，最少被細察的用水方法。

大多數食物放在水裡加熱，水就得到了食物的味道。這件事一想到就覺得神奇。同樣的事情，油或其他非水為底的液體卻做不到。水的這種力量

來自那些強而有力的氫原子，它們努力結合，把東西拉開，溶解其他成分。如果你把切好的洋蔥和胡蘿蔔倒進水裡加熱，由於這些根莖蔬菜帶甜味，你就有一鍋帶著甜味又美味的水。把洋蔥炒到深度焦糖化，再倒點水蓋住洋蔥，加熱20分鐘，用鹽和胡椒調味，再噴點雪利酒，你就有了美味的洋蔥湯。在烤過雞的平底鍋放些洋蔥，加點像是翅膀尖這種烤雞剩下的碎料，把洋蔥煎一下，再把水倒入蓋過洋蔥，一直煮到水燒乾，再加一點水（細節請見 p.203），你就有了可以搭配烤雞的美味醬汁。

將含水量多的食材澆在食物上，食物就會帶著那味道。煎過的牛肩胛肉，倒入一整罐的去皮番茄，加上一些洋蔥和大蒜，慢燉幾小時，就是一份簡易的燉牛肉，和在麵上就是濃厚豐盛的義大利麵。煎幾塊培根，用培根煎出的油炒雞塊，放些洋蔥片和大蒜，再倒入一半紅酒一半水蓋過食材一起煮，不到一小時，你就有了一份簡易的紅酒燉雞——這些都要感謝水。

長久以來我一直勸大家別去買市售的湯品和高湯。家庭廚師用這些罐頭產品對食物的傷害大於好處。就算有些菜餚，主要是湯，確實需要某種有風味的液體，只靠幾升／夸脫的水是無法做出一道稱心滿意的雞湯。但你往往只要用水加上一些普通的蔬菜做湯底，完成的菜餚就會既清澈又比用罐頭高湯做出來的更令人心滿意足。雖然這章的主菜食譜都不需要自製高湯，但我還是寫下簡易高湯的做法，以免你會想自己製作高湯。

鍋蒸甜豆 / 4人份

半蒸煮是一種用水技巧,也是軟化蔬菜的獨特方法。意即在極熱的鍋子裡簡單放入蔬菜和少許水,用鍋蓋蓋緊,高壓蒸氣就會將蔬菜快速蒸熟,時間大概只會花上分鐘。

材料

- 455克甜豆,去掉莖鬚和中間老掉的粗絲
- 2湯匙奶油
- 猶太鹽

做法

準備大煎炒鍋或其他鍋緣較低且有蓋子的鍋子,用高溫加熱。大碗裝入豆子加上半杯(120毫升)水。當鍋子變燙,鍋面會冒出一顆顆水珠,豆子和水倒入鍋中,立刻蓋上鍋蓋,一面壓緊鍋蓋,一面晃動鍋子讓水蒸氣蒸發。一分鐘後豆子大概就蒸熟了,開小火到中低溫,拿開鍋蓋,加入奶油,用鹽調味。完成立刻享用。

醃燻辣椒番茄醬 / 2.5杯(600毫升)

材料

- 2湯匙蔬菜油
- 1大顆洋蔥,切細絲
- 猶太鹽
- 1大顆番茄,約800克,整顆去皮,汁保留
- 5瓣大蒜
- 2茶匙孜然粉
- 3條罐裝墨西哥醃燻辣椒(chipotle chiles in adobo sauce),去籽
- 2湯匙紅糖
- 2湯匙紅酒,或者雪利酒或蘋果醋
- 1湯匙魚露(見p.21)

做法

醬汁鍋加熱到中溫,加入油,油熱再加入洋蔥拌炒,讓洋蔥都沾上油。撒入一大撮鹽(三隻手指捏起的量)再繼續煮,偶爾拌炒就可以,煮3到5分鐘,炒到洋蔥變軟變透明。

洋蔥移入食物攪拌機,加入番茄、番茄汁、大蒜、孜然、辣椒、紅糖、紅酒和魚露。高速攪拌直到混和物光滑均勻。再移入中型醬汁鍋,用中低溫或低溫煮番茄醬,不用加蓋,偶爾拌炒,炒大約3小時,直到份量濃縮到2/3,質地又厚又可散開。剩下的番茄醬放在冰箱冷藏可保存一星期,放冷凍保存期可長達一個月。

法式紅酒燉雞／**4**人份

紅酒燉雞（Coq au vin），就是用紅酒煮雞的意思，聽起來像是很炫的法國料理，但其實是很質樸的一道菜。它原來是用老公雞來做的，是道很適合現代廚房的料理，好處就在使用普通食材一鍋搞定，也不需要高湯──只要水和酒就行了。

做這道法國經典料理的方法有很多，但我嘗試用極有效率的方式來做，只需要在爐子上花一點時間，沒道理不能成為平日的主食菜色。紅酒燉雞可以在一小時內準備好，時間大多花在用烤箱燉雞。這也是一道可以在三天前就事先準備好的菜，只要放在冰箱冷藏，拿出只要五分鐘就可完成。紅酒燉雞單獨吃就很營養美味，也可以搭配簡單的沙拉，我喜歡配著寬蛋麵或寬義大利麵來吃，配顆烤洋芋也不錯。

材料

- 4支雞腿
- 155克條狀培根，將培根切成1.2公分寬的片狀。或者用厚塊培根肉155克切成長條塊
- 1顆中等大小的洋蔥，切細丁
- 4瓣大蒜，用刀背拍碎
- 猶太鹽
- 3湯匙中筋麵粉
- 1個胡蘿蔔
- 8粒紅蔥頭，去皮。或8粒香烤紅蔥頭（做法請見p.80）

- 2片月桂葉
- 225克白蘑菇，十字刀切為四份
- 1.5杯（360毫升）紅酒
- 2湯匙蜂蜜
- 現磨黑胡椒粉
- 自選裝飾配料：新鮮巴西里切段，鹽漬檸檬切小條（見p.32），檸檬皮末，義式三味醬（見p.286）。

做法

烤箱預熱到220℃（425℉／gas 7）。

雞腿放入大號烤盤，放入烤箱烤20分鐘。烤好後拿出，烤箱溫度調低到165℃（325℉／gas 3）。

烤雞的時候，在烤箱用的大平底鍋放入培根、洋蔥和大蒜，也可以用荷蘭鍋（鑄鐵鍋）或其他大深鍋代替（我選擇用大型鑄鐵鍋，如果你也有這種鍋子就可使用）。烹煮容器必須夠大，要讓每支雞腿平放在一層又不會局促。用手指夾起兩三撮鹽撒入鍋中，加水淹滿食材，用高溫燒大概5分鐘，煮到收汁。再把溫度調到中低溫再燒，一面拌炒，炒大概5分鐘，等洋蔥開始焦糖化時，將麵粉撒在洋蔥培根上再炒，炒到全部均勻。

雞皮朝下好好放進洋蔥混合物裡排成一層，胡蘿蔔塞進鍋裡，然後是紅蔥頭（如果你用的是烤香的紅蔥頭，可留到最後再放）、月桂葉、還有蘑菇（如果鍋裡放不下了，蘑菇可以鋪在雞的上

面，也會煮熟的）。加入紅酒和蜂蜜，用胡椒調味，再加入足夠的水，水量要滿到雞的3/4處。用高溫把整鍋煮到滾，再把鍋子放入烤箱中烤，請記得不加蓋。

雞烤了20分鐘後，從烤箱拿出鍋子，把雞翻面讓雞皮朝上，再攪拌一下食材確定受熱均勻。嘗一下湯汁的味道，不夠鹹的話可以再加一點鹽，再放進烤箱烤約20分鐘，烤到整鍋雞都軟了，再把鍋子從烤箱裡拿出來，雞皮要烤到剛好從湯汁露出來（如果用的是香烤紅蔥頭，這時候可以加入鍋中）。如果這鍋雞要立刻上桌，請花3到4分鐘時間用小烤箱／炭

烤爐把雞皮烤到香脆，然後拿掉胡蘿蔔和月桂葉，移到義大利麵碗裡上桌，再看個人喜好放上最後裝飾。

如果這鍋雞沒有馬上要吃，可以放在爐上幾小時，也可放到冰箱冷藏，保存期限可長達三天。你也許想要替這鍋雞撇油，這時候就是好機會。用湯匙把浮到表面的油撇掉，或者把雞放到冰箱冷藏，凝結的油去掉後再把醬汁回溫。等到上桌時，雞用165℃（325℉／gas 3）的烤箱再熱30分鐘，然後再用小烤箱／炭烤爐把雞皮烤香。

1. 使用厚片培根，你也可以自己醃製，如此就可決定要怎麼切。

2. 切成1.2公分寬的長條塊。

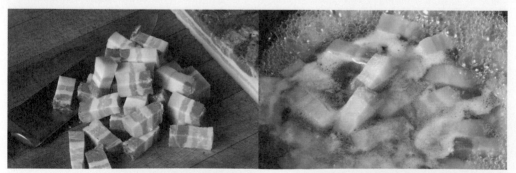

3. 大多數的肉類燜燒菜或燉湯都可以用厚片培根塊增添濃厚風味。

4. 用濕熱法[3]逼油並軟化培根。

5. 加水讓洋蔥變軟，加速焦糖化。　　6. 洋蔥的顏色變得越深，湯汁的風味越複雜。

7. 洋蔥混合物裡加入麵粉，然後炒掉麵粉的生味。　　8. 烤好的雞腿排好，在鍋裡排成一層。

9. 加入紅酒、水和提香料。　　10. 煮開酒水，放入烤箱完成。

---

3 濕熱法（Moist heat），加熱的溫度正好在水的沸點或低於沸點。燜燒、水波煮或蒸都屬於濕熱法。

完美肉團佐醃燻辣椒番茄醬 / **4**人份有餘

法國有一道名菜，稱為pâté en terrine——陶罐法國派，就是用絞肉或肉末壓進陶罐，隔水加熱後冷凍切片當冷盤食用。聽起來十分花俏唬人，但那只不過是肉團子。隔水加熱煮熟的原因是為了確保肉和油脂能夠上下左右均勻分布，油脂不會脫離浮到上層，整塊就是乾乾的肉凍。同樣溫和的煮法會產生同樣高級的肉派：完全熟透卻仍柔嫩多汁。

這道菜可以用各種肉來做，雖然我喜歡傳統的牛豬混和。我總是建議絞肉要自己動手做——你可以控制肥瘦的程度，從避免細菌感染的觀點看，自己絞的肉也比較安全。你可事先通知你認識的肉攤子，先預訂好我下面建議的肉（要做美味多汁的肉派，事前先絞好剁碎的肉總是太瘦）。

這道食譜從陶罐法國派偷來隔水加熱的方法，搭配其他為肉增加風味的技巧，像是用到出水洋蔥（見p.67），也用到用酒洗鍋底收汁，還用了一種叫作panade的技法，就是加入用牛奶浸泡過的麵包，這種做法會增加肉團子的濕潤度，又不會讓肉派質地太密實。

全部的拌料可以在四天前做好，然後包起來冷藏（放進去的鹽會像溫和的保存劑一樣作用）。使用之前，肉團可以在一小時內做好，然後保溫，直到你準備完成這道菜。肉派冷的吃也很好吃——而我喜歡做肉堡排三明治。

如果你要自己做絞肉，請注意得把肉凍到冰透再放進模具裡磨，這件事情很重要。我都把肉事先調味好，然後放進冰箱或冷凍庫冰起來。在絞肉之前，肉剛好冰到快要結凍的狀態，這時絞出的肉最好。

做這道菜你也需要一個陶罐，或是長21.5公分╳寬10公分的肉派烤模。

隔水加熱沒有焦糖化[4]的程序，我喜歡在肉派做好後在上面塗上帶辣味的番茄醬，然後放到小烤箱或炭烤爐中烤一下。如果沒時間做番茄醬，也可用傳統的瓶裝番茄醬代替（這是我孩子的最愛，哎～）

材料

- 1茶匙蔬菜油
- 1顆中等大小洋蔥 ，切細丁
- 猶太鹽
- 1/4杯（60毫升）馬德拉酒（Madeira），或者雪利酒或紅酒
- 2大顆雞蛋
- 1/3杯（75毫升）牛奶
- 2-4薄片法國長棍麵包，或其他好品質的麵包，烤過後切成塊狀
- 910克帶油花的牛肩肉，切細丁，冰到透

---

[4] 焦糖化（caramelization），也指褐變（browning），食物中的糖受熱分解成為另一種化合物，焦糖化的食物會帶有焦香，就像洋蔥炒到出水或肉煎到焦香。

● 225克帶油花的豬肩肉，切細丁，冰到透

● 2大瓣大蒜，切細末

● 1茶匙新鮮現磨黑胡椒

● 1.5湯匙新鮮馬鬱蘭切碎末

● 1湯匙新鮮百里香葉

● 半杯（120毫升）冰紅酒

● 2湯匙伍斯特辣醬油

● 醃燻辣椒番茄醬（見p.60）

做法

中溫加熱醬汁鍋，加入油。當油熱了，把洋蔥放進去炒，讓洋蔥都沾上油，撒入一大撮鹽（三隻手指捏起的量）。炒3到5分鐘，洋蔥炒到透明變軟（如果看起來要炒焦了就把火關小一點）。然後把火調大，倒入馬德拉酒，酒燒掉大部分，接著把洋蔥移到盤子上放進冰箱，不加蓋子冰到透（如果趕時間，放入冰庫也可以）。

中碗加入牛奶和蛋打勻，放入麵包吸飽蛋液至完全變軟（如果絞肉不是自己做的，烤麵包就要切得很細，甚至放入食物處理器打碎）。

如果自己做絞肉，兩種肉全放進碗裡，加入一湯匙鹽，還有大蒜、胡椒、馬鬱蘭、百里香和浸飽的麵包。這些食材壓進裝有中號刀具或攪細丁刀具的絞肉機，用大碗盛接（如果絞肉機附有碗，用那個也可以）。加入洋蔥料、紅酒和伍斯特辣醬油。用木勺子或鐵湯匙把這些食材攪拌均勻（或者用攪拌器攪拌直到全部食材完全混和）。

絞肉團子填入陶罐或長21.5公分×寬10公分的肉派烤模，再用鋁箔紙封好。如果擔心肉派完成切開時會刮傷模具，也可以在填入肉餡前先用鋁箔紙把模具包起來。這肉可以放在冰箱保存長達四天。

烹煮肉團前，烤箱先預熱到150℃（300℉／gas 2）。

模具放進烤盤，烤盤裡倒入足夠的水，至模具高度的2/3到3/4才夠。再拿掉模具，烤盤移到烤箱。隔水加熱的水要夠燙（溫度要到82℃／180℉，如果想快點到達溫度，可以把烤盤放在爐火上很快熱一下）。模具用鋁箔紙包起來，放進烤盤。烤1個半小時左右，烤到用即顯溫度計插進肉裡時，數字顯示65℃／150℉。從烤箱裡拿出隔水加熱的器具，模具也從水盤中拿出。

開啟小烤箱／炭烤爐，拿掉鋁箔紙，在肉團上塗一層番茄醬，用小烤箱把上層烤上顏色，再把肉團切成片狀就可以吃了。模具裡應該還留有湯汁，舀出來澆在肉派上，或者再加點番茄醬調在一起就是醬汁。

醃燻帶骨牛小排 / 4人份

這道菜在兩方面用到水：作為傳送鹽和味道的工具（濃鹽水），也當傳送熱的工具（蒸）。牛肋排是做這道菜最好的肉，因為要經過長時間的慢燒，口感才會精緻軟嫩，而牛肋排的價錢又比那些肉質軟嫩的牛肉便宜。堅硬的結締組織轉化為膠質需要用濕熱法，燜燒是最常用的技巧，這裡用的是蒸的方法。

一般做醃燻牛肉（Pastrami）的肉都是牛胸肉。牛胸肉用濃鹽水醃過，撒上黑胡椒和香菜，然後煙燻出味道再蒸過。同樣的方法也適用於牛小排。這道菜的做法是將牛小排碳烤出煙燻的味道。如果你有爐上型煙燻爐，做出來的效果也一樣好。

就像傳統培根和鹹牛肉的做法，醃燻牛肉也需要用到粉紅鹽，就是亞硝酸鈉，這種醃製用鹽可以使肉保持鮮紅色，又能產生獨特的臘肉味（這種鹽和喜馬拉雅粉紅鹽完全不一樣）。想知道何謂亞硝酸鈉，請見p.365。這道菜並沒有強制一定要用亞硝酸鈉，但如果不用，肉煮熟的味道就會有點不同，看起來也比較像是全熟的牛肉，是灰色而不是紅色。

醃燻牛小排最好的配菜是香炒甘藍菜、德國酸菜或烤洋芋。你也可以把肉切片來夾黑麥麵包和coleslaw[5]，做成新版的瑞秋三明治（是魯賓三明治[6]的變形，只是用醃燻牛小排取代鹹牛肉）。

這裡的食譜用的是帶骨牛小排，但你想用無骨牛小排也可以，看什麼方便就用什麼。如果你喜歡牛胸肉，用牛胸肉也行。

醃料
- 7.5杯（1.8公升）水
- 6湯匙（90克）猶太鹽
- 1茶匙粉紅鹽（亞硝酸鈉）
- 2湯匙紅糖
- 5瓣大蒜，用刀背拍碎
- 2茶匙黑胡椒粒
- 2茶匙芥菜子
- 1湯匙香菜子
- 1湯匙紅辣椒碎
- 2茶匙眾香子[7]（allspice），或半茶匙眾香子粉
- 1茶匙肉豆蔻粉
- 2根肉桂棒，每根長約5公分，壓碎，或用1茶匙肉桂粉
- 6片月桂葉，捏碎
- 1茶匙丁香粒，或半茶匙丁香粉
- 2茶匙生薑粉

---

[5] coleslaw，源自荷蘭語的koolsla，就是美乃滋涼拌高麗菜做成的沙拉。
[6] 1920年起盛行於美國的三明治。標準的魯賓三明治（Reuben）是由黑麥麵包夾鹹牛肉、德國酸菜和起司。姊妹版瑞秋（Rachel sandwich）則是用火雞肉取代鹹牛肉，用coleslaw取代德國酸菜。
[7] 眾香子（allspice），源自印度，又稱甜胡椒，聞起來有肉桂、丁香、荳蔻、胡椒等香料的香氣。

材料

- 8塊帶骨牛小排
- 1/4杯（30克）黑胡椒粒
- 1/4杯（20克）香菜子

做法

醃製食材：所有醃料食材混和在一個中型醬汁鍋，開火煮到小滾，關火，讓醃料溫度降到室溫，放入冰箱冷卻。

牛小排放進密封袋，醃料倒入蓋過牛小排，然後密封袋子。袋子用碗裝著放入冰箱5到7天。每隔一天就把袋子從冰箱裡拿出來動一動，讓每塊牛小排都能接觸醃料。

牛小排準備好要煮時，把它們從醃料裡拿出來沖乾淨，再用紙巾拍乾。炭烤爐開中火，因為之後這道菜要煙燻，如果你想要，可以加些木屑放到煤炭裡。

用煎鍋以中高溫乾煎黑胡椒粒3到4分鐘，炒出香氣。用咖啡豆研磨器或香料研磨器把胡椒粒磨碎，然後以同樣的過程製作香菜子，這裡需要的是粗粒，不需要磨成粉狀，然後將胡椒粒、香菜子粒混在一起，丟入牛小排讓它沾滿香料。

準備煤炭，如果使用木屑也在這時候加入。牛小排直接放在烤架上在炭上烘烤。蓋上烤爐蓋子，牛小排每一面都要烤到，烤20到30分鐘，直到牛小排全部均勻沾上濃郁的煙燻味道，再從烤爐上移開。

還沒有蒸之前，牛小排可以放在冰箱冷藏5天。如果要立刻現做，先預熱烤箱到110℃（225℉／gas 1/4）。牛小排放進附蓋子可爐烤的鍋子，鍋子必須夠大，可以把所有牛小排一層排好。鍋子裡加水，水要滿到牛小排側邊2.5公分高。水燒到大滾，蓋上鍋蓋，放進烤箱烤約4小時，直到牛小排用叉子一撥就開，烤到一半時記得翻面，烤好後立刻食用。

烤雞配蒜苗雞湯／4人份

主廚都知道這個祕密，但總猶豫著要否和家庭廚師分享。那就是：如果你沒有自做雞湯，用水還比用罐頭高湯好。一流大廚絕對不會想用罐頭高湯，你也不應該。如果你用好食材做料理，就不需要仰賴市售的輔助高湯，反而該在煮菜時延伸食譜骨幹。這裡介紹一個絕佳例子，我用蘇格蘭蒜苗雞湯向你展示水的王者地位和無上力量。

我知道大家對於我說烤雞很容易這件事有多麼不滿，所以如果你想先把雞烤好（請見p.266），可以用那一道而不要用市售的烤雞，你的湯也會獲益良多。但是對那些覺得做高湯太難，超出他們能力範圍的人，我想讓這道「無高湯」的湯越簡單越好。

做蘇格蘭蒜苗雞湯（Cock-a-leekie soup）通常需要用到大麥。如果你想試試，也可以加入其他澱粉類，如米粒狀義大利麵orzo、米、馬鈴薯丁，或者為了濃度和口感，也可使用麵包丁或切碎的烤麵包。這道湯乾淨無油，十分美味，充滿雞和蒜苗的香味。配上酥脆的法國長棍麵包就是一道營養滿足的大餐。

材料

- 1大顆洋蔥，切片
- 2個胡蘿蔔，切片
- 2片月桂葉
- 6杯（1.4公升）水
- 4瓣大蒜，用刀背拍碎
- 1湯匙番茄糊／番茄泥
- 1隻1.8公斤烤雞，肉剝成絲狀，保留骨頭雞皮
- 猶太鹽
- 3、4根蒜苗
- 2湯匙奶油
- 新鮮現磨黑胡椒
- 2湯匙白酒醋，如果需要分量還會再多
- 自選裝飾配料：檸檬皮、新鮮巴西里、幾片鹽漬檸檬（見p.32）、初榨橄欖油、麵包丁

做法

湯鍋裡倒入洋蔥、胡蘿蔔、大蒜、月桂葉、番茄糊／泥混合，再加入留下來的雞骨、雞皮和水，水的高度得滿過食材。高溫煮到水滾，再把溫度降低讓湯汁維持小滾就好。用三隻手指抓一撮鹽撒入，來回兩次，然後不蓋鍋蓋煮45分鐘到1小時。

此時，切掉蒜苗鬚根，修掉葉子尾端破損部分，先劃直刀將蒜苗剖半，用冷水沖洗乾淨，檢查葉片中是否還有沙子，再一刀分開蒜白和蒜綠，蒜綠丟到小滾湯鍋中，蒜白部分則橫切成1.2公分寬的蒜段保留下來。

容量4.7公升的荷蘭鍋或大湯鍋放在爐上中溫加熱，放入奶油融化，再把蒜段放下去煸炒2分鐘，熟透後，再關至小火。 高湯直接濾到有蒜苗的鍋子，濾出的東西都丟掉。嘗嘗味道，再加鹽調味，如果覺得要用點胡椒，這時也一起撒入。想要湯汁乾淨光亮、味道剛好，這時倒入白酒醋，但不該嘗到醋的味道。加入雞肉，湯煮到小滾，一邊煮一邊攪拌，約3到4分鐘湯就會大滾。如果你喜歡，最後撒上裝飾配料即可上桌享用。

高湯製作可説是用水提煉食物味道最純粹的形式。水倒進肉、骨、蔬菜裡加熱，最後，不管是肉和菜裡的風味，還是硬骨軟骨裡的蛋白質全部掃進水裡，簡單容易。這也可能是餐廳料理和家庭料理間唯一，也是最重要的不同處。高湯製作通常也是餐飲學校教的第一項技術。

如果高湯是這麼重要的必殺絕技，怎麼不是本書列出的主要技法呢？

有幾個理由。大多數的人不會在家特別製作高湯，也沒有足夠動力改變這情形。在料理過程中直接製作高湯比較簡單，萃取風味無論雞骨在大湯鍋或小燉鍋都會發生。我主要希望高湯製作成為一種潛在的技巧，而不是強制的主要技巧，因為每次我們使用以水為底的液體，都在製作高湯。確認這項事實才是真正的必殺祕技。

一般説來，高湯製作的名聲並不太好，人們談論此事的熱情似乎與……這樣説吧，就跟談論清排水溝這事一樣。這是錯的。

真不知我們從哪裡得來的觀念，以為製作高湯需要巨大的鍋子和超長的時間？它**可能**是如此，做很多高湯放在冰箱隨時可用實在很不錯，但也沒有理由，不可以只做少量的湯。烤雞剩下的骨頭大概可做出4杯（960毫升）令人吃驚的湯，你甚至可以不用全部骨架，只用一部分就夠了。如果

需要，光靠一塊雞塊也可以讓水施展它的魔力。這不是太美了嗎！

想要做真正的好湯嗎？早晨時，取一顆中型洋蔥、一個胡蘿蔔和一隻雞腿放在入鍋中，加水蓋滿，放到爐子上用低溫慢燉。到了晚上要做湯時，只要把這鍋湯水過濾到你的湯鍋，這鍋湯會比你買的市售高湯好到無以復加。

我無法忍受喜歡做菜的人説自己受不了做高湯，因為它太難或有太多麻煩事要做。但其實，這些人也許一直在做高湯卻不自覺。

你需要的高湯全部基本知識就在這了。無論你用的是什麼料，水會把所有的美味萃取出來。如果你把炭烤牛排／BBQ的烤肉丟進水裡，水最後嘗起來的味道就會像炭烤牛排。倒6杯水（1.4公升）淹過烤雞剩下的骨頭，你就會有一鍋滋味好、用途多的烤雞高湯。加入洋蔥和胡蘿蔔賦予高湯甜味，番茄糊／泥也是，它們還可加深高湯的顏色，大蒜的甜度與味道更重，黑胡椒粒敲碎後散發溫和的微辣，月桂葉增加鹹味的深度，巴西里和百里香點綴著花草香，你是否該把所有東西都加進來？不用，光是雞骨架就會讓湯頭帶著清淡的好味道。洋蔥在高湯裡是十分重要的食材，所以至少至少，我熬湯會用到雞和洋蔥。除此之外，沒有什麼是絕對必要的。

水要花上多少時間才會將味道萃取出來，這要看你煮的是什麼東西。蔬菜只需要在水裡一小時，所以長時間熬煮的肉湯到最後再把蔬菜放進來是不錯的想法。骨頭會釋放結締組織，而結締組織會變成膠質，這種蛋白質會讓湯增加濃度，這過程需要多花點時間。鳥禽類骨頭重量輕、孔隙多可以在數小時內完成，而牛骨或小牛骨頭重量重，需要花八小時或更多時間才能確保煮出最多的膠質。

另一個關鍵因素是你煮高湯的火用多大。如果高湯已經熱到小滾了，油脂會乳化到水裡，如此高湯就會濁濁的，連味道也濃濁。除此之外，水滾時，水劇烈攪動會把蔬菜煮散，蔬菜四分五裂的，等到過濾時就會把湯汁吸走，你的湯就會變少了。要做最好的高湯，最好讓水煮到還沒有滾卻依然溫度很高，大概77℃—82℃（170℃—180℉）是最好的溫度。我最喜歡煮高湯的方法是把鍋子不加蓋放進低溫的烤箱（82℃—95℃／180℉—200℉）。這樣的溫度很熱，但蒸發的冷卻效果不會讓高湯變得過燙。高湯就這麼熬著。

當高湯完成，過濾之後立刻享用，或者放進冰箱。我喜歡用棉布過濾高湯，棉布可去除所有細碎部分。從上層撇去油脂，或者冰過之後再拿掉凝結的油。（你可以用棉布或細砂布過濾高湯，而我都用All-Strain廚用棉布過濾四、五次，品質很好又不貴。請見p.365

「參考資料」）。

你看，熬高湯多簡單！如果簡單就是你要的。把雞骨架和一顆洋蔥放入鍋裡，水要淹過食材大概2.5公分左右，放在低溫的烤箱裡3到12小時就成了。真正花掉你多少時間？3分鐘而已！所以我一點都不相信那些說自己沒時間熬湯的人。

高湯基本原則

● 肉帶給高湯風味。

● 骨頭和軟骨提供濃度。

● 蔬菜增加甜味。

● 其他食材（如大蒜、番茄、香草、胡椒）可貢獻好味道，增加高湯的複雜性。

● 紅肉或骨頭最好先汆燙或烤過之後再用來做高湯。

● 第一次把水煮熱時，撈掉浮起來的浮渣泡沫。

● 熬煮肉和骨頭時溫度要夠高，但不能讓湯水煮到明顯的滾，大概只在82℃／180℉，要煮數小時（水面要看來平靜，但用手碰鍋子的溫度仍然是燙的）。

● 最後再加入蔬菜和香草（它們只需在湯水裡煮一小時左右）。

● 為了讓高湯完成時有最清澈的效果，得用廚用棉布過濾高湯。

● 湯放涼冷藏，去除表面凝結的油脂。

簡易雞高湯 / 4杯（960毫升）

　　如果不想用烤雞骨架來做高湯，可以用整隻煮熟的雞或烤過的雞來做，做法一樣。但最有效又經濟的方法是用前一餐的剩菜來做小量高湯。如果你烤了雞，主食材就有了，只要加顆洋蔥，讓湯水保持高溫幾小時，你就有了美味高湯。

材料

- 1副烤過的雞骨架（凡是剩下的部分或沒有丟掉的骨頭）
- 1大顆洋蔥
- 2根胡蘿蔔
- 2片月桂葉
- 1茶匙黑胡椒粒
- 1湯匙番茄糊／番茄泥
- 自選其他食材：一點蒜瓣，幾片新鮮香菜和百里香

做法

　　弄碎雞骨架，雞和剩料放進約2.8公升的醬汁鍋，確定鍋子可放入烤箱，然後加水淹滿食材，水大概會需要6杯（1.4公升）。

　　如果菜在爐子上熬湯，鍋子用低溫煮幾小時，記得不要蓋上鍋蓋。湯水表面必須靜止，但用手碰鍋子的溫度仍然是燙的。

　　如果用烤箱做高湯，鍋子放在預熱溫度82℃-95℃／180℃-200℉的烤箱裡，最少煮4小時，最長還可煮到12小時（我只是簡單把鍋子放進烤箱，讓高湯煮過夜）。

　　加入其餘食材，高湯重新煮到高溫，然後再開小火，或把鍋子放入烤箱，再煮1小時。

　　用細網的過濾器過濾高湯，或最好用棉布、紗布或廚用綿布過濾。然後把湯放入冰箱，保存時間可長達1星期，或放進冷凍庫可放3個月。

洋蔥 ONION

大廚的祕密武器

如果洋蔥和松露一樣稀有，主廚恐怕也會為它付出沉重代價。洋蔥是廚房最厲害的調味工具，用法有千百種，但因為又多又便宜，所以就像鹽或水一樣，真正的意義往往被忽視：世界各地的每種美食形式，洋蔥都是神奇食材，以各種方式改變食物。我只要到市場雜貨鋪買菜一定會買洋蔥，不是因為我需要它，而是害怕要用時剛好沒有。身處沒有洋蔥的廚房，就像工作時斷了手又缺了腳。

　　想運用洋蔥的力量，第一件事就要確認洋蔥不是一音到底的食材，就像檸檬汁，檸檬汁就是檸檬汁，加多加少它還是檸檬汁。而洋蔥就像裝了音量調控鈕，操控的關鍵在於你給它多少火力、多久的加熱時間，放入什麼食材要它支持。生洋蔥對湯品、醬汁、高湯特別有效；或者稍微炒一下，不要炒到焦黃又會呈現另一種面貌；再煮久一點卻還不到上色的程度又是另一種；再炒久一點，炒到洋蔥深褐焦香則又是一種；還有把洋蔥水波煮的做法，效果又是全然不同。如果用烤的，洋蔥就是單獨的一道菜，還可以用醋醃，醃出來的效果卻又不同。

　　洋蔥既會帶來甜味也會貢獻鹹味──我們總以為這個令人滿足的味道深度是肉的酯味──但甜鹹各種程度取決於你加熱的方法。

　　是的，作為一種食材，洋蔥無疑是明星。我喜歡燉湯裡的大塊洋蔥，或整顆煮到軟爛的小洋蔥，洋蔥圈則是我最喜歡的東西，就這樣。如果要放在漢堡或牛排上，炭烤洋蔥最棒。洋蔥作為工具甚至更加可貴，是一種會讓多種菜餚更令人滿意的機制。洋蔥onion的字源來自拉丁字unio，意思是：「一、統一、一致」。洋蔥對食物的衝擊應該不是名字取作onion的理由，但它的確在菜餚上具有統一的效果，就像結合各種味道的網絡，統一各種味道呈現在成品中。

　　就洋蔥作為工具／技巧的觀點來看，有三個主要議題需確認：洋蔥本身的特性、出水，以及焦糖化。

洋蔥本身特性

　　基本的白色和黃色洋蔥是洋蔥的主力，手邊應該隨時準備好。去買菜時，你該注意的是洋蔥的品質而不是特定的品種，西班牙洋蔥、黃洋蔥、白洋蔥，甚至紅洋蔥的作用都一樣。要選洋蔥球莖結實外皮乾燥緊密的，我還喜歡大顆的，所以通常會選西班牙洋蔥。大顆的洋蔥用起來更有效率──連剝皮的時間都花得比較少。如果洋蔥切開用了一半，可以把另一半包起來放冰箱。

　　洋蔥帶有辛辣味，因為它從土壤吸收硫化物並儲存起來。在自然界這是一種保護機制，也是你洋蔥切太多眼睛會受到刺激的原因。硫化物分解成硫化氫、二氧化硫和硫酸，令人欣慰的是，經過熱和酸的作用，這些硫化物在進入我們嘴裡前會迅速揮發消散（如果要生吃洋蔥，事先最好沖洗或浸泡過）。

　　有種洋蔥叫做「甜洋蔥」（sweet onion），味道比較不辛辣，那是因為它種在不含大量硫化物的土壤裡。這種洋蔥也可以用來烹調，但一旦加熱，它的特性就和正常洋蔥一模一樣。所以如果它們比白洋蔥或西班牙洋蔥貴，拿來做菜就沒什麼道理。

出水（sweating）

　　這是廚房裡非常重要的技巧，幾乎可以獨立成一章討論。但因為烹調洋蔥基本上都要出水，不管是單一出水或是和其他食材一起出水，所以這可說是烹調洋蔥的另項技巧。

　　出水是指用少許油或奶油，把洋蔥（或其他蔬菜）用小火加熱，但不能煮到褐變[1]，這就是出水。因為出水正是洋蔥呈現的狀況，洋蔥的水被火逼到洋蔥表面，產生許多小水珠。水排走了，洋蔥味道就濃縮了，也因為加熱，

---

[1] 褐變（brown）是指將食物過油煎炒到顏色焦黃有香味，而蛋白質及碳水化合物的焦化褐變又稱「梅納反應」，若指醣類的褐變反應則是焦糖化。

糖轉為複雜的味道，變成美味的化合物。如果你想嘗試兩種洋蔥的差異，用少量的水加入一些洋蔥加熱10分鐘煮滾，然後用一些已經出水過的洋蔥照樣做一遍，用出水洋蔥做出來的湯會特別甜。有時候你也需要生洋蔥的效果，就像在許多湯裡我都喜歡放生洋蔥而不是煮過的洋蔥，因為放煮過的洋蔥湯會變得太甜，特別是如果湯越煮越少，甜味就更濃縮了。但對大多數的菜色，我們還是希望把洋蔥先加熱，而出水就是最常見的步驟。

關於出水，有幾件重要關鍵要了解。至今最重要的是，你讓洋蔥出水越久，洋蔥就越甜，味道也越複雜，這就是所謂的音量調控鈕效應。如果只是把洋蔥出水幾分鐘，看到顏色透明，質地也軟了，洋蔥是一種味道。如果出水兩小時，炒到沒有顏色，洋蔥的味道會更有深度、更濃郁、更甜。所謂「沒有顏色」這部分很重要，一旦洋蔥去掉大量水分，承受一定熱度，就會開始褐變，味道就會與出水洋蔥完全不同，這種截然不同的準備工夫叫做「焦糖化」。

地中海料理有自己的料理術語來稱出水。在義大利，出水稱為soffrito，字面意思就是「炒過之後」，且通常會和其他食材一起炒——如義大利培根pancetta、大蒜、胡蘿蔔和番茄——往往就是洋蔥變成金黃或焦糖化的前哨，取決於你要做什麼菜。對於多數的湯、醬汁、燉飯，soffrito是絕對要做的第一步，因為持續地溫和加熱對成品有極大的影響，而這主要是洋蔥的功能。

只要把洋蔥炒久一點，炒得更軟一點，每個家庭廚師都可大大提升自己的廚藝，尤其是做冬季捲心菜濃湯（見 p.76）。這道菜烹煮洋蔥的方式是放在培根硬皮下面，如此燉湯不但充滿風味，也讓洋蔥保持濕潤不會褐變。這個絕讚的技巧是我向戴夫‧克魯茲（Dave Cruz）學來的，他是加州揚特維爾（Yountville）「艾德哈克」（Ad Hoc）餐廳的主廚。

再說一次，花幾小時讓洋蔥出水並不一定是你一直想做的事，但確認出水的影響且評估你要的效果是什麼才是重要的。也許你要的效果是讓洋蔥溫和出水，用來做高湯或做肉丸，這樣洋蔥還會保留些許口感，或者讓洋

蔥長時間出水，用來做蔬菜燉物的湯底。先想清楚，看自己想要做什麼來擬定計畫，利用洋蔥來幫你到達目標。

焦糖化（caramelizing）

把火開大，煮掉洋蔥大部分的水分，就會褐變，稱為「焦糖化」。熱力會讓蛋白質釋放胺基酸，胺基酸與糖作用散發出結合了甜、鹹、堅果的香味，這是廚房裡最奇特的反應，也因此有道料理因為焦糖化的特性而聲名大噪，那就是：法式洋蔥湯。

要做一道不以高湯調味的洋蔥湯，就要好好留意洋蔥焦糖化的過程，你會理解焦糖化的洋蔥如何轉化湯料燉品的各種味道。在簡易紅酒燉雞這道菜裡（見p.52），雞不只是用水煮，而是用焦糖化的洋蔥和雞湯來煮。事前將洋蔥焦糖化再加入水做成湯或高湯，焦糖化的洋蔥將貢獻強烈的甜味。

焦糖化的關鍵是時間，你無法在短時間內將洋蔥焦糖化，分解洋蔥的特殊成分要花一段時間，它需要一步一步來，如果你的火用得太大，洋蔥可能在還沒有褐變前就燒焦了。然而你可以藉由蓋鍋蓋加速進行，在一開始煮洋蔥時就蓋上鍋蓋，在焦糖化的過程中，洋蔥以蒸煮的型態受熱就會比開蓋時來得快。或者，你也可以加水淹過洋蔥，再加一點奶油，然後把水煮掉，如此做會迅速將糖提煉出來且軟化洋蔥。但最後，洋蔥還是需要時間才能適當地焦糖化。

很棒的是，洋蔥很耐煮，如果溫度夠低，可以放在那裡完全不用管它，還可以把火先關掉，等一下再完成。只是事前要先想好，如果要先顧其他鍋子，你也可以在極短時間內先完成小量洋蔥，但要做大量的焦糖化洋蔥還是需要時間才可炒得均勻。

拿一個平底厚材鍋或平底鍋，有柄可拿，導熱均勻，這樣的鍋子才有用。我最喜歡拿來做洋蔥焦糖化的鍋子是琺瑯鑄鐵鍋，它很重，但食物卻不會沾黏，所以焦糖化會集中在洋蔥上而不會集中在鍋子的表面。

要焦糖化洋蔥，先把洋蔥去皮，切絲切得越細越好。在厚底鍋或平底鍋

1. 洋蔥切絲,先取掉蒂頭。

2. 如果不拿掉洋蔥蒂頭,根部的地方就會連在一起。但如果洋蔥要切丁,可留著蒂頭。

3. 從外面開始切,斜角朝向中心。

4. 洋蔥切成大小形狀一致,如此才會一致地焦糖化。

5. 最好用琺瑯鑄鐵鍋來做洋蔥焦糖化。

6. 洋蔥有95%水分,烹煮時會釋放液體。

7. 水沒有煮乾前不要讓洋蔥褐變。

8. 褐變開始後不要劇烈翻攪洋蔥。

加一些奶油或菜籽油，再加入洋蔥，用小火慢煮，不時拌炒。首先，洋蔥會出水，然後釋放大量的水，好像在洋蔥湯裡燉，最後水會燒乾，洋蔥持續煮得越來越散，最後褐變。洋蔥95%是水，所以一大鍋洋蔥會煮到變很少，但高度濃縮後就是好東西。

焦糖化有無限的層次，實際而言，分為兩類：第一，輕度焦糖化——洋蔥雖然有褐變反應，但仍保有洋蔥的形狀；第二，重度焦糖化——一大鍋洋蔥濃縮到只剩深褐色的糊狀物。你要讓洋蔥焦糖化到什麼程度，全憑你最後要讓菜餚有什麼味道。請好好想想。

神奇的紅蔥頭

市面上除了洋蔥外，還有很多蔥類，多以食用球莖為大宗。還有一些，就像我最愛的食材之一，青蒜，就是以食用葉部為主，而不是球莖。我也喜歡可全部食用的蔥類，就像紅蔥頭或珠蔥，還有蝦夷蔥、野韭菜，以及其他野生的蔥。它們都是很棒的食材，但就數紅蔥頭在廚房的多功能及力量值得特別關注。

在洋蔥之外，紅蔥頭是至今最寶貴有用的蔥類，可幫助家庭廚師提升至新境界。它集洋蔥的各項好處於一身，卻沒有辛辣味。雖然生紅蔥頭是有點嗆，但很快也很容易就消散了。

紅蔥頭和洋蔥的作用一樣，只是生的紅蔥頭味道比較嗆，但如果煮過或用酸醃過，它的蔥甜和香味就更強。紅蔥頭的好處可說比洋蔥更加倍。紅蔥頭切末放些醋或檸檬汁，再加入油醋醬或美乃滋，撒在煮熟蔬菜上，就成了絕妙的配菜。紅蔥頭也可以出水，用在同樣的菜式裡。在出水紅蔥頭的用法裡，很多鹹食的醬汁幾乎都是由出水紅蔥頭開始好味道的，就像蘑菇中放入生的紅蔥頭一起煎炒，紅蔥頭會提升蘑菇的味道。紅蔥頭焦糖化則會讓醬汁、湯品或燉物充滿濃郁的香氣。如果整顆使用，就是燉物裡的重要成分。我喜歡讓它們烤到焦糖化，最後加到需要燜煮的菜餚裡燉（就像紅酒燉雞的煮法）。

傳統法式洋蔥湯 / 4到6人份

水與洋蔥的力量結合為一，也許是西方世界最好的一道湯。備受讚譽的理由不只是因為美味並令人滿足，而是因為經濟實惠。這是農家的湯，原料只是洋蔥，幾片硬麵包，一些碎乳酪和水，調味料就用鹽，手邊有什麼酒就用什麼酒，再加一些醋就夠了。千萬別用高湯！即使很好的自做高湯都很容易讓這道湯過於厚重油膩而有損平實的風味。（請勿添加罐頭湯，有多少洋蔥湯就是因為加了市售高湯而毀了。直到我學到水的妙用後，在我的廚房用水就綽綽有餘了。）

我從來沒看過一道洋蔥湯的食譜不用到高湯或罐頭湯，這會完全改變湯的味道——變成牛肉洋蔥湯或是洋蔥雞湯。我以前找不到歷史基礎來支持我的信念，直到我開始研究法國里昂小酒館稱為bouchon的特殊風格。現在這樣的風格餐廳在里昂只剩20家，他們的菜色非常獨特，是有鄉村風格的家常菜。有時候你坐在公用桌，盤子就從這桌傳到那桌。我喜歡bouchon的地方在於他們供應本質單純有效率的食物，往往是丈夫或老婆經營的地方。我曾經和一位里昂記者談過，他是la vrai bouchon（真正里昂酒館菜）的專家，他確定了我長久以來的懷疑，所謂的bouchon，實際上多是農村夫婦經營的店家，耗時間花大錢的高湯是不會用在洋蔥湯上的。洋蔥撒上幾滴酒來調味，用幾塊硬麵包融化在乳酪裡——這就是散發單純焦糖洋蔥味的好湯要用的所有材料了。

做這道湯要事先準備，因為洋蔥煮軟要花時間，至少也要幾小時，如果你一直開小火煮甚至要花到5小時，雖然你只要在開始和結束時注意它。洋蔥焦糖化前會釋放大量的水（一定要嘗嘗這種液體！），這些水得先全部煮乾。如果你想縮短烹煮時間，可以先把洋蔥煮到大滾，這樣就要照顧鍋子，時常翻動洋蔥，以免洋蔥黏鍋或燒焦了。你可以在一天或兩天前就把洋蔥焦糖化，冰到冰箱等要用再拿出來。這樣做，洋蔥湯最後就只要花時間在熱湯和融化上層起司上。

材料

- 1湯匙奶油
- 7、8顆西班牙洋蔥，約3.2—3.6公斤，切細絲
- 猶太鹽
- 新鮮現磨黑胡椒
- 6—12片法國長棍麵包或任何鄉村風格麵包（麵包寬度最好可蓋住最後盛器具）
- 1/3杯（75毫升）雪利酒
- 紅酒醋或白酒醋（自由選用）
- 紅酒（自由選用）
- 225—340克Gruyère乳酪或Emmenthaler乳酪，刨成碎屑

做法

　　拿一個可裝下全部洋蔥的大鍋子，容量大概7.1公升，如果用琺瑯鑄鐵鍋會有最好的表面。鍋子放在爐子上用中溫預熱，並融化奶油。加入洋蔥撒入2茶匙鹽，蓋上鍋蓋煮到洋蔥熱了冒出蒸氣。掀開蓋子，溫度轉為小火，再煮，不時攪拌（只要它開始出水，就可以把洋蔥放著不管幾小時）。撒一點胡椒調味。

　　烤箱預熱到95℃（200℉），麵包片放入烤箱烤到完全乾燥（只要烤箱溫度不會把麵包烤焦，你可以把麵包片就這樣放在烤箱一段時間）。

　　當洋蔥完全煮化，水也煮乾了，洋蔥就會變得帶有琥珀色——這需要花幾小時才會如此——加入6杯（1.4公升）的水，開大火把湯煮滾，再轉成小火。加入雪利酒，嘗嘗味道，看看是否需要用鹽和胡椒調味。如果湯汁太甜，加入一點醋。如果想讓湯嘗來更有深度，可以撒幾滴紅酒。我喜歡洋蔥和湯水的比例為6杯水，但如果你喜歡細緻的湯多一些，再加1杯（240毫升）的水。

　　預熱小烤箱或炭烤爐，把部分洋蔥湯舀入可放入烤箱的大碗中，放入麵包浮在上面，再鋪上乳酪，烤到乳酪融化變成美麗的焦黃色，即可上桌享用。

1. 正確褐變的洋蔥應該是均勻的焦褐色。

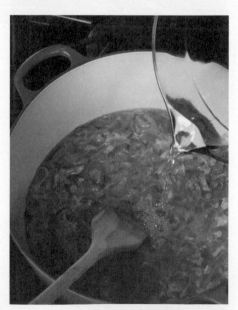

2. 一旦洋蔥褐變，加水萃取風味。

3. 乳酪需均勻蓋住碗，所以請刨絲而不要切片。

4. 熱湯舀進碗裡，再放入麵包蓋上乳酪。

5. 洋蔥湯裡應該有濃厚的洋蔥好讓麵包可以站在上面。

6. 上桌時小碗鋪上乳酪，就是很棒的呈現。

冬季捲心菜濃湯／6人份

冬季捲心菜濃湯（garbure）的材料豐富，多到幾乎是一道燉菜。基本食材包括捲心菜、培根和某種醃製鵝肉。這裡的版本只用冬季蔬菜，培根條提供調味及恰好的濃度，而培根條下出水過的大蒜和洋蔥則是風味及深度的來源。

材料

- 2根青蒜
- 2湯匙奶油
- 1大顆洋蔥，切成中等丁狀
- 2到4顆紅蔥頭，切片
- 4到6瓣大蒜，大致切碎
- 猶太鹽
- 1片培根，可覆蓋鍋底，長寬大約20公分
- 8杯（2公升）水
- 4根芹菜，2根完整不切，2根切成一口大小
- 4個胡蘿蔔，2個完整不切，2個削皮切成一口大小的塊狀
- 2片月桂葉
- 2湯匙番茄糊／番茄泥
- 2顆馬鈴薯，約455克，去皮切成一口大小
- 1/8茶匙開雲辣椒粉[2]
- 455克白色高麗菜，切成一口大小
- 1茶匙魚露（自行決定但建議使用）
- 1.5湯匙紅酒醋或雪利酒醋
- 2湯匙新鮮蝦夷蔥，切細絲

做法

切掉每根青蒜根部，葉子末端破損的地方也修掉。青蔥劃直刀切成兩半，用冷水沖洗乾淨，檢查每層葉片中有無藏沙。切開蒜白和蒜青交接處，蒜白切成長寬約1.2公分的片狀，蒜葉部分用廚用棉線綁在一起。

荷蘭鍋或其他厚鍋用中火加熱，加奶油融化，放入切好的青蒜、洋蔥、紅蔥頭、大蒜，煮5分鐘左右煮到變軟。煮蔬菜時記得加入幾撮鹽調味（一撮約是三根手指捏起來的量，大約1茶匙）。開小火，關到低溫或中低溫，培根片疊在蔬菜上，再煮1小時左右。中途把培根片拿走，翻攪蔬菜。經過1小時燉煮，蔬菜應該煮到很軟但顏色依舊很淡，不是褐變過的焦黃色。

蒜葉束、整條芹菜、整條胡蘿蔔、月桂葉、番茄糊／泥加水享煮，開大火煮到略滾，然後調小火，降到低溫再煮約1小時。

蒜青、芹菜、胡蘿蔔和月桂葉從鍋中拿走丟掉，培根也拿掉（培根還可刮去多餘油脂保存起來，然後切成條狀，煎成培根渣）。試試蔬菜湯的味道，是否需要加鹽調味。再加入馬鈴薯，溫度調高到中溫，滾10分鐘。拌入辣椒，再加入切塊的芹菜、胡蘿蔔和高麗菜，湯煮到小滾，再煮10分鐘讓蔬菜煮透。最後用魚露調味（如果有用）和醋，請記得攪拌湯，嘗味再調整，最後撒上蝦夷蔥即可食用。

---

[2] 開雲辣椒粉（cayenne pepper），由法屬圭亞那的開雲辣椒提煉，是西餐常用的辣椒粉。

甜豆玉米洋蔥沙拉佐油蔥醬 / 4人份

我喜歡把蔬菜煮熟做成冷沙拉吃——吃來讓人滿意又營養，當成主菜配菜皆宜。這裡的甜豆是襯托其他甜味蔬菜的基底。洋蔥汆燙過甜味會更特出，這甜味將所有味道結合在一起。只要用簡單的油醋醬來調味，放入任何甜味蔬菜都不會出錯。這道沙拉展示單純的洋蔥可以用不同方式來處理，汆燙可做沙拉，烤過之後可做油醋醬。只要了解洋蔥的作用就可以讓你的廚藝更多元。

這道沙拉用 Espellete[3] 調味，這種紅辣椒產於法國西南靠近西班牙邊境的地方，便以法國產地 Espellete 命名。它就像開雲辣椒一樣，須經過風乾磨粉當做調味料使用，味道卻不像開雲辣椒粉那麼辣，而有著水果的香氣。Espellete 辣椒粉要在特定店家才有得賣，如果你買不到，就用開雲辣椒粉代替。

材料

猶太鹽

- 1 大顆洋蔥，切成細條
- 455 克甜豆，去掉鬚莖及莢中硬梗
- 2 顆香烤紅蔥頭（見 p.80）
- 2 根玉米
- 1/4 杯（60毫升）好的紅酒醋或雪利酒醋，視需要調整份量
- 新鮮現磨黑胡椒
- 半杯（120毫升）菜籽油，視需要調整份量
- Espellete 辣椒粉或開雲辣椒粉（可任選）
- 鹽漬檸檬（見 p.32），切絲（自由選用）

做法

大鍋裝滿水加點鹽煮開汆燙蔬菜（見 p.19）。（先燙洋蔥，再燙甜豆，然後是玉米，全部放在同一鍋燙，所以你需要一個濾網或漏勺把洋蔥撈起來）。

洋蔥燙 1 分鐘後，用濾網撈起洋蔥絲冰鎮（見 p.49），然後放涼 2 分鐘。再用一個碗墊上紙巾把洋蔥移到紙巾上。甜豆燙 5 分鐘燙到軟，移去冰鎮放涼 3 到 4 分鐘，再把甜豆移到墊著紙巾的碗上。然後是玉米，玉米燙 2 分鐘後，浸到冰塊水中 5 分鐘，完全涼透。如有需要，冰鎮用的冰塊水可再加一些冰塊。

準備食物調理機，紅蔥頭、1/4 杯醋、1 大撮鹽（三根手指捏起的量）和少許黑胡椒粉放入混合。迅速攪拌一下，機器還在運轉時，慢慢倒入半杯油。嘗嘗油醋醬味道，如果太嗆，再拌入少許油；如果太甜則多加些醋。

玉米粒從玉米棒上切下來，切深一點，切下來的玉米粒呈現一片一片的片狀。

拿掉甜豆碗裡的紙巾，拌入一半的油醋醬，嘗嘗味道，看看是否需要用鹽和胡椒調味。甜豆放到最後盛盤或放在個人餐盤上。甜豆上擺上洋蔥，撒上剩下的油醋醬。上面再放上玉米片，如果有多的玉米粒可撒在沙拉四周。如有需要，可用 Espellete、鹽漬檸檬和／或黑胡椒調味。

---

[3] Espellete 辣椒，法國西南巴斯克區最有名的辣椒。傳說是與哥倫布同行的西班牙水手將辣椒從南美洲帶來 Espellete 地區種植，稱為南美長青椒。

香烤紅蔥頭

1 顆紅蔥頭可做 1 顆香烤紅蔥頭

紅蔥頭烤過就會好軟好甜，可以作食材，也是極佳的盛盤配菜，也可加在湯裡、燉菜裡、醬汁裡，或者磨成泥加在油醋醬中。不管是烤牛肉、烤豬排、烤雞，香烤紅蔥頭都可以放在旁邊當配菜。或者剁成泥，加點水和奶油，用火一熱，加醋調味，就是一鍋快速醬料，準備起來再簡單不過。

材料

- 紅蔥頭，不用去皮，根切掉
- 奶油、菜籽油或橄欖油
- 猶太鹽
- 新鮮現磨黑胡椒

做法

烤箱預熱至200℃（400℉／gas 6）。

用一大張鋁箔紙把紅蔥頭包起來，也可以把紅蔥頭放進鑄鐵鍋。1顆紅蔥頭要加1茶匙奶油。撒一點鹽和少許黑胡椒，如果用鋁箔紙包著烤，要將紅蔥頭包好，封得緊緊的。

紅蔥頭烤1小時，烤到完全軟，用刀一插可以沒有阻力直接插進去。紅蔥頭放涼到可以處理時，再去掉皮，放在冰箱冷藏可保存3天。

1. 紅蔥頭可用鋁箔紙包住烤，也可以塗一點油放在平底鍋裡烤。

2. 用熱烤箱烤紅蔥頭，烤到刀尖可輕易插入。

3. 紅蔥頭放涼再剝皮。

醋醃紅蔥頭

約 2 湯匙的量

使用紅蔥頭最厲害的方法之一，就是用酸來醃漬它們。這裡使用的是檸檬汁或醋，然後醋醃紅蔥頭就可加在任何醬汁或油醋醬裡。酸味中和了紅蔥頭的嗆辣，卻沒有改變它的質地，還給紅蔥頭注入酸香。蔬菜煮熟後，可用1湯匙醋醃紅蔥頭加上半杯（120毫升）美乃滋，就變成輕盈的蔬菜沾醬。醋醃紅蔥頭加到相同分量的法式酸奶油或馬斯卡朋乳酪裡，這奶油狀的乳製濃縮品會提升到新的層次，塗在烤麵包上，是搭配醃漬鮭魚的完美結合（見 p.38）。只加入雪利酒醋和油的簡單組合，搖身一變成為精緻的油醋醬，從生菜到熟菜，從放涼的豆子到幼嫩的馬鈴薯，搭配各種蔬菜都合適。學著使用紅蔥頭，你的廚藝就會蒸蒸日上。在酸性食材的選擇上，要選最能搭配食物的：如果要把紅蔥頭加進美乃滋，就選檸檬來醃；如果要拌成鱷梨莎莎醬，就要用萊姆汁；要做沙拉的淋醬，則用醋來醃是最好的。

如果使用前再醃漬紅蔥頭，效果最好。

材料

- 1顆紅蔥頭，去皮並切碎
- 檸檬汁或青檸汁，也可用紅酒醋、白酒醋或雪利酒醋

做法

剁碎的紅蔥頭放入小碗，加入適量的檸檬汁或醋，份量要淹過紅蔥頭，就這樣放著10到15分鐘，直到紅蔥頭的嗆辣味完全消失。紅蔥頭加到醬汁裡，你可以倒掉醃泡用的果汁或醋，也可以留著，就看你想要完成的醬汁或油醋醬要多辣。

蘇比斯乳酪洋蔥醬烤通心麵 / 6人份

蘇比斯醬（Soubise）是法式經典白醬，在現代廚房也有一席之地。它的製作材料簡單，主材料是洋蔥。這裡不但用上洋蔥還用了紅蔥頭，一起拌入白醬中。蘇比斯醬無論冷吃熱吃都好吃，是多功用的醬汁，搭配烤的、烘的、燒烤的肉和蔬菜最好吃。這裡，我把它們變成搭配豐盛通心麵和乳酪的料底，可以作為絕妙的配菜或素食主義者的主菜。法國名廚艾斯可菲[4]總把洋蔥先汆燙過再加到白醬裡，但我認為如果用焦糖化的洋蔥更增添醬汁味道的複雜性。無論哪種方法，這醬汁非常適合配上烤過的洋蔥、爆香過的紅蔥頭及煎過的雞。也可以用切達乳酪舒芙蕾（Cheddar Cheese Soufflé，見p.124）取代白醬當醬底。

蘇比斯醬

- 4湯匙奶油
- 1顆中型洋蔥，切絲
- 猶太鹽
- 1顆紅蔥頭，大致切碎
- 3湯匙中筋麵粉
- 1.5杯（360毫升）牛奶
- 1湯匙白葡萄酒醋

---

[4] 艾斯可菲（Auguste Escoffier），19世紀末20世紀初法國名廚，以「套餐」（course）概念重新規畫飯店菜單和用餐形式，並將廚房工作分門別類，以適應現代大飯店的供餐方式。

- 3湯匙雪利酒
- 1湯匙魚露
- 1到2茶匙芥末粉
- 1/4茶匙新鮮現磨黑胡椒
- 新鮮肉豆蔻，磨出6或7下的量
- 1/4茶匙開雲辣椒粉（自由選用）
- 1/4茶匙匈牙利煙燻紅椒粉（paprika，自由選用，可用開雲辣椒粉代替）

材料

- 340克通心麵（macaroni），也可用筆管麵（penne）或螺旋管麵（cellentani）
- 3湯匙融化奶油
- 455克乳酪，可用Comté、Gruyère、Emmenthaler、切達或綜合口味，磨碎備用
- 1/4杯（30克）帕馬森乳酪絲，拌入2湯匙融化奶油（自由選用）
- 半杯（55克）麵包粉

做法

製作蘇比斯洋蔥醬：用中型平底鍋用中火融化一半奶油，加入洋蔥和一大撮鹽（約四隻手指捏起的量），拌炒洋蔥直到洋蔥漂亮地焦糖化。

剩下的奶油放入小型醬汁鍋以中火融化，加入紅蔥頭和一撮鹽（約三隻手指捏起的量），加熱約1分鐘，煮到奶油裡的水部分已經燒乾。加入麵粉和奶油拌炒幾分鐘，炒到麵糊

散出焦香。慢慢加入牛奶用扁平木匙或抹刀攪拌，確保麵粉不會黏在鍋底，炒到麵糊煮開變稠，再炒幾分鐘，陸續加入一撮鹽（三隻手指捏起的量）、雪利酒、魚露、芥末粉、黑胡椒、肉豆蔻、開雲辣椒粉和匈牙利煙燻紅椒粉（如果有的話）。洋蔥加到醬汁裡煮到透，再把洋蔥醬移到食物調理機或攪拌器裡攪成泥，或用手動攪拌器絞成泥也可以。用低溫讓洋蔥醬保持熱度，這時的份量應有2杯（480毫升）左右。

義大利麵煮到彈牙，濾乾水分，把麵移到鍋裡。拿一個寬23公分╳長33公分的烤盤，先抹上一湯匙融化奶油。容器也可用其他適當尺寸，只要可以放入烤箱皆可。義大利麵放入大碗中。

一半的Comté乳酪撒進蘇比斯醬中攪拌至融化，醬汁離火倒入義大利麵，拌勻後再一起倒入烤盤，在上層放入剩下的Comté乳酪。此時的義大利麵可立刻送去烤，也可當天烤，不然就蓋上蓋子放入冰箱，可保存3天。

烤箱預熱到220℃（425℉／gas7）。

帕馬森乳酪撒在義大利麵上（如果使用）。再用小碗裝麵包粉和剩下的融化奶油拌勻，撒到麵上層。用鋁箔紙蓋住烤盤，入烤箱烤30分鐘左右直到煮透（如果放在冰箱冰過可能要考更久）。烤到上層乳酪出現漂亮的焦黃色，就可以拿掉鋁箔紙，或把小烤箱或炭烤爐打開，烘15到20分鐘，把上層烘到金黃。

立刻上桌享用。

1. 拌入蘇比斯醬的煮熟義大利麵放入烤盤中。

2. 放上乳酪絲。

香檸紅蔥美乃滋或香檸紅蔥法式酸奶油 / 1杯（240毫升）

要搭配煮熟放涼的蔬菜，我最喜歡的沾醬是自製美乃滋配上用檸檬汁醃漬的紅蔥頭。尤其配著蘆筍、豆類或朝鮮薊，吃來精緻。而加入紅蔥頭的法式酸奶油配上醃漬鮭魚最棒（見p.36），或者結束時再來顆烤洋芋，也很高雅。

材料

- 2湯匙紅蔥頭碎末
- 1湯匙檸檬汁
- 1杯（240毫升）美乃滋或法式酸奶油（見p.118）

做法

用小碗裝入紅蔥頭檸檬汁靜置10到15分鐘，然後拌入美乃滋或法式酸奶油，即可食用，或加蓋放入冰箱，可保存1天。

5

酸 ACID

對比的力量

酸性液體可提升風味。不管煮湯燉菜，這技巧就像一個關鍵槓桿，放在食物下面就能將食物高高抬起。善於用鹽和控制火候的能力都是烹煮食物必備的重要技巧，許多食譜一再仔細討論，家庭廚師也總是奉為圭臬。較少提及的則是以酸作為調味工具的重要性，它對提升菜餚風味的潛在力量僅次於鹽。

剛上廚藝學校時，我對酸性力量的體會是許多「啊—哈」時刻串成的。那時我們在做奶油湯（花椰菜濃湯），練習重點是奶油濃湯的技巧，但老師教給我們的最後一招卻是在我愛心照料的湯中滴入醋！奶油湯放醋！我走向麥可・帕德斯主廚，就像奧利弗走向邦布爾先生[1]。他坐在桌子後面，廚師帽從他的眉角高高升起，成績單和試吃用的湯匙擺在面前。我把湯放下，帕德斯把湯匙伸進湯裡，舀了點出來再讓湯流下——他在評估濃度。很好。然後他嘗了點湯，他在評斷調味。這湯裡的鹽分拿捏準確，但少了什麼東西。「我要你把這鍋湯拿回去工作檯，先試試味道，再拿個湯匙，放一整匙的白酒醋在裡面，然後再試試味道，再告訴我你的想法。」

我照他的指示做了，加了一整匙醋，顯然味道更好，更有深度，更有趣味——味道更**亮**了。所謂「亮」是一種風味元素，需要一些想像力才懂。我不是指字面上的「亮」，而是聯想後的「亮」。醋給人一種更亮的**風味**——清晰、乾淨、爽口。我真的碰過一些人，他們無法「看到」此項特徵，但放幾滴白酒醋在奶油花椰菜濃湯裡再試試味道，味道有了變化，便出現了這個字：亮。

學習以酸替食物調味，在奶油湯裡放醋是重要的一課。所有菜餚都必須以酸味程度來衡量，它是五種主要味覺中的一味。凡是料理菜餚，從一餐開始的奶油濃湯到餐點結束時的蘇格蘭奶油醬（butterscotch sauce），都可以用酸來增味。在我看來，要做一個好的蘇格蘭奶油醬，重要的兩個元素不

---

[1] 引自狄更斯的小說《孤雛淚》（*Oliver Twist*），取自一幕：奧利弗抽中籤必須代表飢餓孤兒去向院長邦布爾先生（Mr. Bumble）乞食。

是奶油和糖，而是鹽和蘋果醋，是它們讓奶油和糖在口中鮮活了起來。在上述情況下，你不需要喝到醋味，如果在蘇格蘭奶油醬中嘗到醋的味道，那就是醋放太多了。就像你不需要在湯裡喝到鹽味一樣，你也不想喝到醋的味道。

　　評估你的食物，想想它需要什麼酸度。為什麼三明治和酸黃瓜是絕配？重點不在酸黃瓜的味道而是它的酸度，是酸度讓其他食材吃來更好吃。下次你做三明治時想想這個道理，評估你的三明治，然後問問自己，加一些酸度會不會讓味道更好。不管品嘗什麼料理，也問問自己，還有什麼東西會讓它更好，答案通常會是酸。

　　所謂「酸」是所有酸性食物的通稱，你可以在烹煮的食物裡加醋或是檸檬汁。這和在鍋裡加鯷魚增加鹹度是同樣的狀況，所以某道菜需要一些酸味，那就加……加個德國酸菜sauerkraut吧！以下是酸性食材的主要類別，可以讓你的食物產生對比及亮度。

● 醋（紅酒醋、白酒醋、雪利酒醋、蘋果酒醋，都很寶貴）

● 柑橘汁（檸檬汁、萊姆汁）或其他水果汁（如verjus，這是沒熟的葡萄做成的果汁，　或蔓越莓汁）

● 醃漬水果或蔬菜（酸黃瓜、酸豆、泡菜都是）

● 酸味水果（如羅望子、酸櫻桃、綠番茄等）

● 葡萄酒類（請使用你會買來喝的酒，不要用「料理用酒」）

● 芥末醬

● 有酸味的葉子（如酸模sorrel），或酸性蔬菜（如大黃rhubarb）

● 發酵的乳製品（如優格、酸奶，還有山羊乳酪）

　　有些東西的酸度需要特別注意。

　　首先，往往差之千里的是——檸檬汁。檸檬汁是廚房最寶貴的調味工具之一。多數食物都可以靠檸檬汁提升風味，永遠將檸檬汁準備在手邊。

鹽、洋蔥、檸檬汁——沒有這些東西的廚房，什麼也不能做。

第二個重要的酸性食材是醋。重點不在於你用哪一種酒醋（白酒、紅酒、雪利酒），而在酒醋的品質。醋的品質越好，對食物影響越大。相較於其他食材，醋加入的比例越大，品質越重要。就像油醋醬，好壞全在醋的品質。

一分錢一分貨，太便宜的醋就是便宜味。最好的醋總是美味的，不是只有嗆酸味。從西班牙買一瓶上好雪利酒醋，試試味道——再想想它的風味。在我看來，雪利酒醋是最好的醋，品質佳的雪利酒醋到處都買得到。從調味的角度來看，葡萄酒醋基本上可以互換，如果紅酒醋會改變菜餚的顏色，就用白酒醋代替吧！但是，再次重申，酒醋的品質比它是從哪來的何種酒要重要多了。

有的醋暗藏玄機，必須多加留意。有些醋浸泡了香草和水果，我不是說它們一定不好——只是要小心它們的特色可能華而不實。就如普羅旺斯香草醋，也許味道很好，但想清楚吧。如果你想在食物裡加入香草味，為什麼不用香草就好，加覆盆子醋幹什麼？只要花一分鐘想想，如果那味道適合你，很棒，但這種加味醋的作用有限，最好還是把錢花在品質好的紅酒醋或雪利酒醋上。

自成一格的是義大利黑醋（Balsamic vinegar）。這個特殊的義大利萬靈丹以特殊風味和酸甜平衡度備受讚譽，有時也直接作為餐後酒。如果把它歸為調味品的範疇，請把義大利黑醋想成最後畫龍點睛的味道，而不要把它當成全方位的調味料。

可以替菜餚帶來酸度的成分還有醃漬蔬菜和芥末。挖一點芥末放入肉醬中，肉醬的味道就變得有趣又有深度。還可以把醃泡辣椒撒一點在燉排骨燉牛肉這種燜燉菜上。

當然，鹹牛肉三明治配上德國酸菜更是天下美味，但你也可以切一點德國酸菜拌入冬季捲心菜濃湯裡（見 p.76），它的酸味搭上新鮮捲心菜和醃燻培根的風味就會產生有趣的對比。

酸味可以是菜餚中的主要特色。北卡羅萊納州的特色菜「拉絲豬肉」（pulled pork）就是以醋底醬汁作為烤肉醬，這種美味與慢燒豬肩肉的濃郁油膩產生對比。它不該與美國西部或更遠的美西美南的拉絲豬肉混淆，那裡的風味是番茄醬為底的糖醋烤肉醬，也和德州的不同，德州的口味是以番茄醬混著烤肉醬，BBQ的食材也換成醃燻烤豬胸。但所有烤肉醬裡都加入健康適量的醋。

　　還有一道海鮮料理叫做「塞比切香檸海鮮」（ceviche），就是用酸來「煮」魚的菜。做法是將魚用檸檬汁或萊姆汁浸泡，再配上其他提香食材，食物不冷藏，而是以室溫入口。

　　酸性食材可以抑止造成腐敗的微生物，因此還有保存食物的功能。泡菜是其中最常見的例子。另外有道老菜色，現在稱為escabèche[2]，則是將魚煮熟再用溫醋浸泡的料理。

　　在某些乳酪的製作過程中，酸是一種基本成分。在溫或熱牛奶裡加入酸，會讓牛奶固質集中在一起結成凝乳，經過擠壓及熟成後就成為乳酪。

　　但在這裡，我們關注酸性食材對食物的一般影響。要知道，掌握好每道菜的酸度控制就是當廚師最重要的技巧之一。

---

[2] 西班牙傳統名菜，將沙丁魚用鹽、胡椒醃過後裹麵粉煎，再炒入洋蔥等提香料，最後加入大量醋、酒、蒜一起燒，連湯汁浸泡3天，成為醋泡煎魚。

印度檸香豆仁濃湯／4到6人份

　　這是一道濃稠的豆料理，做法源自印度，只是在印度多用紅黃豌豆或白扁豆。而此處，我混合了綠豆和黑眼豆。因為我特別喜歡豆類的質樸風味，剛好有一次撰寫印度化學家轉行開餐廳的故事，把他那裡拿來的食譜做了一些改變。這道菜在我們家算是主食，豆仁濃湯（Dal）[3]要煮1小時，但備菜時間只要5分鐘。完成時加入大量的酸，這裡用檸檬汁，但如果你有機會拿到羅望子，可以用它來代替檸檬。我喜歡黑孜然（kala jeera）的煙燻香氣，它也叫做黑小茴香（black cumin，可以在印度市集買到），但豆仁湯就算沒有放黑孜然也很美味。除了要展示酸的作用，這道菜在加入豆子前需先用奶油將香料和提香料爆香。一旦你看過這技巧的用處有多麼強大，也就等於讓你看到許多詮釋和各種不同層次的香料。傳統的印度豆仁濃湯要用到印度酥油（ghee），你也可以用澄清奶油（clarified butter，見p.138）替代。Dal是一道豐盛的素食料理，可以搭配印度香米、烤麵包，或是印度烤餅來吃。

材料

- 1杯（200克）綠豆，清洗乾淨
- 1/3杯（50克）黑眼豆，清洗乾淨
- 1茶匙孜然粉
- 半茶匙黑孜然（自由選用，見「附錄」）
- 1茶匙薑黃
- 1/2茶匙開雲辣椒粉（依個人喜好斟酌）
- 1塊新鮮生薑，約1.2公分，磨碎
- 1瓣大蒜，用刀背拍扁剁碎
- 猶太鹽
- 3湯匙奶油
- 2湯匙檸檬汁，依需要斟酌
- 1/4杯（20克）新鮮香菜葉，撕開剁碎（極好的最後裝飾，但可選用）

做法

　　中型醬汁鍋倒入豆子，加入3.5杯（840毫升）的水，大火煮開，蓋上鍋蓋，開到小火，煮45分鐘，煮到水降到和豆子一樣高，豆子也都軟爛。

　　小盤子放入孜然、黑孜然、薑黃粉、開雲辣椒粉、生薑、大蒜和1.5茶匙的鹽混合。用小號平底鍋以中火融化奶油，燒到泡沫消散，奶油變成褐色，就可將混合香料倒入爆香20秒左右，再全部倒在豆湯中。讓豆湯煮到滾（這時候的豆湯應該要有很多水分，如果太乾，加一點水再煮開）。煮滾之後關火，拌入檸檬汁，試試看味道再調味，如果需要再加一點檸檬汁或鹽。最後撒上香菜就可以吃了。

---

[3] Dal是印度的豆子，也是指豆子加上香料炒成的濃湯。

法式香煎鴨胸佐橙莓醬 / 4人份

Gastrique是法文，指加入任何醬料中的糖醋濃縮汁，也就是糖醋醬。有時候為了造成不同甜度，糖還需要焦糖化。而醬汁的複雜性來自濃酸重甜間的互相抵銷，味道和油膩的家禽野味特別合。例如，只要在小牛高湯加一點點gastrique，立刻就是搭配香煎乳鴿／鴿子的醬汁。這裡的糖需要焦糖化，還要加入柳橙和蔓越莓的濃縮汁——酸來自蔓越莓，甜來自柳橙——是搭配濃郁鴨胸的經典風味。如果你買到magret（精選鴨胸肉）最好，這是從養來取鴨肝的鴨子拿到的鴨胸肉，這種鴨胸最高級，因為比一般飼養鴨要大上兩倍，油脂豐厚的程度就像條狀牛排。但這裡的重點還是在醬汁與鴨肉的搭配。

這道菜也是個提醒，提醒大家鴨肉有多美好，卻不常使用。這道食譜簡單美味，應該列為你的拿手菜。關鍵在於皮要脆，煎鴨子要皮朝下，用小火煎，煎到油逼出來，水分都燒乾，然後用大火一下把皮烤到酥脆。

份量多少可視需求增減，這裡的規畫是每份需要1/4杯（60毫升）醬汁。你可以用烤洋芋搭配鴨子，如果有熟的冰鎮甜豆，也可以回溫搭配，某種程度上甜豆可解鴨子的油膩。

材料

- 1杯（115克）新鮮蔓越莓
- 1杯（240毫升）新鮮柳橙汁
- 1小片月桂葉　　● 猶太鹽
- 新鮮現磨黑胡椒
- 1/3杯（65克）糖
- 4個半胸的無骨鴨胸肉，或2個半胸的精選鴨胸肉（magret）
- 1到2湯匙蔬菜油
- 1湯匙雪利酒醋或紅酒醋
- 1湯匙奶油

做法

中火預熱小型醬汁鍋，放入蔓越莓、柳橙汁、月桂葉煮到滾，再以小火讓醬汁煮到剩一半。加入一撮鹽（1/4茶匙）和少許黑胡椒。

另取小鍋放入糖，加入幾湯匙水，用中火燒到糖融化開始褐變。把焦糖化的糖加入醬汁中，攪拌均勻（它也許會結塊不勻，但持續攪拌糖就會溶解）。拿出月桂葉。醬汁擱在旁邊放涼（醬汁可以事先做好，放在冰箱可保存2天）。

鴨胸皮劃十字，用鹽和胡椒調味。小火預熱煎鍋，放入剛好蓋住鍋底的油。鴨胸肉皮朝下放入鍋中煎15到20分鐘，煎到油逼出來，皮變金黃焦香。火開到高溫，煎3、4分鐘把皮煎脆，再把鴨胸肉翻面煎1、2分鐘（鴨胸肉應只有三分熟），移到墊著紙巾的盤子上。

當鴨子靜置，回溫醬汁，加入醋，拌入奶油。試試看醬汁的味道——確定它的鹽、胡椒、酸度、甜味是否都夠？如果需要請調整味道。端上桌時，鴨胸可以整片或切片，而醬汁則淋在上面，也可點綴在一旁。

拉絲豬肉佐北卡羅萊納東部烤肉醬

8到10人份

　　我上了杜克大學才知道BBQ這個字是動詞。杜克大學位於北卡羅萊納州的杜翰（Durham），我剛從俄亥俄州的克里夫蘭去那裡時，發現這個字要在後院的炭烤爐上才會完成動作。若BBQ作為名詞，意思是來吃炭烤爐烤出食物的大夥聚會。在這個陌生的新環境，我想這花了我兩年光陰才想清楚這個字的意涵。BBQ的意思是把豬肩肉放在炭火上烤，烤到肉可以撕開，再拌上醋醬。你可以就這樣吃，也可以用白白軟軟的漢堡麵包夾著吃，還可以配油炸玉米餅（hush puppies）、甜香的高麗菜沙拉（coleslaw），再來杯冰茶。如果嚷著要把任一種番茄醬加進醋醬裡，就會赫然發現自己被一群暴徒包圍著。

　　這樣的經驗讓我對豬肉的感情逐漸加深，豬肩肉變成我最喜歡烹煮的肉，它普及量多又不貴，大理石油花分布良好又有無限用處。在大型聚會，豬肩肉可以切來分食（這裡的食譜要用帶骨豬肩，因為帶骨的肉比較好料理，但如果你喜歡，也可以用去骨的肉）。經過炭烤，肉帶著高溫煙燻的風味，然後拌上北卡東部的經典烤肉醬，再放在低溫烤箱裡烘，烘到軟爛為止。有些傳統人士也許會說這道醬汁不需要紅糖，但我還是認為酸味需要一些平衡。在傳統的北卡東部醬汁裡，你一定找不到魚露，但它會增加味道深度。

　　雖然炭火給予的煙燻味讓這道菜風味絕佳且正統，但你也可以把它放在220℃（425℉／gas7）的烤箱烤20分鐘，然後如指示蓋上蓋子，放在低溫烤箱繼續烘烤。

材料

- 2.3公斤帶骨豬肩肉

烤肉醬

- 1杯（240毫升）蘋果醋
- 1/4杯（50克）紅糖
- 1湯匙乾辣椒
- 1湯匙魚露
- 新鮮現磨黑胡椒
- 猶太鹽

做法

　　在烤肉爐的一邊升起炭火或柴火（請見「18. 燒烤：火的味道」）。豬肉直接在爐火上烤，大約每面烤5分鐘，視爐火大小，烤到每面都有烤痕。豬肉移到沒有爐火的那一邊。蓋上烤爐蓋子，讓豬肉在裡面繼續烘，大約每30分鐘翻一次。如果你想加點木屑增加煙燻味，要在你把肉移到沒有爐火那一邊前先處理。如果你用的是瓦斯烤肉爐，就只能在每面烤出烤痕。

製作醬汁：拿一個小醬汁鍋，放入醋、赤砂糖、辣椒、魚露，再以1湯匙黑胡椒和1.5湯匙鹽調味。醬汁煮到小滾，攪拌一下確定紅糖和鹽融化了。

烤箱預熱到110℃（225℉／gas 1/4）。

拿一個可以容下豬肩肉的大鍋，放進豬肉。加入一半醬汁，蓋上鍋蓋，放入烤箱烤6到8小時（此時肉會釋出大量湯汁），烤到豬肉可以用叉子一插就開。骨頭拿掉丟棄，然後把豬肉扒成豬肉絲，加入醬汁拌勻。如果你喜歡，可以把烤肉剩下的湯汁也加入。試吃味道，評估一下，上桌前如有需要，還可再加一點醋、辣椒、鹽，或紅糖。

1. 帶骨豬肩肉要先經過炭火或柴火燒烤。

2. 經過長時間加蓋子在烤箱低溫烘烤後，肉已變成用兩支叉子就可輕鬆撕碎。

3. 烤過的肉會大量釋放油脂肉汁變成醬汁。

4. 骨頭可以輕易拉開去除。

5. 烤好的烤肉應有炭火烤過的煙燻香氣。

6. 再次加熱豬肉絲。可放在冰箱冷藏3至4天。下次略微加熱即可。

酸辣石斑魚塞比切 / 4人份

這也許是我最喜歡的吃魚方式，塞比切十分好做，上桌時更令人印象深刻。它也是展現酸味力量的最佳例子。新鮮的魚只有煮熟了才會帶著魚腥氣，生的魚卻有著溫和乾淨的美味。我喜歡用石斑魚做塞比切，但任何種類的魚都可以用這種方式料理，其他的好選擇還有比目魚、鰈魚、鱸魚和紅鯛。食用時配著脆口的東西一起吃——像是酥脆的扁麵包或是撒上麵包丁。這是一道很棒的開胃菜。如果你不喜歡芫荽（香菜），可以改用薄荷，不然不用也可以。

做法

用一個對酸不會起作用的碗，放入石斑魚、洋蔥、萊姆汁攪拌均勻，醃至少10分鐘後加入辣椒和一半香菜，再攪拌，加鹽調味，並添加橄欖油。可分成4盤，上桌前再把剩下的香菜擺上點綴。

材料

- 455克石斑魚片，去皮，切成6公釐寬條狀
- 半杯（50克）紅洋蔥，切細絲
- 半杯（120毫升）新鮮現擠青檸汁，需用到3-4個萊姆
- 1湯匙墨西哥紅辣椒（Jalapeño），去籽切碎末
- 1湯匙弗雷斯諾紅辣椒（Fresno chile），去籽切碎末
- 1/4杯（20克）新鮮香菜葉，切碎末或切細絲
- 細海鹽
- 2湯匙初榨冷壓橄欖油

蘋果醋塔／10到12人份

我很想把這道甜點叫做「派」，但我無法抗拒與派相關的「雙關語」。這道食譜明顯源自派的做法，我所找到的多數版本似乎都來自美國中心地帶，在這些以平原為主的各州中，曾有一段難以找到檸檬的時期。這是以前用來做tarte au citron（法式檸檬塔）的方法，至於派的成果是否成功，最簡單的關鍵因素是用好醋——用不好的醋來做一切就枉然了。不然，也該用檸檬汁來做。這道甜點是非常典型的例子，說明酸的力量如何平衡甜味，創造非凡特殊的料理。

塔皮

- 2杯（280克）中筋麵粉
- 3/4杯（170克）奶油，冷藏凝固後切成小塊。
- 1/3杯（65克）砂糖
- 4湯匙（60毫升）冷水
- 1茶匙香草精

材料

- 1.5茶匙粉狀吉利丁
- 2湯匙溫水
- 2大顆雞蛋，另加3個蛋黃（蛋白可以留下做威士忌酸酒，見p.123）
- 3/4杯（150克）砂糖
- 2湯匙高品質蘋果醋
- 半杯（115克）奶油，切成6塊
- 1/4茶匙荳蔻粉　● 特極細砂糖（糖粉）

做法

製作塔皮：取可裝在食物攪拌器上的缸盆，倒入麵粉、奶油、砂糖攪拌到鬆散均勻（如果沒有攪拌器，也可以用手做）。水和香草撒入麵粉，繼續攪拌直到成團。麵團壓進底部可脫模的9吋（23公分）派模／餡餅模裡，邊緣收乾淨，放進冰箱冷藏至少1小時，甚至長達1天。

烤箱預熱到180℃（350 ℉／gas 4）。

派模放到烤盤上，錫箔紙墊在麵團上再放上乾豆子或烘焙石，入烤箱烤30分鐘後，拿掉錫箔紙、豆子或烘焙石，繼續再烤10到15分鐘，烤到派皮底部呈現金黃色，再拿出來放涼。

小碗倒入溫水和吉利丁。取隔水加熱用的雙層鍋（或用一鍋一盆的隔水加熱器具，請見p.362「附錄」），將全蛋、蛋黃、砂糖和醋放入雙層鍋的上層，隔水加熱一面用打蛋器攪打5到10分鐘，打到蛋糊濃稠拉起成流狀。將容器從熱水中拿開，拌入奶油，一次一兩塊，攪打到所有奶油都均勻融化，蛋糕也開始乳化。試試看味道，如果你喜歡還可以多加一些醋，而且要加就得現在加，一次加1/4小匙。加入化開的吉利丁和荳蔻，攪拌均勻，再試試味道，如果需要還可再加荳蔻。

倒入塔皮中，放到冰箱冷藏定型，時間至少要2小時。最後上桌前再撒上糖粉／糖霜就可以了。

蛋 EGG

烹飪奇觀

Recipes

如果你只能選擇精通一樣食材，沒有比選擇蛋更能讓你在廚藝上獲益良多。蛋本身就是目的，是多功能的食材，也是全能的裝飾配菜，更是無價的運用工具。它讓你的手藝更精湛，幫助你的手臂更有力量更具耐力。它指引出蛋白質的特性，讓我們知道只要在熱度及強力方式作用下，可以物理原則改變食物。它是擎天一柱，支撐著讓其他食物變得更好。將蛋的各種使用法學到極致，你的廚藝功力必定大增十倍。

　　你可以很粗魯地煮蛋，而蛋還是蛋。但是蛋最好用細膩的方式處理，細膩則高尚，細膩會精緻。所謂細膩，就是對所煮食物的深度思考，同時預計要達到的成果。料理蛋，讓你知道蛋的特性，也強化你運用這些特性的能力——用你的手、你的眼和你的心。

　　再說，沒有食材可以像蛋一樣，雖然渺小到處皆是，卻讓廚師望之滿懷敬意。蛋是完美的食物——便宜的外表下，內裡盡是營養和精緻美味，準備起來方便簡單，實際上卻在廚房裡有無比功能。

　　最後，蛋這美麗的物體頗值得玩味。堅硬卻細緻的殼護著一個生命，橢圓曲線是生命和多產的象徵。

　　蛋，無比神聖。

　　想要了解蛋，身為廚師的你該如何著手努力？

　　首先，認識蛋的主要原則：蛋需要小火烹煮及漸進的溫度變化。當然，你可藉由急驟高溫的轉變而達到有趣的效果（例如，用煎的或用炸的），但是用小火處理，蛋的變化最多元。就像你用隔水加熱可做卡士達，鋼盆墊在熱水上打蛋黃，在溫水中做水波蛋，甚至放點奶油溫火煎蛋（奶油裡的水可讓油溫降低）。

　　蛋從流體變固體的關鍵在於蛋白質，是全部綁在一起還是各自分開，是受熱而分解還是鎖在一起。烹調肉類時就是如此，蛋白質會鎖在一起且固定，因此，濕黏的生牛排一經煮熟就成了又韌又硬。這也說明了為什麼蛋白在63℃（145 ℉）的溫度下煮一小時後，雖會變成不透明狀，但還是非常

非常細緻，部分還保持流動狀態，但經過強烈的滾煮，蛋就變得硬梆梆。變化在高溫下急遽展開，蛋白質受熱後流失水分，分子緊緊鎖在一起，變得又硬又乾。但如果溫度緩慢改變，分子不會捲在一起，而是有餘裕地勾在一起，間隙中仍有大量水分。這也是為什麼卡士達經過隔水加熱，口感就有如天鵝絨般平滑順口；這也是為什麼很多大廚連炒蛋都要用隔水加熱雙層鍋，因為用這個方式炒蛋，蛋會出乎意料地多汁。和緩的溫度造就溫柔的口感。

當你認識到這一點，就可以對料理蛋這回事想得更清楚也更有效。

既然蛋喜歡和緩的溫度變化而不愛劇烈升溫，把它們從冰箱裡拿出來放幾小時再烹煮也就合乎道理，這樣做是會有小小不同但無太大作用。你如何料理還在蛋殼裡的蛋？你可以丟進滾水裡，但一開始放在冷水裡讓溫度緩慢升高可能更好控制。

舉例說吧，要做水煮蛋，就該把蛋放在大小適當的半底鍋用大量冷水淹蓋（煮一顆蛋不用大湯鍋）。先把水煮滾，再將鍋子離火，蓋上鍋蓋，讓熱水持續把蛋燙熟。如果是大顆的蛋，我覺得應該放在熱水裡15分鐘，再放入冰塊水中冰鎮一段時間，蛋黃就不會變成綠色並有怪味，而是完全煮透但顏色仍然鮮黃。煮帶殼的蛋，方法不過是水完全滾了之後計算煮蛋的時間。煮糖心蛋，一旦水煮開，最好趕快把鍋子離火，火開到低溫，再煮1.5分鐘就會有軟嫩的糖心蛋。這其中還有分別，如果你喜歡蛋黃還會流出來的那種，泡2.5分鐘就會有蛋白固定蛋黃流動的蛋。如果要蛋黃稍微凝固但不凝結就要泡3分鐘，這種蛋有時叫做 mollet（沐樂蛋）。然而綜觀料理大小事，結果都在小變化，最後，所有的小變化都起於開始的小變化。蛋的大小和冰涼狀態可以影響烹煮時間，所以最好注意蛋的狀況再確定如何料理。持續留心需要多久時間才會把蛋煮成你喜歡的樣子，然後記下來以免忘掉。

接下來最重要的想法是認識和擁抱熟蛋的威力，看它如何變換成一道菜：蛋的至高力量在作為最後盤飾。很多菜餚只要多加了一顆蛋就會改頭換

面。沙拉只要放了一顆蛋,就能端上作為大餐;要當主菜,熟蘆筍旁邊最歡迎擺上一顆蛋。生蛋或半生不熟的蛋黃就是現成的醬汁;在番茄醬中做出的水波蛋讓醬汁搖身一變成為主菜(還可搭配一片烤麵包,再加上一點炒波菜)。牛排、漢堡、三明治、披薩、湯品和燉菜──各類菜色都可因為加了一顆蛋而改觀。換句話說,如果你有一顆雞蛋加上其他食材,終極大餐可說就在眼前。

第三要明白蛋對口感的影響:蛋是烹調工具。蛋白打發時是最棒的發酵劑。蛋黃是厲害的乳化劑,可以讓微小油滴分離,所以才有美乃滋,而不是沙拉油;才有荷蘭醬,而不是融化奶油。全蛋做成的卡士達比只用蛋黃做的硬且亮。相較於焦糖布丁的口感,用全蛋卡士達做的焦糖布丁(crème caremel),和只用蛋黃做的焦糖布蕾(crème brûlée),前者可以切開,後者雖然固定卻是奶油質地,差別在於一個有蛋白,另一個沒有。

以上種種都在認識雞蛋,或至少開始認識雞蛋。

了不起的卡士達

卡士達是蛋料理的次類別,就像蛋本身,卡士達的功能繁多,了解它的操作及用途會加倍延伸你的烹飪功夫。我們總以為卡士達是甜的,但是鹹香有鹹味的卡士達可作為極佳的前菜或配菜。麵包布丁(見p.117)其實只是浸透卡士達的麵包。任何奶油湯都可以變成卡士達──只要加入蛋,上菜時配著脆口的配菜就行。法式鹹派(quiche)是人類所知最美味的鹹卡士達。乳酪蛋糕(見p.113)是裝飾著奶油乳酪和酸奶油的卡士達。香草醬汁有時稱為英式奶油醬,它也是卡士達,你還可以倒出來,把它冷凍變成冰淇淋。有個有名的飲料基本上就是稀釋的卡士達:蛋酒。有些蛋糕的霜飾也是卡士達。打破你思想的界線,你會發現蛋糕本身也是卡士達,只是加了麵粉在裡面。

想想這一系列的卡士達,就會發現它分為三種形式:全蛋做的卡士達,只

有蛋黃的卡士達，可流動的液態卡士達。

全蛋做的卡士達就像焦糖布丁和法式鹹派，當你切開它，它可以自己站著。基本規則是1個蛋要配3/4杯（180毫升）的液體，如此才會有細緻的濃稠度。

我喜歡站得比較穩的卡士達，這種卡士達格外濃郁，配方是1顆大雞蛋要配上半杯（120毫升）的液體。基本的香草卡士達其實就是焦糖布丁，比例是4顆大雞蛋配上2杯（480毫升）的牛奶加奶油，外加糖和其他香料。如果不加糖，加入鹽和少許肉荳蔻，填入高邊的派皮裡，再放上培根和洋蔥，你就有了法式鹹派；倒在麵包裡就變出麵包布丁。因為這些料理可以切片，上桌享用時也可以穩固站在盤子上，所以需要蛋白的蛋白質提供支撐。

以上所述和其他如焦糖布丁或西班牙布丁（Spanish flan）等卡士達最好在烤箱裡隔水加熱烘烤，確保口感柔順細緻。就連乳酪蛋糕也用隔水加熱來做比較好，溫和的熱度可防止空氣急速熱脹冷縮，蛋糕表面裂開大縫。至於加了很多味道配料的卡士達，如法式鹹派；或主要當配菜的卡士達，如麵包布丁，隔水加熱的烘烤方式就沒有必要了。

至於只放蛋黃的卡士達，我喜歡它們濃郁有深度的風味，豐厚的口感令人滿足。焦糖布蕾是蛋黃卡士達的經典化身，傳統的檸檬凝凍是放涼定型的卡士達。這些卡士達也可以加入烤紅椒或焦糖洋蔥成為鹹點一族，配著像烤魚這種沒有油脂的魚來吃，也可搭配蔬菜沙拉。

液狀的卡士達是蛋黃卡士達的變形，蛋黃直接在火上加熱或隔水加熱，直到蛋液變濃稠仍可流動，最後就變成卡士達醬或香草醬。與其他卡士達相比，液狀卡士達可以變身為搭配鹹食的濃郁醬汁。你可以擠點檸檬汁，做成搭配鮭魚或鮟鱇魚這種肉魚的鹹味醬汁；也可加點龍蒿、紅蔥頭、黑胡椒變成牛排醬。荷蘭醬和白醬基本上都是用奶油做的，但不是牛奶或鮮奶油。這些經典醬汁本質上都是用奶油做的卡士達醬，而不是用鮮奶油。

打發蛋白

如果你喜歡拿食物做實驗，沒有比亂搞雞蛋還好玩的，而其中最能胡搞的好東西，就是蛋清。它結合了蛋白質和水，具有捕捉空氣的能力，而使蛋白的用途格外戲劇化。此外，還有更奧妙的用法也無法忽視，就是蛋白加入雞尾酒的效果，或是加入魚漿或雞肉漿的定型功用。

蛋白的主要特色在於它有兩個組成部分：較稀像水的部分與較厚有黏性的部分。較稀像水的部分就是你在做水波蛋時，會因攪動而脫散的部分（這和你放入水中的醋量無關，做水波蛋放醋是一種常見做法，但我不建議）。做水波蛋時，為了避免這些亂竄的蛋清有礙觀瞻，食物科學權威哈洛德·馬基（Harold McGee）[1]建議，先將蛋放進大漏勺，較稀的蛋白組織就會從孔洞中流掉，剩下的就是黏稠的蛋白，結果就會做出漂亮的水波蛋。這真是了不起的技巧。

至今有關蛋白最重要的特性，是它形成乳沫的能力。打成泡沫的蛋白帶給食物空氣。我們通常不會覺得增加空氣會提高料理水準，但這卻對口感很重要。一個發得飽飽的麵包吃來就很愉快；沒有空氣的麵包幾乎咬不下去。很大程度上，蛋糕的定義就在是否有柔軟又充滿空氣的孔洞，沒有空氣的蛋糕不是蛋糕，那是比斯吉。要做充滿空氣的蛋糕最好是把蛋黃拿掉，將蛋白打到出現柔軟尖峰，再拌入奶油。同樣的情況下，煎過的麵糊也會脹高。舒芙蕾主要的屬性就是空氣感，名稱來自法文的souffle（to breathe，呼吸氣息）。被蛋白困住的氣泡膨脹，烤箱裡的蛋糕和舒芙蕾也脹高。一旦冷卻下來，氣泡收縮，就會塌下來。

打發的蛋白還可應用在其他鹹食甜點上，例如，拌入糖就是蛋白霜（meringue）。生的蛋白霜通常放在檸檬凝乳上做成檸檬蛋白霜派，同樣的蛋白霜也可用極低的溫度烘烤，讓它只是脫水，就會變成脆口的蛋白霜。

---

[1] 哈洛德·馬基（Harold McGee），美國食物科學家，以化學及科學角度分析食物及飲食歷史，著有《食物與廚藝》（*On Food and Cooking The Science and Lore of Kitchen*）。

或者你也可以把它水波煮或隔水加熱，它就變成法國知名甜點「漂浮島」
（floating island）。如果蛋白霜裡加入少許麵粉再烤過，你就有了天使蛋糕。

好好了解食材特性，蛋白向人展示只要有一半食材，你可在各方面功力
大增。

這裡的食譜呈現雞蛋烹煮和使用方法（而蛋作為發酵工具，則在「9. 麵糊：麵
粉，第二集」進一步討論），分為三類：

和緩加溫＝柔嫩

- 乳酪香蔥炒蛋

- 奶油乳酪烘蛋

- 經典紐約乳酪蛋糕

蛋作為裝飾

- 義式培根蛋披薩

口感質地：蛋作為工具

- 美乃滋

- 蛋黃醬

- 切達乳酪舒芙蕾

- 乳酪洋蔥配麵包布丁

- 威士忌酸酒

乳酪香蔥炒蛋／**2**顆蛋可做**1**人份

這道菜的炒蛋充滿輕盈感，不是因為加了山羊乳酪，而是因為炒蛋不用明火而是在沸水上進行，如此確保鍋面溫度約在95℃（200℉）。你可以用隔水加熱的雙層鍋來做，或把可導熱的碗盤放在沸水中。有時我會用我養得很好的中式炒菜鍋來做[2]，不知怎麼的，它已經變得不會沾黏，而且卡在大湯鍋裡正剛好。你也可以使用鋼製的攪拌盆或可以放進湯鍋裡的醬汁鍋隔水加熱，如果還有不沾鍋，放在沸水裡或上面就可以操作了。好的不沾鍋對做多數的蛋料理極有幫助——如果你有個這樣的鍋子，用在這道料理上還有容易清洗的好處。

第二個關鍵因素是要知道什麼時候把蛋從鍋裡拿出來。知道何時該停止烹煮也是料理的一部分。隔水加熱炒蛋的重點只在避免把蛋的水分炒掉太多，讓蛋白質結得太硬。你希望蛋在入口時還是濕潤的，凝固的蛋塊應該看起來好像有醬汁在裡面——所謂醬汁就是蛋液的一部分，雖然變濃稠了還是流體才對。當你看到蛋變成這樣，就要把蛋離火拿出來，立刻享用，盛蛋的盤子最好已經熱好放在一旁備用。

我喜歡山羊乳酪帶給炒蛋的微微奶油酸，也喜歡來點洋蔥和亮綠的蔥珠點綴。不然，你也可以用 mozzarella 乳酪搭配切成細絲的羅勒葉，或者在蛋裡加上少許奶油，再撕點龍蒿葉丟進去，還可以用磨碎的帕瑪森乾酪

也不錯。或者用一點融化奶油炒香紅蔥頭末，然後炒蛋時拌入煎過的蘑菇碎。切幾片土司或烤些布里歐什（brioche）[3]放旁邊也很美。如果這是你第一次這樣料理蛋，很可能想要不加配菜吃原味，那就只撒點鹽和新鮮黑胡椒粒就好了。

試著找到好的養雞場生產的蛋，如果要把蛋當主菜，努力是值得的。兩顆大雞蛋可以做出一份滿意的美食，所以需要的話就多做些。每份炒蛋需要1.5茶匙奶油、1茶匙山羊乳酪、半茶匙蔥珠，但是份量由做菜的人決定。這道菜最好用細海鹽。

材料

- 大顆雞蛋
- 奶油
- 新鮮山羊乳酪，分成小塊
- 細海鹽
- 新鮮現磨黑胡椒
- 新鮮蝦夷蔥，切蔥珠

---

[2] 鐵鍋在製造時會有一些雜質滲入毛細孔，故使用前需開鍋，使用後需養鍋。方式多以高溫燒鍋後刷去表層雜質，再用油潤鍋，也有泡在菜油裡再用烤箱烤的方法。

[3] 布里歐什（brioche），放了重乳酪的糕點。法國大革命前，人民因沒有麵包可吃而喧鬧，瑪麗皇后竟說：「沒有麵包，就吃 brioche 啊！」因此著名。

做法

　　取雙層鍋下面那層的鍋子，倒入中量的水煮到水滾，然後把上層的鍋子放在水上讓它變熱。如果你是用鍋子放在水上隔水加熱，可省略這道步驟。

　　蛋打進碗裡攪打至蛋白蛋黃均勻混合，蛋液裡不該看到一團一團的蛋清。

　　奶油放入鍋裡完全融化（或者放進鍋裡直接先用中火加熱，然後整鍋倒入熱水中）。

　　蛋液放入鍋裡，一面加熱一面用鍋鏟不斷攪拌。當你覺得蛋快好了，放入山羊奶酪和鹽調味。上桌前磨一些黑胡椒，撒上蔥珠就可以了。

1. 醬汁鍋放在滾水上，可以讓你溫和炒蛋（或醬汁）。

2. 隔水加熱的和緩熱度煮蛋最好。

3. 注意蛋塊成形。

4. 炒蛋時要溫柔攪拌。

5. 水分仍多時就該加乳酪。

6. 凝結的蛋塊應看起來被醬汁包著。

7. 用濕紙巾／吸水紙把蝦夷蔥包著比較好切。

奶油乳酪烘蛋 / 2顆蛋可做2人份

當我身處紐約，在人群中痿軟疲憊地醒來，孤單，又思念我的家人。我走到蘇活區的巴爾瑟札餐廳（Balthazar），坐在吧檯，點了一客烘蛋（shirred egg）和土司，簡單美味無限安慰，再配上espresso咖啡，那天就改觀了。

我買了本《巴爾瑟札餐廳食譜》，但很遺憾裡頭並沒有烘蛋的做法。所以這道食譜是我自己的版本，靈感來自巴爾瑟札。現在，只要我精疲力竭又孤單在家的時候，我就會做烘蛋。或者更好的是，在懶洋洋的星期天早上，《紐約時報》攤在餐桌上，我和老婆共享美味，這天就這麼毫無計畫優閒度過了。

做好烘蛋的重要關鍵是先預熱烤盅，不管你用微波爐加熱、直接加熱，還是間接加熱，先預熱，底部的料理時間才會和上層一樣快。如果能把雞蛋從冰箱拿出來先放1、2小時再料理也很有幫助。最後，時時留意烘蛋的狀況也很重要。

我用的比例是一顆大雞蛋配半茶匙奶油、1湯匙鮮奶油、和1到2茶匙乳酪碎。鮮奶油的功用在幫助溫和烹煮，而烘烤時間則要看你的烤盅有多高，我用的烤盅比較矮，剛好可裝兩顆蛋。我喜歡最後再把它放到小烤箱裡烘一下，讓乳酪上點顏色。

烘蛋做法十分簡單──口感非常溫和舒服。如果你想做些小變化，盡可以放點蝦夷蔥，或者龍蒿、紅蔥頭，或是番茄。

材料

- 奶油
- 大顆雞蛋
- 高脂鮮奶油
- 帕馬森乳酪，磨碎
- 猶太鹽
- 新鮮現磨黑胡椒

做法

烤箱預熱到180℃（350℉／gas 4）。

奶油放入烤盅，用微波爐加熱直到容器變熱，奶油融化。加入蛋、鮮奶油、帕馬森乳酪。烤盅放入烤箱烤10分鐘，烤到蛋白固定。如果你想用小烤箱／炭烤爐做最後完成的手續，就在烘蛋烤到5到7分鐘時拿出來，改由小烤箱／炭烤爐烤，烤到乳酪上色，再用鹽和黑胡椒調味就可以吃了。

經典紐約乳酪蛋糕／16人份

這道簡單的乳酪蛋糕十分稠密濃郁，是紐約的傳統風格，也是卡士達搭配鮮奶油乳酪的有效運用。卡士達需要隔著熱水溫和加熱，做出的乳酪蛋糕表層才會平滑不龜裂，這麼費工是值得的。

派皮

- 1.5杯(150克)全麥餅乾，或用10片消化餅乾，弄碎
- 1.5杯(300克)糖
- 6湯匙(85克)奶油，預先融化

餡料

- 1.2公斤鮮奶油或軟質乳酪，室溫軟化
- 半杯(120毫升)酸奶油
- 1 3/4杯(350克)糖
- 7顆大雞蛋
- 1湯匙檸檬皮
- 1湯匙檸檬汁，如需要可放更多
- 2茶匙香草精

做法

烤箱預熱至180℃(350℉／gas 4)。

製作派皮：中碗放入餅乾屑和糖，把融化奶油倒入開始攪拌，直到材料均勻沾濕。將材料壓進9吋(23公分)可脫模的派模裡，入烤箱烤10分鐘，烤到派皮金黃固定。

預備一個大鍋煮沸熱水做隔水加熱(見p.49)。 乳酪蛋糕烤模包上鋁箔紙，鋁箔紙最好用加厚加寬的，以免水分滲進派皮，最好鋁箔紙把烤盤從底部一直包到盤邊，水就不會跑進去了。這時候加厚加寬的鋁箔紙最好用，因為你只要用一張就夠了。

製作餡料：使用食物調理器的攪拌器材，將奶油／軟質乳酪攪拌到軟，再加酸奶油，然後把攪拌速度放慢，在材料裡加糖，持續攪拌直到乳酪糊拌合均勻。停止攪拌機，用刮刀把攪拌盆邊上的材料都刮下來，再度攪拌。

中型碗裡放入蛋、檸檬皮和檸檬汁、香草精，用打蛋器攪打至完全均勻。使用攪拌器，開中速，將蛋糊慢慢倒進乳酪糊裡，攪拌器開到高速，繼續攪拌到全部材料完全均勻。試吃填料，如果乳蛋糊需要多加點酸，請再加些檸檬汁。

乳酪蛋糕烤模放進烤盤，再將填料倒入派皮。烤盤中加入足夠的熱水，水量至少要到蛋糕烤模高度的一半。烤盤放入烤箱，烤1至1.5小時，直到中心固定。

烤好後，乳酪蛋糕放涼，然後再放到冰箱完全冷卻。這道甜點可以在食用前兩天做好，用保鮮膜包好冰到結實，可以吃冷的或室溫享用。

義式培根蛋披薩

3人份（如果你們只有2人，一掃而空對你們也沒問題）

製作披薩（或其他類似的料理），一定要想清楚食材是不是也適合用在其他情況。在美式料理中，難道有比培根和雞蛋更密切結合的食材嗎？它們是早餐的最佳搭檔，但我敢打賭，把它們放在披薩上更好，培根、蛋，再配上化開的乳酪，如何？套句艾默利[4]的名言：「喔—耶，寶貝！」披薩餅皮正好是適合的工具，讓蛋黃在餅皮上大顯身手。培根蛋披薩應該是你家的招牌菜——只要有簡單的披薩麵團，沒道理不是招牌菜。

材料

- 1盤披薩麵團（見p.162）
- 橄欖油
- 猶太鹽
- 1杯（150克）mozzarella乳酪碎
- 225克培根，切成細條，或切成6公釐寬的條塊，先煎到軟嫩，帶著淡淡褐黃色，濾油，放涼備用
- 3大顆雞蛋，每個烤盅放一顆
- 帕馬森乾酪
- 新鮮香菜或芝麻菜（arugula / rocket），切碎（自由選用）

做法

烤箱預熱到230℃（450℉／gas 8）。

工作桌先撒上一層麵粉，再將麵團放在上面擀成適當大小。我喜歡擀得越薄越好。如果麵團不好擀，可以讓它休息鬆弛一下再繼續。麵團移到烤盤（要沒有邊的，如果你有的話）或披薩盤裡。如果你用石盤烤披薩，麵團放在烘培紙上。

麵團塗上橄欖油，並在周邊撒上鹽，mozzarella乳酪鋪在表面，邊緣留2.5公分不鋪。麵團邊緣捲起來做成披薩皮的樣子，培根平均撒在上面。

披薩在烤箱裡烤15到20分鐘，烤到完成2/3（乳酪烤到融化，剛開始焦黃褐變）。披薩拿出烤箱，或者只把烤盤拉出來就好，只要你可以完全接觸到披薩。用勺子把每個三等分的披薩都壓出一個洞，每個凹洞打進一顆蛋。再豪邁地撒上帕馬森乾酪，披薩繼續烤7到10分鐘或者更久，直到烤到蛋白固定，蛋黃仍然晃動（請注意它們的狀態）。

從烤箱裡拿出披薩，最後撒上巴西里裝飾（如果需要的話）。披薩切成三份。如果享用的人超過三人，從蛋黃中間再切一半。

---

[4] 此是指艾默利‧拉加西（Emeril Lagasse），美食頻道的節目主持人，以幽默風趣著稱。

1. 擀平麵團（如果麵團太有彈性，可以每擀一次休息一下）。

2. 麵團塗上橄欖油，輕輕撒點鹽。

3. 麵皮邊緣捲起來做出圓形，麵皮放到烘培紙上，然後放入烤箱。

4. 乳酪上鋪上培根。

5. 披薩上壓一個凹洞，幫助固定蛋。

6. 披薩烤到完成2/3，再放入蛋。

7. 如果需要，放上配菜。

8. 切片享用。

乳酪洋蔥配麵包布丁 / 8人份

這是最能撫慰人心的食物。我喜歡麵包布丁，它是展現雞蛋厲害的更好例子，可將普通食材變成特殊料理。不論麵包布丁是鹹的還是甜的，只是吸飽了卡士達醬的麵包再送去烤而已，簡單的卡士達卻帶給麵包濃郁、風味和濃度。這道料理用隔夜麵包來做最好，如果用新鮮麵包就要先把它烤乾。

我替麵包布丁調的味道就像我替洋蔥湯調的味道一樣，唯一的差別在於以卡士達代替了洋蔥湯裡的湯。布丁味道的形式就像湯的味道——乳酪的濃稠及鮮明融合了洋蔥的甜味和雪利酒的特殊香氣。你可以照樣學到即興創作的方法，把麵包布丁當成空白畫布，然後把它變成法式鹹派——想想培根和洋蔥（如洛林鹹派）[5]，配點波菜（如佛羅倫斯鹹派），或者更戲劇化些，來點西班牙辣香腸chorizo和烤紅青椒。

我喜歡麵包布丁配著烤雞一起吃（見p.266）。吃不完剩下的可以放在冰箱好幾天，然後回溫時切片用奶油油煎。

材料
- 1.5杯（360毫升）高脂鮮奶油
- 1.5杯（360毫升）牛奶

---

[5] 法國洛林地區的鹹派（quiche lorraine），內餡只放雞蛋、奶、培根和洋蔥。

- 6大顆雞蛋
- 1/4杯（60毫升）雪利酒
- 半茶匙新鮮現磨的肉荳蔻
- 猶太鹽
- 新鮮現磨黑胡椒
- 2大顆洋蔥，切成絲焦糖化，就像做洋蔥湯（見p.72）
- 1條帶皮白土司，或品質很好的三明治麵包，切成2公分×2.5公分的小方塊，稍微烤過，份量約10杯（570克）
- 3杯（340克）磨碎的Gruyère乳酪
- 半杯磨碎的帕馬森乾酪

做法

烤箱預熱到165℃（325℉／gas 3）。

奶油、牛奶、雞蛋、雪利酒、肉荳蔻、2撮鹽（三隻手指捏起的量）、少許新鮮現磨黑胡椒、1/3到半顆洋蔥放入食物調理機攪拌，直到均勻混和。

剩下的洋蔥和麵包放入大碗攪拌，拌到洋蔥均勻散開。洋蔥和麵包平鋪在23公分×33公分的烤盤，麵包上撒上1/3的Gruyère乳酪，然後再鋪一層麵包，再撒一層乳酪，以此類推，最上層鋪上帕馬森乾酪。

奶蛋泥倒在麵包上，擠壓麵包讓它開始吸汁。靜置15分鐘，然後送烤1小時，烤到外皮固定，立刻食用。

美乃滋

3/4杯（180毫升）到**1**杯（240毫升）

蛋當料理工具的最佳例子，當然是它改變油脂質地的潛力。經過劇烈攪打，你可以把清澈、無味、液狀的料理油，變成濃郁、稠密、奶油狀的醬汁。轉化的關鍵是水（或某種以水為底的液體，如檸檬汁），以及名為卵磷脂的分子，蛋黃裡有豐富的卵磷脂。經過打蛋器或攪拌刀攪打後，油脂被打破成無數微小油滴，如此就創造了美乃滋。它們不會結塊或滙成液態的原因在於微小油滴均勻散布在極細小的水間隙中。水空出位置的原因是某種分子作用，這分子可一邊拉著油（油的細小微滴），一邊拉著水。

結果就是我所知最美妙的料裡變形。這種美乃滋和你從市場買回來的截然不同，絕對值得你花力氣自己準備──而且要花的力氣很少。如果你用的是手持調理棒，做出美乃滋的時間會比你走過大賣場調味品區的時間還要快一些。請注意，賣場買來的美乃滋除了糖、醋和「天然味道」等必要成分外，通常還有防腐劑和安定劑。你可以試試醋，感覺一下糖，它的濃度幾乎是凝膠的硬度。

而另一方面，自製的美乃滋充滿感官上的滿足，甚至可說是性感的。味道好到你可能，不，你會用湯匙直接挖來吃，但也可以加入任何你喜歡的材料。就像加一小撮開雲辣椒粉，會讓美乃滋帶著好吃的辣味，拌入油浸紅蔥頭就是一道美味無比的沾醬（見p.85）。

材料

- 1茶匙水
- 2茶匙檸檬汁，視需要再加更多
- 1/2茶匙猶太鹽
- 1大顆蛋黃
- 3/4杯到1杯（180毫升到240毫升）菜籽油或其他植物油

用打蛋器製作美乃滋

取大金屬碗或玻璃碗，放入水、檸檬汁、鹽、蛋黃。再用有壺嘴的杯子裝入1杯（240毫升）的油，這種杯子可以讓油流成一條細流。首先打散碗裡的蛋黃，一面攪打，再加2、3滴油，繼續攪打，過程中把油慢慢加入碗中。一旦油加到1/4杯（60毫升），就可以把油倒得快一些，直到全部的油都融合。

如果美乃滋油水分離，有時候這的確會發生，就把它倒進量杯，清乾淨原來的碗後倒入1茶匙水，然後再重新開始，先加入幾滴破掉的美乃滋攪打，然後把剩下的逐次增量加入攪打。

用手持攪拌器製作美乃滋

水、檸檬汁、鹽、蛋黃放進一個2杯（480毫升）大的玻璃量杯裡（因為攪拌棒必須深到量杯底部攪打蛋黃，如果你沒有這樣的容器，就用食物調理機附的攪拌盆）。用攪拌棒迅速融合蛋液，用有壺嘴的杯子裝入3/4杯（180毫升）油，這樣

的容器才可使油流成一股細絲。一面用攪拌棒攪打蛋液，一面倒入油，攪拌棒上上下下移動好讓所有油脂混和均勻。

用食物調理機製作美乃滋：水、檸檬汁、鹽和蛋黃放入食物調理機，1杯（240毫升）油放入有壺嘴的杯子，油就可以流成一股細絲。然後把調理機打開慢慢倒進油就可以了。

試試看美乃滋的味道，如果覺得有需要，再加一點檸檬汁。

1. 無論你要如何做美乃滋，事前準備工作都是一樣的：需要蛋黃、檸檬汁、油和鹽。

2. 如果你要用手打美乃滋，用一條毛巾包著盆子底部，以免盆子晃動。

3. 油慢慢倒進盆裡，油量要細微穩定，繼續攪打。

4. 做出的美乃滋應該夠厚又能定型。

5. 用手持攪拌棒是製作美乃滋最迅速的方法。

6. 油像細絲一樣倒進去,用攪拌棒上下攪打。

7. 如果只要打3/4杯(180毫升)的油,用攪拌器的刀頭攪打就可以了。

8. 如果要打超過 3/4杯(180毫升)的油,就要用攪拌器附的打蛋器才會省力。

9. 一面攪打一面加油。

10. 利用手持攪拌器的打蛋器打美乃滋,你要打多少油都可以——只要確定成比例地加入檸檬汁或水,保持乳化狀態。

11. 這是油水分離的美乃滋——成液態又倒胃口。

蒜味蛋黃醬／1杯（240毫升）

蒜味蛋黃醬（Aioli），就是用大蒜和橄欖油做成的美乃滋，是傳說中的神奇醬汁，嗯……可搭配所有食材，不管是冷熱蔬菜，還是牛排三明治，或是炸魚天婦羅這種油炸食物都不是問題。傳統上，蒜味蛋黃醬必須用缽和杵來做。我做過一次。當蒜味蛋黃醬呈現精緻質地，就知道力氣真沒有白費。但我只這樣做過一次，我可不想我的手臂看來像大力水手一樣。確定你的橄欖油味道是好的——因為它常會變成有蒿味或變苦（我發現買罐裝的好橄欖油最好，橄欖油的損傷會少一些）。如果它的味道不夠好，不夠清淡，當它做成乳化時，味道就很不好。我覺得多數用100%的橄欖油做的蒜味蛋黃醬味道都太強，我混和了橄欖油、芥花油或其他沒有味道的油。

材料

● 2茶匙檸檬汁

● 1瓣大蒜，剔除莖，搗成泥或碎

● 1顆大蛋黃

● 半茶匙猶太鹽

● 1茶匙水

● 1杯（240毫升）橄欖油，或半杯（120毫升）橄欖油配上半杯（120毫升）其他的蔬菜油

做法

依照製作美乃滋的方法（見p.118），混和檸檬汁、大蒜、蛋黃、鹽和水，用有壺嘴的杯子裝油，依照指示攪打。

威士忌酸酒 / **2**人份

俄亥俄州克里夫蘭城西的酒吧「天鵝絨探戈房」(Velvet Tango Room)很看重他們提供的雞尾酒。我在那裡喝到生平第一杯加了蛋白的 Ramos gin fizz，當我繼續探索吧枱的好貨時，觀察到蛋白對雞尾酒的影響。老闆納斯維提斯 (Paulius Nasvytis) 在菜單上列出許多有蛋白的雞尾酒。蛋白讓雞尾酒有極佳的濃度和一致的口感，也可以說蛋白讓雞尾酒變成食物了，在某些地方，在下午5點這時刻，最好還是避免這爭議。但雞蛋的確讓雞尾酒比馬丁尼更營養。

這道料理中，威士忌之外的所有食材都得放入調酒器裡上下搖動，好和蛋白均勻混和。再加入波本酒，且要搖得更厲害，把蛋白搖散，再加入冰塊。如果你沒有雞尾酒調酒器，可以用打蛋器把食材打到起泡，然後將混合物倒入冰塊裡再攪拌，當雞尾酒變冰，再倒入玻璃杯裡。

這版本的威士忌酸酒適合喝純的，它改編自納斯維提斯的配方，可以做成兩杯雞尾酒和一份簡單的糖漿。威士忌酸酒的正確配方是在酒吧裡用秤量的，需要1個蛋白、20克簡單的糖漿（2份糖融於1份水）、15克檸檬汁、5克萊姆汁，以及30克 Maker's Mark 威士忌。如有需要，上述份量可以減半或加倍。

材料

- 1 大顆蛋白
- 1 湯匙糖融於 1 湯匙水
- 2 湯匙檸檬汁
- 2 茶匙萊姆汁
- 90 毫升 Maker's Mark 威士忌，或波本酒
- 冰塊
- 切片柑橘和莓果，最後裝飾用（傳統上都是如此，但我覺得這只是個人喜好）

做法

2 杯馬丁尼杯冰到適當溫度。

蛋白放入雞尾酒調酒器，搖 20 到 30 下，加入糖水、檸檬汁、萊姆汁和波本酒，再次搖到完全混和。調酒器裝滿冰塊，慢慢搖動讓雞尾酒完全冷卻。倒入冰涼的杯子中，如果喜歡可以加上裝飾。

切達乳酪舒芙蕾

當點心是**8**人份，當主菜是**4**人份

我不知道為什麼，舒芙蕾常以情緒無常聞名。製作舒芙蕾十分簡單，只是要一點一點來。它是使用雞蛋的好例子，既能展現蛋白捕捉空氣的能力，也可以從蛋黃那裡得來濃郁的好處。

一個好舒芙蕾包括三個部分：傳達舒芙蕾風味的載體（通常叫做醬底）、調味，以及蛋白是否打出光滑的蛋白尖峰。首先要做醬底，技術上來說，如果要做鹹的舒芙蕾，就要用法式白醬（béchamel）這樣的厚麵粉醬料；如果做甜的，就用蛋奶餡（pastry cream）。蛋黃加入白醬後，通常也會加入部分蛋奶餡。至於調味，通常需要乳酪或巧克力等味道濃郁的東西。然後是打蛋白，接著再把所有材料放入烤盅烤。

時間很重要——舒芙蕾需要在裡面空氣涼掉冷縮前馬上享用。非常幸運的是，舒芙蕾可以事前做好放冷凍，要烤時再從冷凍庫裡拿出來直接烤，不需要花時間等它回溫。

傳統的乳酪舒芙蕾是一道完美的前菜，搭配沙拉，再來上一杯酒，就是一餐輕食。這道切達乳酪（乳酪的品質十分重要，請買好乳酪），我把它想成法式乳酪舒芙蕾的美國版，只是法國版用的是Gruyère乳酪，你也可以用這款乳酪。或者你可做個小小實驗——改用甜的白醬，拌入相同重量的巧克力，融化後攪拌均勻，然後再拌入蛋白做個巧克力舒芙蕾也不錯。

材料

- 2湯匙多奶油，用來塗抹烤盅
- 帕馬森乳酪，切成細碎，用來撒在烤盅上
- 2湯匙紅蔥頭，切末
- 猶太鹽
- 2湯匙中筋無鹽麵粉
- 1杯（240毫升）牛奶
- 開雲辣椒粉
- 6大顆雞蛋，蛋白蛋黃分開
- 1茶匙檸檬汁
- 115克農場生產的切達乳酪，磨碎

做法

烤箱預熱到180℃ 350（℉／gas 4）。

預備半杯（120毫升）的奶油，在烤盅裡刷上奶油（或噴上蔬菜油），並在烤盅內撒上帕馬森乳酪，烤盅放在烤盤上。

取一個小型醬汁鍋，用中火融化2湯匙奶油，加入紅蔥頭炒1分鐘炒到出水，加一撮鹽。此時放入麵粉，炒到奶油和麵粉混和，且麵粉有些焦黃。加入牛奶拌攪，煮滾，持續拌攪直到麵糊變黏稠，加入一撮鹽和一撮開雲辣椒粉。白醬離火，靜置數分鐘備用。

同時，大碗裡打發蛋白，加入檸檬汁和一撮鹽（三隻手指捏起的量），持續攪打直到蛋白乾性發泡。

蛋黃打入放涼的白醬。先拌入1/4乳酪及1/4打發蛋白，再把這鍋白醬倒入剩下的打

發蛋白中拌合。如果你喜歡，可將剩下的乳酪也撒入麵料裡。當所有食材拌合均勻，用湯匙將食材舀入烤盅，填到 2/3 滿即可。

　　放在烤盤用烤箱烤 25 分鐘，烤到舒芙蕾輕盈又有空氣卻定型，且舒芙雷的頂部有美麗的焦黃色，烤好後立刻享用。

　　如果要把舒芙蕾冰凍起來，就把舒芙蕾填入烤盅到 3/4 滿（冰凍對最後烤好的份量影響不大），用保鮮膜包好，放涼冷凍，保存期可達 2 星期。當要烤時，再從冷凍庫拿出來，放到烤盤上直接送入烤箱烤 35 到 45 分鐘。

奶油 BUTTER

「奶油！給我奶油！
一定要用奶油！」

我祈禱這句話永垂不朽，這章的副標出自法國名廚費南·普安（Fernand Point），他是20世紀最佳餐廳之一「金字塔」（La Pyramide）的主廚暨經營者。普安胸懷大肚，訓練出一代改變法國料理的主廚。他不只是天才橫溢的廚師及廚房管理者，也是觀察敏銳有大智慧的人，他在食譜回憶錄中清楚表示：

> 「好廚師的職責在於傳承，要將每一件他學到、經歷過的事傳授給將取代他的新世代。」
>
> 「成功是諸多正確小事的集合。」
>
> 「評斷一個人瘦不瘦，最好有足夠的訊息。說不定他以前很胖呢。」

普安在各方面都「大」[1]，沒有比他對奶油的讚嘆更能反映他的精神和烹飪智慧。每個廚師都知道他為什麼如此說。這個從乳牛身上得來的魔法和神奇禮物竟讓**所有東西**都更好吃。

大廚們也知道並推崇再三的是，**油脂造就風味**，但很少有油脂像乳製品這般可口又有用。美國人慢慢明白脂肪不是什麼壞東西，甚至還是好東西，油脂並不會造成肥胖問題。（那是什麼造成的？是吃太多造成的！驚訝吧！）

奶油是最有用也是最常見的料理食用油，知道如何使用它，你的廚藝就會更精進。奶油安坐在廚房料理台上的有蓋碗裡；飯店自助餐區，它被鋁箔紙包著放在冰盤上；在大賣場，它一塊一塊堆在冰櫃裡。容易取得是它好用的另一面向，它不像鴨油或馬斯卡彭等其他有風味的油脂，奶油隨時要用隨時都有。就因為它無處不在，我們很少停下來思考它真正的價值。

好好想清楚奶油的用處，這幫助我們看清也利用它這項工具。它讓麵團起酥，所以你才有餡餅可吃，才有餅乾搭配紅茶。它讓海綿蛋糕更豐富，

---

[1] 普安除了心胸寬大，身型也大，他身高190公分，體重165公斤，外號「2夸脫大酒瓶」。

還可當蛋糕的霜飾。烤盤上的肉靠它料裡，靠它增香，肉用奶油澆淋不但加速熟成，還有益風味，之後還可讓你搭配肉的醬汁更豐美。固體奶油經過略微褐變後，味道異常美味，就是已經做好的醬汁——放軟時加點第戎芥末醬搭配烤雞。加點紅蔥頭和檸檬等提香料，則是風味複雜的醬汁。還可以在奶油裡拌一些麵粉，麵糊就會變成完美濃稠度的醬汁。

奶油在甜食廚房的地位重要；的確如此，很難想像糕點廚房沒有奶油。若問什麼是奶油在糕點廚房的重要屬性，主廚暨美食作家大衛‧萊波維茲（David Lebovitz）[2] 這麼說：「對我而言，奶油最重要的特質是它的風味。烘焙食品通常就用那幾種食材，但只有奶油的風味最出色。」第二個重要影響在於它可讓麵團和麵糊膨脹——奶油和糖打發後會形成氣室，可以讓蛋糕和其他麵糊膨脹得很細緻。

奶油在鹹食廚房也很重要，就像主廚、作家及電視節目主持人安東尼‧波登（Anthony Bourdain）[3] 說的：「在專業廚房裡，奶油總是最先也是最後出現在鍋子裡的東西。」它是極棒的烹飪媒介，讓煎炸帶著芳香及顏色。最後收尾時加一點，菜餚呈現更完整、更美味，盛盤醬汁的口感和風味也更滑順豐潤（見「11. 醬汁：不只是附帶」）。

以下提供一個真理，讓生活的不確定性和壓力更便於管理：只要加點（更多）奶油，很少有東西不會變得更美味。所有廚師都該慶幸這令人開心的事實。

---

[2] 大衛‧萊波維茲（David Lebovitz），甜點主廚暨美食部落格作家，以寫甜點聞名，著有 *The Sweet Life in Paris*、*The Great Book of Chocolate* 等書。

[3] 安東尼‧波登（Anthony Bourdain），廚師、美食作家及節目主持人，在「名廚吃四方」和「波登不設防」節目中遍嘗各地美食。

最重要的事先做：

奶油到底是什麼東西？

要駕馭奶油的魔力，你得知道它的成分及這些成分如何運作。奶油主要是牛奶脂肪，占80%的含量。也是因為脂肪，才讓各種食物得到美味和口感。這種脂肪在室溫下堅硬不透明，但會融化成半透明狀。當脂肪和奶油的其他成分分離時，可以加熱至200℃（400 ℉）才起煙，如此讓奶油成為最高級的料裡介質。而其他油脂能做的事，奶油也可以做──就像起酥，或讓麵團柔軟，讓糕餅產生脆皮，讓醬汁產生濃稠感及風味，還可作為醬汁的主要成分。奶油的15%是水，這也是為什麼奶油在室溫下會融化變軟，純奶油的油脂則不會。是水讓鍋裡奶油加熱時會向前移動，也是它讓鍋子的溫度掉下來。奶油其餘的重量則是由奶油固質所組成（奶油固質包括蛋白質、鹽和乳糖）。一旦奶油中的水被煮掉，奶油固質就會產生褐變而充滿風味，但如果加熱過久，奶油固質也會變黑變苦。

想清楚組成奶油的三種成分，你就更能掌控你的廚藝，也會更了解食物為何如此表現。

Cooking Tip

無鹽奶油 vs. 加鹽奶油：有關係嗎？

大體上是沒關係的。這只是選擇的問題。奶油加鹽原本只是為了方便保存，現在加鹽則是為了增加風味。如果你不想要做菜時多加額外的鹽，就用無鹽奶油。而我總是用加鹽奶油，因為一直以來都如此，加上我也愛用。但如果是得小心控制鹽量的料理（如甜食糕點），或者有些東西並不適合帶鹹味（如鮮奶油霜飾），我就會選用無鹽奶油。

至於廚師，尤其是糕點師傅，特別偏愛使用無鹽奶油，因為這樣比較好控制食物中的鹽量。

對我來說，比加鹽無鹽更重要的是奶油的品質。在家裡，當然要用你最喜歡的奶油。

奶油作為烹飪媒介

奶油作為烹飪媒介有幾種不同的使用層次。第一種是只作為和緩的加熱工具。少許奶油以中低溫融化，放入食物煎到熟透——放入的食材可以是蛋、薄魚片、或是你已煮熟冰鎮過的四季豆（見「20.冷凍：溫度的抽離」）。

如果稍微提高火溫就會改變情況。溫度提高之後會把奶油裡的水分快速煮掉。水分一旦燒掉，奶油固質就會褐變，有些就會黏在食物上，讓食物上色有風味，唯一要小心的是不要讓奶油固質燒焦了。用奶油烹燒食物還有個好處，就是可以拿來淋油（baste）。所謂淋油、澆油，就是用湯匙舀起油從烹煮的東西上淋下去。這樣做有兩個好處：其一，使食物不但帶著奶油香，還會沾上奶油固質褐變後的焦香味；其二，當熱鍋由下往上烹燒食物時，淋油可讓食物由上往下受熱。

奶油也可以高溫烹燒食物。它是非常有效率的料理油，但你必須先拿掉奶油固質，以免燒焦弄壞一鍋油。撈去奶油固質的程序叫做「澄清」（clarifying）。奶油用低溫融化後，奶油固質會浮到油面上，這時候一面燒去奶油裡的水分，一面用湯匙把奶油固質撈掉，直到剩下的是乾淨無雜質的奶油。「澄清奶油」是煎魚煎牛肉很好的油，也許是烹煮馬鈴薯最好的油。

奶油當烹燒工具的第四種狀態，是作為水波煮的液體。奶油攪入一點水讓它融化，讓水、奶油和奶油固質融成均勻的液體。這種質地濃稠風味迷人的介質可用來溫和烹燒食物，也非常適合需要溫和加熱的食材，如龍蝦和蝦子（見p.142，也可見下文「使用液狀的全奶油」）。

奶油作為起酥工具

當我們把奶油和麵粉和在一起，奶油縮短麵筋長鏈，就是起酥。而麵筋會使麵粉類的食物有嚼勁，就像麵包，最後結果就是柔軟的麵包層次。但在糕點脆皮和酥餅裡，你就希望有起酥的口感。選擇奶油而不選其他油脂的原因在於風味，其他如豬油、植物酥油甚或橄欖油（這些油脂在室溫下都呈液狀），起酥的風味都不如奶油。奶油的風味讓奶油天生就是麵粉的好夥

伴，想想「酥餅」這個字吧！shortbread[4]正是此現象最生動的描寫。

　　要記得奶油含有15%的水分，這會幫助麵筋形成，特別是經過擀揉之後。做麵包和麵條都需要麵筋，但做派皮就不需要了。比起同重量的純油脂，如豬油，奶油起酥的能力較差。

褐色奶油

　　奶油最好的成分是牛奶固質。奶油經過加熱，牛奶固質會褐變而散發出堅果香氣及鹹中帶甜的風味。這樣的味道讓許多食物都更美好，特別是澱粉類的食物，如義大利麵、麵包、馬鈴薯、玉米粥和燉飯，這類食物就像一張巨大的畫布，讓褐色奶油畫出複雜深度。褐色奶油也是搭配少油白魚的傳統醬汁，用檸檬汁和巴西里調味就成了一道叫做à la meunière的煎魚料理。p.263的烤花椰菜有著最棒的美味，原因就在於融進朵朵小花裡的奶油在鍋中褐變，就像淋油一樣豐富了花椰菜的味道。褐色奶油與甜糕點、奶油和蛋糕十分搭配，你甚至可以試試在爆米花上加上褐色奶油，真是傳說中才有的美味。

　　唯一要注意的是奶油不可過度烹燒，如果讓奶油從褐色轉成黑色，黑色奶油的滋味可不太好。當你知道放在冰箱的奶油可以變成多功能的美味醬汁，你在最後關頭都有機會完成菜餚。

使用液狀的全奶油

　　融化奶油時，小心不要讓奶油固質和水分開，出來的產品就和其他形式的奶油截然不同。在餐廳廚房，這種奶油通常稱為beurre monté，意思是融化的奶油醬，是從法語monter au beurre延伸而來的詞彙，意思是藉由融化或攪打把奶油打進醬汁裡。在廚房正忙、時間緊迫時，最後盛盤時刻

---

[4] short是酥縮的意思，因為油脂會「縮短」（short）麵粉麵筋，讓原本柔軟的口感變得酥鬆。而shortbread是經過酥縮的麵包，已由麵包變成酥餅了。

奶油正好可提醬汁的味道。它也可以作為極好的淋油，更是美味無比的料理油。

　　beurre monté的做法是用中溫加熱，將塊狀奶油攪打入1或2湯匙的熱水中，奶油本身就是水和油的乳化物，讓奶油如此融化，乳化的狀態不變，奶油變成液狀，但仍維持不透明的顏色，也保有奶油狀及與塊狀奶油的同質感。如果你只是融化奶油卻沒有持續攪打，水和奶油固質就會分離，產生澄清奶油。

　　若要把beurre monté當成烹飪媒介，它很適合需要溫和加熱的食物，尤其像龍蝦、蝦子一類，或比目魚這類肉質瘦又結實的魚，這些食材用奶油來水波煮，滋味最棒。它也可當做淋油用油，用湯匙澆淋在烤肉上。它還可以加進醬汁，只要以相同方式將固態奶油攪打入醬汁裡就可以了。

奶油作為最後點綴、增味劑和稠化劑

　　大多數以高湯為底的熱醬汁都可以在最後盛盤時拌入一點奶油，醬汁味道多會大幅改善。以專業廚房的說法，這叫做「給醬汁融點奶油」，法文是monté au beurre。奶油會讓醬汁的口感滑順，增添愉悅滿足感。

　　如果你把相同分量的麵粉拌入固體奶油裡，你就有了叫做beurre manié的奶油麵糊，它可以拌進醬汁，原本像肉湯一樣稀釋的醬汁就會變成不透明濃稠狀，就像麵粉微粒被一層又一層的奶油外衣分散在熱醬汁裡延展。這是使醬汁質地變濃稠的最好方法。

奶油作為裝飾配菜

　　最能善加利用奶油特性的用法，是將奶油作為裝飾配菜。奶油搭配芥末就是烤雞最棒的盛盤配料。櫻桃蘿蔔（radish）加上奶油就是傳統法式的開胃菜，麵包塗上奶油更是如此。

　　有一種叫做「調和奶油」（compound butter）的備料，對於大多數炭烤爐烤的肉或魚來說，這是很棒的提前做配料。做法非常簡單，可以隨興變化。

先讓奶油變軟，然後加入提香料、新鮮香草、紅蔥頭末或檸檬攪拌即可。其中傳統的變形是「總管奶油」（hotel butter），又稱綜合奶油（beurre maître d'hôtel），裡面包括巴西里、紅蔥頭和檸檬（見 p.137）。調和奶油通常用保鮮膜捲成一捲，要吃時再切片放在熱滾滾的肉或魚上慢慢融化。我喜歡吃炭烤牛排時，配上加了墨西哥醃燻辣椒、香菜、紅蔥頭和檸檬汁的調和奶油（見 p.137）。

奶油當保存劑

奶油也可當保存劑，用法就像鴨油和豬油做「油封」（confit）的情形一樣——把鴨或豬用油溫火煮，然後浸在油裡直到冷卻，這樣就可以保存肉類。而用奶油保存食物，我的朋友兼老師麥可・帕德斯建議一些方式。

你可以把奶油醬（beurre monté，見 p.140）加熱到 63℃ 到 65℃（145℉至 150℉），用它來溫火煮鮭魚排，製作油封鮭魚。薄的魚片需要煮 5 分鐘，厚魚片則煮 7 分鐘。鮭魚浸在油裡直到冷卻，或把鮭魚移到碟子裡，然後把鍋裡的奶油倒入碟子淹過鮭魚，讓它完全浸泡在油裡。可以放在冰箱，等要用時再拿出來。吃時可以加熱後就這樣吃，也可以做成鮭魚醬：先讓它回溫到室溫，再攪拌成鮭魚碎，用鹽和檸檬調味，加一點原本溫火煮的奶油，然後把鮭魚放在烤盅裡，再疊一層奶油在鮭魚上。

奶油保存食物的效果同樣可用在夏季莓果上。在室溫下，用橡皮刮刀攪打奶油使變軟呈奶油狀，莓果拌進奶油，就像在做莓果調和奶油，然後用保鮮膜捲成一捲，捲得緊實些，放入冰箱，一年內要做烘焙、醬汁、盤飾配菜或甜點的最後提味都可以。「在鬆餅上放一點莓果調和奶油真是太讚了！」帕德斯如此讚嘆。

當你學做菜,就是學習匯整食物和某些不明顯的技法,其中最有用的一類是油脂。當專業廚師試吃一盤菜,除了評估調味(鹹度)和酸度/甜度時,他們會問自己,這盤菜的油脂份量到位嗎?油脂賦予食物味道的深度、爆漿的肉汁和細致的口感。想想冰沙放在你舌尖的感覺,再想想冰淇淋在舌頭的感覺,有沒有脂肪是截然不同的飲食經驗。當你試吃自己烹煮的食物,問問自己,這道醬汁是否有我追尋的口感深度和令人滿足的本質,如果沒有,油脂也許正是解藥。

接下來的問題是,那是什麼樣的油脂呢?奶油是最常用也最有用的最後提香油。但是對於番茄醬汁,加些橄欖油乳化也許是你追求的味道(雖然我也喜歡奶油放入新鮮番茄醬汁裡的味道)。鮮奶油,除了比奶油含水量多之外,作用和奶油一樣,是另一種讓料裡更好吃的油脂。動物性脂肪──如豬五花的油或鴨油──可增添油醋醬這類醬汁的風味。

油脂作為烹飪媒介讓你把食物的溫度加熱到非常非常高,高到食物變得酥脆。你選的油脂也會使菜餚在完成時大不相同。把薯條放在鴨油裡炸,味道就和在芥花油這種中性油裡炸的味道不一樣,薯條在這種油裡炸也好像更酥脆。澄清奶油比其他有味道的油脂加熱溫度更高,所以是煎東西的好油。鴨子放在鴨油裡溫火煮,就是一道名菜「油封鴨」。被油保存的鴨子具有無比豐郁的風味和肉質。簡單拌合雞蛋、麵粉和牛奶,再加點熱滾滾的牛油一起烤,就是豪華鹹香的英國名點「約克夏布丁」。

在糕餅麵團裡放什麼油,就會對麵團產生不同影響。做派皮要用奶油(加一點水,濃郁又有風味),起酥要用蔬菜油(風味自然),也可用豬油起酥(適合濃郁的鹹口味,也因為豬油缺乏水分會使起酥作用更人)。

有些油脂應該只當做最後醬汁的提味,就如初榨橄欖油,因為它不耐高溫煎炸,所以在冰涼或低溫時使用,才顯得出初榨橄欖油的優雅風味。

想要什麼樣的效果就選怎樣的油,決定的因素可能在於荷包胖瘦,因為最有風味的油脂往往比中性的油貴。而像煎炸這類需要大量用油的工作,使用便宜一點的油沒關係。芥花油和其他中性油的飽和脂肪較少,一般認為對身體較好。

發酵鮮奶油和奶油 / 570 克奶油和 1¹/₄ 杯（300毫升）鮮奶油

想要自己準備奶油？太簡單了，食物處理機或立式攪拌器就是功能強大的攪乳器。奶油形成的狀態也一如以往，就像老祖宗攪出的一樣。只要攪得夠力，脂肪會從液體（buttermilk，酪乳）中分離。之後得揉捏奶油脂肪，擠出剩下的水。

然而要製作上好的奶油，你可以先發酵，就像做優格時發酵牛奶一樣。乳酸菌產生酸度，賦予奶油深度及風味。而剩下的酪乳香氣撲鼻，可口美味。如果你有機會從當地酪農拿到新鮮的酸奶油，要做一個自己專屬的奶油，實在不難。

做優格的乳酸菌如今在健康飲食店到處都買得到，用這些益菌餵你的胃公認是有益健康的事。

以下指示是做發酵奶油或法式酸奶油（crème fraîche），再從鮮奶油做奶油。如果要做優格而不是法式酸奶油，就用全脂牛奶代替鮮奶油就可以了。

這個練習很有趣，讓你對奶油是什麼有更清楚的概念。你可能會想加點鹽來增添風味。

材料

- 4杯（960毫升）有機高脂鮮奶油，請勿用經過超高溫殺菌的鮮奶油
- 2.5湯匙乳酸菌
- 細海鹽（自由選用）

做法

中型醬汁鍋放入鮮奶油，以中溫加熱到77℃－82℃（170℉－180℉），幫助蛋白質固定，然後移到像玻璃量杯這種無應容器裡，降溫到43℃（110℉）。加入乳酸菌攪拌混和，加蓋後放在溫暖的地方24至36小時，理想的溫度需在40℃（105℉）左右。夏季，我把發酵物放在陽光下；冬天則放進溫暖的烤箱中（別忘記它還在裡面，就把烤箱的火開了——我曾經用這個方法殺死了百萬隻和善的益生菌！）。如果溫度上升到43℃（110℉），細菌會較不活躍，溫度再高，它們最後就會死了。

發酵鮮奶油應該很濃厚，聞起來、嘗一口會有好聞的青蘋果酸香。如果鮮奶油還很燙，就放室溫回溫。攪製奶油的最佳溫度是在15.5℃－21℃（60℉－70℉）。把發酵鮮奶油放入食物處理機，或是食物攪拌器的附碗，攪拌機要裝上攪拌棒，開動攪拌直到奶油脂肪和酪乳分離，這只要幾分鐘就可以。

在過濾器鋪上棉布或紗布，再放在一個碗上。奶油和酪乳倒進過濾網中過濾。酪乳冰起來另做他用，可以拿來做鬆餅或比斯吉。然後用手揉擠奶油，讓裡面還有的酪乳擠出越多越好。如果你想加一點鹽就要現在加，大概加3/4茶匙（約3克）的細海鹽，然後繼續揉擠，直到鹽融化均勻散布在奶油裡。

發酵奶油和發酵鮮奶油都可以放在冰箱保存，要記得加蓋，保存期限可達一星期。

調和奶油 / 1/2 杯（115克）奶油

調和奶油結合了奶油的濃郁質地和各種活躍的提香料，搖身一變成為完美的醬料，特別適合油脂不多的肉和魚。第一個配方是最傳統的調和奶油，第二個配方加上萊姆及墨西哥煙燻辣椒的鮮活味道。奶油可以在幾天前先做好，或者包進鋁箔紙冰凍，直到要用時再拿出來。

材料

傳統總管奶油（Traditional Hotel Butter）

- 2茶匙紅蔥頭末
- 2茶匙檸檬汁
- 半杯（115克）加鹽奶油，室溫放軟
- 2茶匙檸檬皮末（自由選用）
- 2湯匙新鮮巴西里末

酸香辣奶油（Lime-Chipotle-Cilantro Butter）

- 2茶匙紅蔥頭末
- 2茶匙萊姆汁
- 半杯（115克）加鹽奶油，室溫放軟
- 2條罐裝墨西哥醃燻辣椒，去籽切末
- 3湯匙切碎新鮮香菜

做法

不管你要做哪種奶油，先將紅蔥頭和柑橘類果汁混和，讓紅蔥頭浸10分鐘。

大碗裡裝入製作奶油的所有食材，加以混和。用比較硬的橡皮刮刀開始攪、壓、拌，把食材和入奶油中，最後奶油會變得像鮮奶油一樣柔軟。當所有食材均勻散布在奶油中，移到盛盤上。

如果想做奶油捲，就用湯匙將奶油舀到保鮮膜中間，保鮮膜捲起來變成一個圓筒。最尾端的部分壓進圓筒狀的底部（可以借用小砧板或烤盤的力量），將奶油筒滾緊，一手抓住奶油筒一端的保鮮膜，另一手滾動奶油，擠走空氣讓奶油更結實。尾端的保鮮膜綁緊或打一個結。為了保持圓筒狀，奶油浸泡在冰塊水裡，這樣可以讓奶油捲在冰箱底部不會被壓扁。當奶油捲變硬，就可以從冰塊水裡拿出來，放在冰箱冷藏，要用時再拿出來。上桌時切片享用。

澄清奶油和印度酥油

3/4 杯（170克）澄清奶油或酥油

澄清奶油是最高級的料理油，非常美味，要到很高溫才會開始起煙燒焦。拿來烹調魚、肉及馬鈴薯是最棒的油。

而酥油（ghee）是印度菜備料，原來是在炎熱氣候下為了保存乳脂才做成的油。做酥油的奶油就像優格一樣需經過發酵，然後攪製成奶油。奶油要燒到金黃，濾掉奶油固質。現在多作豆仁濃湯（dal）和咖哩的最後提香油。豆仁濃湯的做法在 p.93，基本上是用全奶油來做，但如果用酥油來做就更正統了。

澄清奶油和印度酥油的唯一不同是，澄清奶油的加熱法十分溫和，不會燒出顏色。

材料

● 1杯（225克）奶油

做法

要做澄清奶油，先將奶油用中型平底鍋以中火融化，把火開到小火繼續加熱。奶油中的水分會慢慢煮掉，撈去慢慢浮上來的白色固體和在表面形成的薄膜。當水煮乾時，撈掉奶油固質，用細目濾網或棉布／紗布濾掉奶油殘餘的雜質，剩下的應該是純黃色的奶油脂肪。最後放入冰箱直到要用時再拿出來。

如果要做酥油，製作方式就像澄清奶油，只是不要撈去奶油固質，然後過濾器上用棉布／紗布鋪著，再放在耐熱量杯或其他容器上。奶油裡的水只要一煮掉，奶油的溫度會很快提升，奶油固質會迅速變金黃，過濾奶油，放入冰箱，要用時再拿出來。

1. 清澈奶油分離出水和奶油固質。

2. 水約占整個奶油的15%，讓融解的奶油形成泡沫。

3. 撇去白色的奶油固質和泡沫，只留下奶油脂肪。

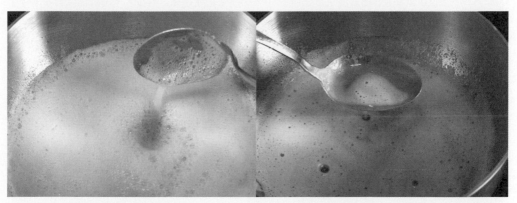

4. 大量泡沫表示水幾乎快燒乾了。

5. 一旦水從奶油中煮掉，油脂的溫度會迅速升高讓奶油固質焦黃。

6. 奶油固質留下多煮一會，煮出帶堅果香的複雜口味。

7. 一塊奶油經過褐變及澄清之後，份量將減少20%

奶油醬

可做 1 杯（240 毫升）

製作奶油醬的技巧在於將奶油攪入少量的水（見 p.131），這技巧也是做白酒奶油醬的基礎，白酒奶油醬（beurre blanc）則是以白酒為底的鍋燒醬汁。大量奶油也可以這麼做，就像這裡介紹的。奶油可以當成絕佳的淋油——是做炭烤雞（見 p.314）的檸檬龍蒿淋油的基底。要做爐烤的肉類，如豬里肌（見 p.270），也可以拿湯匙把油澆在肉上。

這裡我雖然有給標準劑量，但奶油醬做多做少只看你需要，無論你用多少奶油，只需要一點水讓奶油融化。

材料

● 1 杯（225 克）奶油，切成 2 湯匙奶油塊

做法

小型醬汁鍋裡放入 2 湯匙水，以中火加熱。當水變熱剛開始要冒泡泡，加入一塊奶油，一面加熱，一面持續攪拌。當第一塊幾乎完全融化，再放入一塊或兩塊奶油，再繼續攪拌。當奶油幾乎全部融解，再加入更多再攪拌，直到全部奶油融化，蓋上鍋蓋保溫備用。

蘇格蘭酥餅 / 15到20塊

這道食譜是我從好友史黛芬妮那裡學來的改編版，而她是從她的蘇格蘭老祖母那兒學來的。我最喜歡這道蘇格蘭酥餅的地方是——它很簡單：只要麵粉、奶油和糖就夠了。蘇格蘭酥餅的風味主要來自奶油。試試改用發酵奶油，這種奶油是用鮮奶油以製作優格的方式發酵產生，更好的是，它可以自己做來用（見 p.136）。發酵奶油會提供更複雜的風味，值得你多花點錢。在這裡我喜歡用帶點微鹹味的奶油；如果你用的是無鹽奶油，也許要在麵團裡加1/4茶匙的鹽。

蘇格蘭酥餅的主要特色是柔軟，一咬就鬆，入口即化。這是因為減少麵筋而得的效果。而麵筋就是麵粉裡的蛋白質，可以讓麵粉類的料理點心有嚼勁（就像麵包）。史黛芬妮的祖母用一般麵粉加上米粉作原料，但這裡的版本用的是低筋麵粉。做法上，如果你把所有食材放在大碗裡攪拌也是行得通的，但是我覺得先把奶油打發可以使糖分散布得更均勻，成品的口感也較好——所謂奶油打發，就是將奶油和糖放在一起用攪拌機或攪拌棒打到糖都融解，奶油變得輕盈蓬鬆。我喜歡萊登（Shuna Fish Lydon）對蘇格蘭酥餅的描繪，這位以「打蛋家」聞名的甜點主廚，也是位好作家和鮮奶油提倡者，是這麼說的：「世上最棒的蘇格蘭酥餅絕對不起眼，卑微的樣子就像它起源的崎嶇大地。」

材料

- 2杯（225克）低筋麵粉，淺裝即可，不需太滿
- 3/4杯（170克）發酵奶油或其他高品質奶油，室溫放軟
- 半杯（100克）糖

做法

烤箱預熱到180℃（350℉／gas 4）。

麵粉、奶油和糖放在裝有揉麵棒的攪拌機裡，以低速攪打幾分鐘，直到麵團均勻拌合。

麵團壓進8吋（20公分）蛋糕盤或其他烤盤裡，鋪平後的麵團厚度應該要有1.2公分厚。

放入烤箱烤30分鐘，烤到麵團熟透略帶金黃，趁熱切成適當份量，即可食用。

奶油蝦佐玉米粥 ╱ 4人份

蝦子／明蝦一類若用滾水燙多半會燙得太老，但如果用奶油溫火煮則美味異常——煮完肉質依舊軟嫩，沒有一點橡皮似的韌勁，且散發著莫名的甜香。要搭配奶香貝類，有什麼比奶油的好朋友「玉米粥」（grits）更適合的？這道是很棒的美國地方菜，是南加州這低緯度地區的特色料理。

這道食譜中，玉米粥配著培根和洋蔥一起煮，而海鮮就用奶油慢慢溫火煮，然後再加入玉米粥中。

如果你已經好一段時間沒吃玉米粥，做這道料裡正好，說不定你還會納悶它怎麼沒成為你廚房的菜色，沒有常常煮來吃。配方上寫著這道菜至少需要煮30分鐘，但可能要更久；事實上，玉米粥最好用非常非常低的溫度燉煮好幾小時才會全部煮透。如果你有燉鍋，玉米粥也可放在慢燉鍋裡燉上一天。

材料

- 115克培根，切小丁
- 1顆中型洋蔥，切小丁
- 猶太鹽
- 1¼杯（250克）高品質乾玉米碎（見 p.365「參考資料」）
- 2杯（480毫升）牛奶，或自做蔬菜湯或雞湯（自由選用）
- 新鮮現磨胡椒粒
- 1杯（225克）奶油，切成12塊左右

- 455克蝦子／明蝦，去殼去泥腸
- 4片檸檬片

做法

中型醬汁鍋放入培根再加水滿過，以中溫煮到水乾，再關小火到中低溫繼續煮，煮到培根微微上色且油已逼出許多，足夠可炒洋蔥。放入洋蔥，用一撮鹽調味（三隻手指捏起的量），洋蔥煮到軟。

加入玉米碎開始攪拌，如果要加牛奶或高湯，就只需要再加2杯水（480毫升）；如果不加牛奶，水分就要加4杯（960毫升）。先開大火煮開水，再轉小火，一面燉煮玉米粥一面攪拌，拌煮約30分鐘。在玉米粥上撒一點黑胡椒，不要讓粥煮得太稠，要能夠流動，如果需要還可再加一點牛奶或水（大約2杯／480毫升的量）。放的水量要夠，這樣玉米粥才不會黏鍋，也會吸飽水分。但如果你一時失手放太多水，就要把多的水煮掉一些。然後蓋上鍋蓋，把鍋子放在散熱板上，用小火溫12小時，要注意水分，如果需要就加牛奶或水（你也可以把玉米粥放在慢燉鍋裡用低溫燉，或蓋上鍋蓋放入烤箱，用65℃ -95℃／150 °F -200 °F的溫度烘12小時）。

玉米粥煮好備用。醬汁鍋放入2湯匙水，水量只要夠煮奶油和蝦就可以了。用中高溫將水煮到小滾，加入一小塊奶油不停攪拌讓奶油融化。當奶油融化進水裡，再加3小塊

奶油持續攪拌。(或者你可以把奶油放在鍋裡一直畫圈圈,看你要怎麼做。)當所有奶油都融化,加入海鮮開始拌炒。鍋子要用中高溫加熱,直到奶油再次變熱,用即顯溫度劑測量油溫,讓油溫低於煮開的溫度,只要維持77℃—82℃(170℉—180℉),不要讓奶油煮開。就這樣讓海鮮煮3到5分鐘。蝦子拿出來切開,檢查是否煮透。應該要煮到連中間部分都變白,看不到透明的灰色,且口感必須滑嫩多汁。

玉米粥以中高溫加熱回溫,粥的口感應該是鬆軟黏稠的。試試味道,如果需要再加一點鹽,然後把煮蝦的奶油放1/3拌到玉米粥裡。

玉米粥用湯匙舀到盤子上,看個人喜好把海鮮擺在上面或旁邊,最後再加一點奶油提香,撒上新鮮現磨的胡椒粒,再擠一點檸檬汁。

1. 少量水加熱,再加一塊奶油,不斷攪拌。

2. 一旦開始乳化就可以加入更多奶油塊。

3. 晃動奶油讓它不停動。

4. 不要讓奶油煮沸，否則會把所有水煮掉。

5. 當所有奶油融化，奶油醬就完成了。

6. 用奶油溫火煮海鮮，奶油的熱度定在75℃ -80℃ C（170℃ -180℉）之間。

7. 放入蝦子。

8. 海鮮會慢慢燙熟，充滿奶油的風味，低溫會讓它們口感柔嫩。

9. 輕輕轉動攪拌，確定蝦子均勻煮熟。

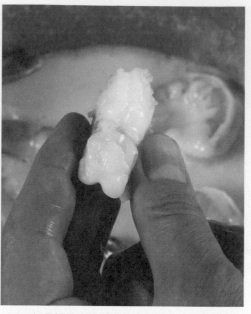

10. 如果捏捏蝦子卻不確定煮熟沒，切開來看看。

11. 玉米粥裡拌入一點煮蝦子的奶油作最後提香。

褐色奶油馬鈴薯泥 / 4人份

這份食譜是展現奶油力量的極佳例子。當你把奶油固質煮到焦香金黃，充滿堅果香氣，任何平淡無奇的澱粉類只要加一點這種褐色奶油，立刻就會截然不同。這道馬鈴薯可搭配烤雞（見 p.266）、炸雞（p.328）或牛排（p.316）。

材料

- 455 黃褐色馬鈴薯（russet／baking potatoes）或金黃育空馬鈴薯（Yukon gold potatoes）[5]，去皮，切大塊
- 1杯（240毫升）牛奶，視需要可再多
- 猶太鹽
- 半杯（115克）奶油

做法

馬鈴薯放入中型醬汁鍋加水蓋滿以高溫加熱，煮滾後關小火，以中小火將馬鈴薯煮約20分鐘，煮到馬鈴薯全部煮軟熟透。不要讓馬鈴薯在沸水中一直滾，這樣會把馬鈴薯外形煮散。濾掉水，馬鈴薯放在一邊讓水分蒸發。

同個醬汁鍋加入牛奶和2茶匙鹽，以中溫加熱。牛奶變熱時把馬鈴薯放回來，直接在鍋裡用壓泥器壓成泥（我喜歡薯泥入口時還帶著碎塊，所以我喜歡用這個方法操作），或者你也可以把馬鈴薯用壓薯泥器或磨泥器直接壓成泥再放入鍋中。攪拌薯泥與牛奶均勻混和，但不能過度攪拌。請試試味道，如果需要再加點鹽調味。

小型醬汁鍋以中高溫融化奶油，當泡沫都退掉就開始攪拌奶油，注意奶油固質的顏色。當奶油固質變成金黃，把一半奶油倒入薯泥中。試試看味道，如果你喜歡薯泥吃起來比較稀，可以再加一點奶油。

剩下一半的奶油用湯匙澆淋在薯泥上，即可享用。

---

[5] 馬鈴薯種類很多，Russet又叫baking potatoes，是台灣常見黃褐皮的馬鈴薯，澱粉高水分少，最常用作薯條。而Yukon gold potatoes，則是皮黃香氣濃口感鬆，最常用作薯泥。

麵團 DOUGH

麵粉，第一集

麵團是以水塑型的麵粉。如果少了一些液體，麵粉只是粉，是澱粉和蛋白質各自獨立、形態各異的粒子的集合。加入水，麵粉裡的蛋白質就會緊緊捲成長鏈束，而這就是**麵筋**，可以伸長與另個麵筋相連，形成蛋白質長鏈以及單一麵團。

有時候麵團中的水存在於和在麵粉裡的油脂（奶油），脂肪會縮短由水形成的麵筋長鏈，最後會形成鬆軟酥薄又有層次的派皮麵團，而不是讓你可以咬上幾口的麵包或麵條。因為油脂包覆著麵粉粒，如果只有油脂加入麵粉中，只要使用塔模或環形模等模具就可以讓麵粉粒塑型送烤。麵粉經過烘焙會定型，出來的糕點會非常鬆脆。雞蛋的組成一半以上是水，麵粉和蛋會創造有彈性的麵團，就像麵包，但是對於這種麵團我們往往會用煮的而不是烤的。

了解這些蛋白質的特性讓你知道如何控制麵團。蛋白質是我們能夠形塑麵團的原因，它也說明了彈性的由來。它就是讓麵團延展不斷裂的東西，所以我們才有好吃的義大利麵，抓住空氣的也是它，我們才有發酵麵包可吃。

當我們做麵團，就是在拌合和揉擦，刺激這些蛋白質長鏈拉長和連接，一端接著另端，一邊黏著另邊，互相連結。蛋白質連接越多，拉得越長，就越光滑也越有彈性，麵團就越強韌。

另一個要了解的面向是蛋白質網絡的鬆弛特性，意思是如果一開始你把蛋白質長鏈拉長，它們會彈回去，但如果你把它們就這樣放著一段時間，再拉長時彈回去的力道就不會那麼強。這就是麵包和義大利麵麵團在塑型及擀麵前都該鬆弛一段時間的原因。

油脂和蛋白質的交互作用在於維持蛋白質分裂的狀態，不讓它們連結形成有彈性的長鏈，這就是為什麼派皮麵團十分鬆軟沒有嚼勁，而餅乾會碎掉不能撕裂。

麵粉拼圖的最後一塊，也是最重要的一塊是，在一些無可預期的條件下，即使相同容量的麵粉，重量也會不同。也就是說，某一天，1杯麵粉

也許重115克（4盎司）；但另一天，它也許會重170克（6盎司）。如果原因只有一個，人們為什麼要害怕烘焙？為什麼做麵包似乎總讓人疑惑？為什麼只是做個簡單的海綿蛋糕卻像如臨大敵？因為麵粉的測量方式總給固定容量，但容量也只是參考罷了。

所以一杯麵粉的差距可有50%，難怪有些食譜「沒有用」。如果你的食譜要你在大碗裡放4杯麵粉，你到底要放1磅還是半磅？誰知道呢！

這就是為什麼標示麵粉重量的食譜好像比標示容量的食譜有用，且標示重量的食譜的成功率比其他高出兩倍或三倍。我極力推薦你買一個磅秤使用（請見p.365「參考資料：選購食材」）。有了磅秤也會讓測量工作清楚容易許多，更別提也準確多了。大多數的電子磅秤有盎司與克兩種規格，如果你有磅秤，我建議你可以遵照本章食譜裡的公制。

這裡的食譜聚焦在三種基本麵團的準備，包括：麵包、派和餅乾。

麵包麵團

一旦你有能力做個好麵包，全世界都向你開展。大多數情況下，麵包就是麵包，在基本麵包上沒有太多變體。至於法國長棍麵包、三明治麵包、披薩麵包、義大利拖鞋麵包（ciabatta）、薄脆餅（flatbread），都是在相同條件下形成的變化，也就是麵粉和水的重量以5比3的比例拌合，加上酵母和鹽。再厲害的麵包也不會比這更困難了。我覺得多數食譜寫的指示都太多，把原本簡單的事情複雜化：就只是麵粉、水、鹽和酵母混在一起，直到麵團漂亮有彈性。

低筋麵粉、高筋麵粉、中筋麵粉，任一種麵粉都可以用。用低筋麵粉而不用高筋麵粉的確有些不同，或者用全麥麵粉，全麥麵粉做出的麵包口感較緊實，但也別太擔心如果儲藏室沒有高筋麵粉，是不是麵包就做不出來了。

只有一個時間你別試著做麵包，就是還有一小時就要吃它的時候。做麵包可急不來，它需要時間，你給它的時間越長，麵包就做得越好。

麵粉和水：你需要5份麵粉和3份水，以重量計算。這樣就有適當的濃稠度，可做出多功能的麵團，不會太濕而整個黏呼呼的；不會太乾，乾到連攪拌都很困難。而5盎司麵粉加3盎司水，可以做一條非常小的麵包。我都用20盎司當標準，加上12盎司的水，可以做2磅生麵團（用公制計算，就是500克麵粉配300克水）。

至於沒有磅秤的人，我已經幫你們換算好了，5盎司麵粉等於1杯麵粉。

鹽：鹽賦予麵團味道，所以鹽很重要。沒有鹽的麵包淡而無味。一般的經驗法則是麵粉的重量乘以0.02就是需要的鹽量。換句話說，鹽應該等於麵粉重量的2%。所以20盎司的麵粉就會用0.4盎司的鹽（再一次，若以公制計算，就是500克麵粉要放10克的鹽）。如果你無法秤食材的重量，也可以把粗鹽淺淺裝個半茶匙配上1杯麵粉。

至於沒有磅秤的人，我建議使用莫頓的猶太粗鹽，這種鹽的容量與重量比幾乎一樣，也就是1湯匙鹽等於0.5盎司。

酵母：讓麵包成為麵包而不是營養口糧的東西就是酵母了。酵母的用量可以有很大變化；你放進越多酵母，麵團越快膨脹。我都用活性乾酵母，但用速發酵母粉也是可以的（它的活性比活性乾酵母的還更有活性）。至於份量，我都使用麵粉重量的0.5%，不然就用1/4茶匙的酵母配上1杯麵粉。

很多麵包食譜都在各種溫度上做文章，好比發酵母菌要在43℃（110℉）的水裡，或者加入麵粉的水溫度須是24℃（75℉）。麵包師傅會同意麵包烘焙過程中有太多變數，而酵母麵團是活的，對環境有反應。但是只是在家做個基本麵包，不需為了溫度這種事把自己逼瘋。只要知道用熱水時，或做麵包那天又熱又濕，酵母會比冷溫度下的麵團發酵快一些。

要做好基本麵包，有三個階段需要注意，包括：攪拌、第一次膨脹、第二次膨脹。

攪拌才會生成麵筋網絡，而麵筋賦予麵團結構及彈性，麵團才會膨脹發酵，讓這些麵筋排列接合就是攪拌的工作。攪拌做得好的麵團應該光滑有

彈性，你可以把它拉長，拉到半透明都沒問題。

第一次膨脹，又稱第一次發酵。酵母菌為了繁殖，吃下澱粉質所含的糖類，結果放出二氧化碳。這不只是發酵過程的開始，也是香味的由來。你應該讓麵團發到兩倍大；發酵過程花的時間越久，麵包的風味越濃。當第一次發酵結束後，用手指壓壓麵團，如果麵團沒有立刻彈回來，你可能讓它發太久了，麵團反而鬆塌，如此就無法完成最後的發酵。

第二次發酵會給予麵團最後的結構。這個過程要特別注意不要讓麵團過度膨脹，否則麵團就會變成又扁又沉重。

下面列出的麵團——對荷蘭鍋麵包和披薩麵團而言——使用的材料完全相同，比例也一模一樣，只在塑型和烘焙方式不同。同樣的麵團可以用來做香草麵包、三明治麵包、薄脆餅、佛卡夏（focaccia）和拖鞋麵包。

派皮麵團

也許是因為冷凍派皮的普及，很多人都不再做派皮麵團了。這真是可惜，因為它實在太容易做也太好吃了，尤其是用奶油來做，而不用無味的植物起酥油或豬油（如果你喜歡用豬油，它也是一種選擇）。

派皮麵團可以用在很多地方——可以拿來做法式鹹派或烤雞派，也可以做甜派或甜塔。派皮麵團可以包入各種餡料，可煎，可烤，可炸，就像做阿根廷炸餡餅（empanadas）一樣。剩下的麵團可以撒上肉桂和粗糖，烤過之後就像吃餅乾（真的就是這樣）。

要做出鬆軟薄脆的外殼，祕密有三個層次。首先，要讓包入的奶油或其他油脂大小不同，從小顆粒到花生大小不等。當麵團擀開時，油脂在麵團中形成層次，產生鬆脆感。第二，加入麵團的液體要剛好可讓麵團拌合，如果加太多就促進麵筋形成，這會讓麵團有嚼勁。最後，揉擀麵團會強化麵筋網絡，所以只要揉得剛剛好讓麵團拌合在一起就可以了。

有些料裡要求你盲烤派皮（blind bake），例如做蛋塔。盲烤派皮的意思就是在餡料還沒有填入之前，先將派皮烤過。你可以買烘焙石放在麵團裡，

讓麵團維持曲線，不會在烤箱中裂掉。用乾豆代替也很容易，只要用鋁箔紙墊在裝好麵團的模具上，然後放上乾豆子。用165℃（325℉／gas 3）的溫度烤20至30分鐘，然後取出鋁箔紙和豆子，盲烤就完成了。

餅乾麵團

　　最基本的餅乾麵團只是以糖代替水的派皮麵團，想做帶有蘇格蘭酥餅風格的餅乾就要放奶油。奶油中的水分可以讓麵團聚在一起形成乾爽酥脆的餅乾，朋友稱為餅乾的「成人版」，最適合晚餐後或早午時段做為搭配熱飲的點心。餅乾可用柑橘汁、柑橘皮和罌粟種子增加風味，或者撒上糖粉／糖霜或砂糖做裝飾。但最重要的是，餅乾麵團讓我們知道麵團通常如何操作。多加一點油脂，餅乾就可以擀薄一些；多加一點糖，麵團就濕一點，咬起來也更有嚼勁（這點還取決於其他成分的比例，也可以讓麵團擀得更開，脆度就增加了）。脂肪含量高的餅乾，若增加糖分就變酥脆。而另一方面，你也不想吃到一塊甜到倒胃口的餅乾。增加麵粉，餅乾就會更脆口、更乾爽、更酥鬆。而雞蛋會讓餅乾口感比較像蛋糕。餅乾不外乎就是講究平衡而已。

肉桂糖粉餅乾／12塊

這份食譜是我改編自好友香娜‧萊登的作品，她是著名的甜點主廚和美食作家。原本這道點心要排在「糖」的那一章，因為它的結構多半取決於糖這食材。但我覺得它也是展示餅乾特色的好材料，所以決定放在這裡。香娜用的糖比較少，做成非常傳統的餅乾，多加一點糖會讓餅乾更有嚼勁，更厚一點。如果你想餅乾薄脆一點，只要把奶油份量加倍就可以了。snickerdoodle[4]其實是道簡單美味的肉桂糖粉餅乾。

材料

- 1/4杯（55克）奶油，放室溫
- 1/2杯（100克）紅糖
- 1.5杯（300克）砂糖
- 1大顆雞蛋
- 1杯（140克）中筋麵粉
- 1茶匙泡打粉
- 猶太鹽

肉桂糖粉材料

- 1/4杯（50克）砂糖
- 4茶匙肉桂粉

做法

烤箱預熱至180℃（350℉／gas 4）。

奶油和糖放在大碗裡，用橡皮刮刀像划槳一樣切拌食材，直到完全均勻。加入雞蛋快速攪打，直到與奶油糊均勻混和。

小碗放入麵粉、泡打粉和一撮鹽（三隻手指捏出的量）。泡打粉攪散拌進麵粉裡，然後分幾次加入奶油糊中，繼續攪拌直到拌合均勻。

用湯匙舀出麵團一一排放在烤盤上，每個間隔要7.5公分寬，再用濕毛巾包著玻璃杯口，玻璃杯口對著每個麵團壓下去。

製作肉桂糖粉：小碗放入砂糖和肉桂粉攪拌，直到肉桂粉均勻散布。

肉桂糖粉撒在每片餅乾麵團上（如果還有剩，為了肉桂土司，請保留剩下的糖粉！）。然後烤15分鐘，烤到餅乾熟透，邊緣都帶著金黃色就可以了。

---

[4] 《料理之樂》認為snickerdoodle源自德國，是德文schneckennudeln的錯音，schnecken是蝸牛snail的意思，因為壓過的圓圓餅乾就像蝸牛的殼。

肉桂小麵包 / 12 到 15 個小麵包

這是酵母軟麵團的範例，奶油、蛋、糖讓這麵團帶著枕頭般的酥鬆感。這道食譜也說明了分割麵團及烤焙擺盤的要領。麵團可以用保鮮膜包好放到冰箱靜置一晚，到了早上，讓麵團鬆弛膨脹之後就可以按照指示烤麵包。因為麵團是冷的，鬆弛膨脹的時間至少需要 90 分鐘。

麵團

- 5 杯（700克）中筋麵粉
- 2 茶匙活性乾酵母
- 2 茶匙猶太鹽
- 1/4 杯（50克）砂糖
- 2 大顆雞蛋
- 1¼ 杯（300毫升）酪乳，先用微波爐預熱 40 秒
- 4 湯匙（55克）奶油，事先融化

餡料

- 1/4 杯（50克）砂糖
- 4 茶匙肉桂
- 4 湯匙（55克）奶油，先軟化

糖衣

- 2 杯（200克）糖粉／糖霜
- 1 茶匙香草精
- 1/4 到 3/8 杯（60到90毫升）奶油，預熱

做法

製作麵團：攪拌盆裡放入麵粉、酵母、鹽、糖和蛋，用攪拌機的攪拌器（槳型）將材料和在一起。加入酪奶和融化奶油，繼續攪拌成麵團。換上鉤型揉麵器開始揉麵，大概揉 6 或 7 分鐘，揉到麵團摸起來沾手卻不黏，向外拉開可以形成半透明的薄膜。

麵團拿出來放到工作檯上整型滾圓，放進刷過油的盆中，將麵團在盆裡先滾一下沾上一點油，用保鮮膜或廚用毛巾蓋好讓麵團發酵，發酵時間約 60 到 90 分鐘，讓麵團脹到兩倍大。

發好的麵團放在工作檯上擀壓成 35X30 公分的長方型，厚度大約是 1.2 到 1.7 公分。不要把麵團擀得太薄。如果擀不動，就蓋上毛巾，讓它鬆弛 5 分鐘。

製作餡料：取一個小碗，放入砂糖和肉桂粉混和。

將已經回溫放軟的奶油隨意放在麵團上，再把撒上肉桂和糖粉，將麵團從長的那邊捲起捲成棒狀，尾端捏緊稍微滾動讓接縫處貼合。用鋸齒刀將麵團切成 3 公分的小段。

烤盤先刷一層植物油或用烘焙紙墊上，把小麵團擺放在烤盤上（擺好就不要再碰它了，要碰它也要等到下次發酵後才可拿起來）。用廚用毛巾蓋上讓它醒 60 到 90 分鐘，小麵團要脹到兩倍大才算完成。

烤箱預熱到180℃（350 ℉／gas 4）

烤盤放入烤箱烤20到30分鐘，烤到麵包
顏色金黃就可拿出來散熱，溫度要降到溫熱
不燙的程度。

製作糖衣：小碗裡放入糖粉／糖霜、香草
精和適量牛奶攪拌，做成稀薄的糖衣。每個
小麵包塗上糖衣，完全冷卻就可以吃了。

荷蘭鍋麵包／1個

這是最基本型的麵包，容易做，外形簡單，看起來好看，吃來又美味。我相信把麵包放在鍋裡烤是麵包師傅吉姆‧拉黑（Jim Lahey）[2]發明的點子，這實在太厲害了。水分被困在緊閉的鍋內形成好棒的脆皮。麵包烤到一半時要開鍋烤。麵團可以在烤前一天做好，然後再進行第二次發酵，而不是讓麵團先以室溫發酵，再冰到冰箱過夜。只要烤前一小時再拿出來就好了。這個配方可以依照食材重量減半，或加倍或三倍。

以容量計

- 4 杯中筋麵粉
- 1.5 杯水
- 1 茶匙活性乾酵母
- 2 茶匙猶太鹽，鹽若用撒的就多點
- 蔬菜油或蔬菜油噴霧
- 橄欖油

以重量計

- 500 克中筋麵粉
- 300 克水
- 10 克猶太鹽，如果用撒的就多點

---

[2] 吉姆‧拉黑（Jim Lahey），紐約著名麵包店 Sullivan Street Bakery 的師傅，在 2006 年發表 No-Knead Bread，也是用鑄鐵鍋烤的麵包。因為烤歐式麵包向來難，他卻聲稱免養種免揉擀，4 歲小孩也會做，故聲名大噪，鑄鐵鍋一時熱賣。

- 2 克酵母
- 蔬菜油或蔬菜油噴霧
- 橄欖油

做法

麵粉、水、酵母和鹽放入攪拌盆，攪拌機裝上鉤型揉麵器，以中速攪拌 5 到 10 分鐘，拌到麵團光滑有彈性。依照攪拌盆的大小，如果麵團沒有完全攪拌均勻，你可能需要停下攪拌機，將麵團從揉麵棒上刮下來再攪拌。如果麵團看來光滑，切下一塊拉開看看，如果看起來已經快要透明，就是攪拌均勻，如果沒有，繼續攪拌到出現透明狀。

攪拌盆從機器上拿下來，用蓋子蓋好或用保鮮膜包上，讓麵團醒 2 到 3 小時，直到麵團變成兩倍大，用手指壓下去麵團不會立刻彈回來。

麵團拿出來放在工作檯上，開始揉和，排氣，讓酵母重新分布。大致將麵團揉成圓球，蓋上毛巾，靜置 10 分鐘讓麵筋鬆弛。

然後將麵團搓成一顆緊緊的圓球——越緊越好——用手掌把放在工作檯上的麵團滾動搓揉，讓它變成圓球。

用植物油把大型荷蘭鍋的底部和鍋邊都刷上一層，或者你也可以用其他厚底可放烤箱的鍋具（容量要有 5.2 公升或更大）。麵團放在鍋子中間，再蓋上鍋蓋，等 30 分鐘到 60 分鐘再次醒麵團（如果那天又熱又濕，時間可短些，如

果那天麵團的溫度很低，就需要多點時間）。

烤箱預熱到230℃（450℉／gas 8）。

隨便抹1湯匙橄欖油在麵團上，如果你喜歡還可以抹更多。用鋒利刀子或刀片在麵團上做記號，可以刮個X型或簡單劃幾刀，這會讓麵團自由地向外膨脹。撒上鹽，再蓋上鍋蓋放入烤箱。

30分鐘後，拿掉蓋子，讓烤箱溫度降到190℃（375℉／gas 5），繼續烘烤，烤到麵包熟透且有美麗的黃褐色。當完成時，麵包中心的溫度應該有95℃（200℉）。

上桌前讓麵包放在架上靜置至少30分鐘，這樣麵包中心才會完全熟透。

1. 用磅秤量麵粉和水。

2. 用勾狀揉麵棒混和麵粉、水、酵母和鹽。

3. 如果麵團很容易撕開而不能
　 延展，就像這塊麵團一樣，
　 表示還需要再揉和。

4. 我喜歡在最後階段用手揉麵。

5. 慢慢體會感覺麵團的狀況。

6. 當麵團能夠延展成半透明狀
　 的薄膜，就是麵團揉好了。

7. 第一次發酵後用手指插入麵團中，應
　 該會有一個凹洞。

8. 在烘烤之前，抹上橄欖油，
　 撒上猶太鹽，用刀子劃幾刀。

披薩麵團 / 2個披薩

做這個麵團,最少要在烤前3小時做,也可以在前一天先做好放進冰箱冰起來,或者也可以放冷凍庫一個月之久。這個配方可以做出2個中型披薩的麵團,你也可以依據重量減半、加倍或三倍。

以容量計

- 4杯麵粉
- 1.5杯水
- 1茶匙活性乾酵母
- 2茶匙猶太鹽或粗海鹽

以重量計

- 500克麵粉
- 300克水
- 2克活性乾酵母
- 10克猶太鹽或粗海鹽

做法

麵粉、水、酵母和鹽放在攪拌盆,攪拌機裝上鉤型揉麵器,用中速攪拌5到10分鐘,拌到麵團光滑有彈性。可能因為攪拌盆的尺寸不同,麵團可能攪不均勻,請停下攪拌機,將鉤子上的麵團刮下來。當麵團看來光滑,切下一塊拉開,如果麵團能延展到快透明的狀態就是揉好了。如果沒有,繼續揉到可以看到為止。

攪拌盆從機器上拿下來,蓋上蓋子或用保鮮膜包好,讓麵團醒到兩倍大,插入手指,麵團不會立刻彈回來。發酵時間需要2到4小時。

發好的麵團移到工作檯上,用手揉麵,壓出氣體,讓酵母重新分布。麵團切成兩半,每一半壓成一個圓盤,再用毛巾蓋上靜置15分鐘。

烤箱預熱到230℃(450 ℉／gas 8)。

每個圓盤往外拉,或用擀麵棍向外擀,擀到你想要的厚度(越薄越好)。在麵團上放上你想要的食材,用無框烤盤或石盤烤20分鐘,烤到邊緣金黃色,底部是脆的。烤好後即可食用。

Cooking Tip

如果你沒有鏟起披薩的薄木鏟,卻要做石烤披薩,在放上餡料前,將麵團放在一張烘焙紙上,這樣會比較容易把披薩從工作檯上拿到烤箱裡。

派皮麵團

1 個有蓋有底的派或 2 個直徑 9 吋（23公分）的塔

派皮麵團可以用桌上型攪拌機來做，但如果你只要做一兩個派，用手做還比較快。我覺得用食物調裡機做的派皮麵團口感比較硬，比較沒有細緻的酥脆度。

做好的麵團可用保鮮膜包好放在冰箱長達 24 小時，或者放在冷凍庫長達一個月。如果先放冷凍，使用前，請放到冷藏室回溫。

材料

- 2 杯（300克）中筋麵粉
- 14 湯匙（200克）奶油，不需回溫軟化，切成 1.2 公分的小塊，也可用植物起酥油或豬油代替
- 猶太鹽（自由選用）
- 1/4 到 1/2 杯（60 到 120毫升）冰水

做法

大碗裡放入麵粉和奶油。如果使用無鹽奶油，請加入一撮鹽（三隻手指捏起的量）。用手指把奶油和麵粉和在一起，用手揉捏直到奶油塊和花生米差不多大。加入 1/4 杯（60毫升）的冰水把麵團拌合均勻。如果第一次加入的水量不夠，再加入剩餘的水把麵團揉勻。麵團壓成 2.5 公分厚的圓盤，再把麵團緊緊包在保鮮膜裡，冷藏少則 1 小時長達一天。如果你的派需要派面和派底，將麵團分開包。

麵團在工作檯上擀成需要的尺寸，再撒上麵粉。

夏綠蒂的蘋果派 / 8人份

這是小時候祖母來訪時,我最喜歡吃的點心。史帕瑪(Charlotte Addison Spamer)是優秀的烘培師傅,多憑直覺工作,所以當我向她請教食譜時,她告訴我她做了派皮麵團,用了些蘋果。我問她用了多少糖,她有點惱火地說:「哦,我不知道。」她做什麼事都用看的,但令人傷感的,這項特長在她94歲時丟掉了,但她記得有個麵包店離她密西根州底特律夏日街的安老院不遠,那兒會賣一道「蘋果四方派」。家人都好喜歡,所以夏綠蒂開始自己做。「我的比較棒。」她說。她也確認並交待她選擇的蘋果是:麥金塔(Macintosh)[3]。她不喜歡蘋果煮過之後還吃起來一塊一塊的,她喜歡完全軟化的蘋果。麥金塔就有這樣的特質,但我覺得如此甜膩的點心需要青蘋果的酸度,就像「史密斯奶奶」(Granny Smith)[4]這品種。用麥金塔取其軟甜,放「史密斯奶奶」來平衡風味和口感。

我都用四方型的烤盤或做瑞士捲的盤子來做夏綠蒂的蘋果派,這兩種烤盤都有邊,尺寸都是33X23公分。如果你沒有相同尺寸的烤盤,可以用23X33公分的長方型陶瓷焗烤盤也行。

---

[3] 麥金塔(Macintosh)蘋果,加拿大人約翰·麥金塔(John Macintosh)在1987發現的品種,是蘋果電腦及其商標的取材對象。

[4] 史密斯奶奶(Granny Smith),1868年由澳洲的Granny Smith在自家花園發現,因口味酸脆常拿來做沙拉。

材料

派皮麵團(見p.159)

- 10顆青蘋果,去皮,隨個人喜好切成片狀
- 1/3杯(65克)砂糖
- 1.5茶匙肉桂粉
- 1顆檸檬的汁
- 新鮮磨碎的肉荳蔻
- 3湯匙紅糖

糖衣

- 2杯(200克)糖粉／糖霜
- 1茶匙香草精
- 1/4到3/8杯高脂鮮奶油,預熱

做法

烤箱預熱到180℃(350℉／gas 4)

一半麵團擀成烤盤的尺寸(見前文),麵團放進烤盤裡。

大碗放入蘋果切片、砂糖、肉桂、檸檬汁攪拌均勻,隨意放在烤盤派皮上,撒上大量肉荳蔻(我用的很多)和紅糖。然後擀開剩下的麵團,放在蘋果內餡上,把多的部分修掉,然後隨意封起來。這是一道質樸的點心,所以要是麵團裂了或破了,補起來就好,用叉子在各處戳幾個洞。

蓋上鋁箔紙,麵團的四邊都要顧好,再用一個更大的烤盤托著派皮烤盤,如果有湯汁滴下來還可以接著。放進烤箱烤30分鐘後,

拿掉鋁箔紙再烤30到45分鐘。烤到上層派
皮呈現金褐色就可以拿出來，放到完全涼
透。

　　製作糖衣：小碗放入糖粉／糖霜、香草精
和適量奶油攪拌均勻，做成稀薄的糖衣。
　　當蘋果派完全放涼後，在派皮上刷上糖
衣，即可食用。

麵糊 BATTER

麵粉，第二集

麵糊就是液體的麵粉。是的，我們可以把所有濃稠的液體都叫做「糊」。但技術上來說，沒有麵粉的巧克力蛋糕和其他類似的料理——製作過程完全依賴蛋和油脂——就像卡士達，就不是麵糊。麵糊與澱粉有關。雖然好麵糊可以用沒有麩質的粉類做出（如放在天婦羅粉漿裡的米粉）。我只聚焦介紹小麥麵粉做的麵糊。小麥麵粉賦予熟麵糊口感及咬勁，沒有其他物質能做到——如柔軟的蛋糕和馬芬，帶著酥脆又有一點咬勁的天婦羅，還有可麗餅，口感更是細緻愉悅。

　　在粉類-液體的槓桿上，麵糊坐落在麵團的另一端：麵糊是你無法塑型的麵粉混合物，是你可以倒過來流過去的麵粉。

　　各種各樣的麵糊在濃稠度上大異其趣，有的富含油脂，有的加入蛋或膨鬆劑，但麵糊基本的原始定義就是麵粉和液體等重。做麵糊可用其他液體代替水（如牛奶、醬汁、果汁），只看你想要什麼效果。大多數麵糊都有放雞蛋，蛋白提供結構，蛋黃增加豐潤。奶油則帶來風味和濃郁；糖會增加甜度和味道，創造結構，還會影響質地口感。麵糊可以藉打發蛋白而自然發酵，也可以加入泡打粉而化學發酵。然而麵糊的基本成分就是融在水中的麵粉——而麵粉一旦加熱就會替其他食材提供架構。

　　麵筋在麵糊中仍扮演活躍角色，但不是像在麵團中那般伸展。事實上，麵團和麵糊的重大差別，就在於做麵團的目的是發展麵筋，而做麵糊時卻極力避免生成麵筋。

　　蛋白質網絡要靠激烈攪打才會形成，而避免麵筋形成，是麵糊成功的關鍵，而成功的定義在於柔軟度。要有柔軟度，就不要過度攪打。試著用調理機攪拌鬆餅麵團，你就會看到麵筋對蛋糕的影響——鬆餅會變得硬梆梆。

　　因此，我們得輕輕把麵粉拌成麵糊。做蛋糕得最後才拌合；做麵糊類的麵包或鬆餅，只要拌到食材均勻就不拌了；做天婦羅炸衣，在最後一分鐘才攪拌，讓澱粉分子還來不及吸光所有液體就完成了，結果就是酥脆的外皮。要做熱脹泡芙（popover）[1]，需要吸收，所以在烤之前要讓麵糊休息，才會造成熱脹泡芙裡充滿奶油般的柔滑口感。

很多麵糊都有蛋。蛋增加營養、豐富、風味及結構。蛋在麵糊中是令人興奮的角色，因為不同的攪拌方式決定最終的結果。

一個簡單的麵糊，比方像麵糊麵包或烙餅這類的，蛋總是和液體拌在一起。不過做蛋糕時，蛋就會和糖先和在一起，再和進麵粉裡。做基本的海綿蛋糕，蛋要經過劇烈攪打，打到發，充滿空氣泡泡，這些泡泡就是會讓蛋糕膨大的東西；更輕質的蛋糕甚至需要蛋白和蛋黃分別打發。而濃郁的磅蛋糕的材料還包括奶油，奶油和糖要先攪拌（專業名詞是**奶油打發**），然後再把蛋加入奶糖霜裡攪打。如果蛋是麵糊的一部分，它們塑型的方式就決定了成品的狀況。

糖的效果一樣也很複雜，對於風味、口感、濕度和顏色都有影響。糖融於液體食材就成了糖漿，可以讓蛋糕更甜。糖也會增加結構，幫助蛋糕保持濕度，最佳的例子是天使蛋糕，它包含等量的蛋白和糖，最多加上1/3量的麵粉，最後拌進去就是了。

奶油讓麵糊增加濃郁風味的深度，幫助麵筋網絡的形成，還可以讓蛋糕質地緊密。我做磅蛋糕就使用很多奶油，但我更喜歡沒有奶油的蛋糕，只是簡單地用蛋、糖、麵粉增味。

在烘焙領域中，麵糊是最常用的備料。下面列出的食譜展現基本麵糊的幾種形式，包括：加了全蛋的蛋糕**麵糊**（只用蛋白的麵糊，見天使蛋糕，p.188）、麵糊麵包，以及做熱脹泡芙充滿空氣感的稀薄麵糊。

---

[1] popover，是約克夏布丁的類似版本，因為在烤的時候麵糊會脹得好大，彷彿從烤具裡爆出來，所以叫做popover。

經典巧克力淋面夾心蛋糕

8吋（20公分）雙層蛋糕，12到16人份

食品加工業再三要我們相信自己做蛋糕太難，所以我們最好買現成蛋糕粉。坦白講，並不是所有蛋糕粉都是不好的，但它們的味道千篇一律，通常內含反式脂肪和不必要的高糖量，且多用以氯漂白過的麵粉。想要吃到濕潤又美味的蛋糕，不妨自己做一個。真的很簡單。

這個蛋糕沒有讓蛋糕變得厚重的奶油（別擔心，霜飾裡有很多）。蛋黃和蛋白要分開攪拌，而蛋糕大部分的空氣感就來自打發的蛋白。

也許烤蛋糕做重要的部分在於思考——做好 mise en place，一切準備就緒，尤其是預熱烤箱和準備平底鍋。此外，如果你有電子磅秤，需要用它秤出麵粉有幾克重。

材料

- 9大顆雞蛋，蛋黃蛋白分開
- 2杯（400克）糖
- 2茶匙香草精
- 2湯匙檸檬汁
- 2杯（280克）低筋麵粉，先過篩
- 巧克力奶油霜（見p.176）
- 巧克力淋醬（見p.176）

做法

烤箱預熱到165℃（325℉／gas3）

準備兩個8吋（20公分）蛋糕烤模（或9吋／23公分的可卸底蛋糕烤模）。烤模先用奶油或植物油上一層油，然後在底部和四周撒上麵粉，再把多餘的麵粉抖掉，在底部墊上烘焙紙（見p.174）。

蛋黃、一半的糖和香草精放入大碗裡，攪拌1分鐘直到蛋黃打發與糖均勻融合。

蛋白和檸檬汁放入攪拌機的攪拌盆以攪拌棒高速攪打。機器一面運作，一面慢慢倒入剩下的糖繼續攪打，直到蛋白份量變成三倍且硬性發泡。

先將一半蛋白拌入蛋黃糊中，再加入麵粉拌合，直到蛋糊與麵粉拌勻。然後再倒入另一半的蛋白糊拌合，其次是剩下的麵粉。

麵糊倒進預備好的烤模中，烤30到40分鐘，烤到蛋糕定型，用牙籤插入中心拿出來時牙籤上不沾任何東西。蛋糕連同烤模放涼10分鐘，然後將蛋糕倒扣在架上，撕掉烘焙紙，慢慢將蛋糕倒回正面，完全放涼。

切掉最上面的部分做蛋糕底部（如果你用可卸底的蛋糕模具烤，脫模後直接將蛋糕橫切兩半，蛋糕體就有兩層了）。在第一層蛋糕體上面塗上奶油霜，然後放上第二層再用奶油霜塗在蛋糕上面及四周。我建議讓蛋糕上一層薄衣（crumb coating），就是第一層先塗一層薄薄的奶油霜，放進冰箱直到第一層冰透，再完成其他霜飾，再淋上淋醬。

1. 攪打蛋黃。

2. 在蛋黃裡加入糖。

3. 打到體積變成3倍大。

4. 用完全乾淨的碗打蛋白。

5. 當蛋白變成泡沫時，撒入糖。

6. 蛋白的份量會發成4倍。

7. 蛋白糊完成時會形成柔軟的尖峰。

8. 輕輕地將蛋白糊拌進蛋黃糊中。

9. 再倒進一半的麵粉。

10. 剩下的蛋白和麵粉由下翻上拌合。

11. 立即將麵糊倒入模具。

12. 模具只需填到3/4滿。

13. 蛋糕在架上冷卻10分鐘,再剝除烘焙紙。

14. 先上一層薄薄奶油霜,稱為 crumb coat。

— *Cooking Tip* —

如何把烘焙紙剪成圓形

　　方形的烘焙紙先對摺再對摺變成正方形,然後以正方形的一角為軸心由一邊摺向另一邊,兩邊對齊摺出三角形,就像在摺紙飛機,(如果你打開紙張,正方形的一角正好是紙的正中心)。繼續摺出三角形,直到三角形兩邊都快碰頭了。三角形的頂點放在烤模的中心、尾端碰到模具邊再用手指壓住,用剪刀或刀子將超出鍋邊的部分剪掉。攤開烘焙紙,它應該是圓形。如果烤具是空心烤模,在攤開之前,將三角形尖端部分放在中間,對著孔洞邊緣再剪一刀,讓圓形紙中間露出一個洞。

香蕉藍莓麵包 / 一條 8 吋（20公分）麵包

當我決定要在這裡放哪一種麵糊麵包時，我只是結合了我最喜歡的麵糊麵包和馬芬蛋糕。我一開始就將基本麵糊的比例設定為液體和麵粉的重量比例，再把蛋的份量減半，然後縮減液體的分量，再加入水分很多的香蕉。

材料

- 2杯（280克）中筋麵粉
- 2茶匙泡打粉
- 半茶匙小蘇打粉
- 猶太鹽
- 3大顆雞蛋
- 1/4杯（60毫升）酪奶
- 1/3杯（65克）糖
- 1/4杯（60克）奶油，預先融化
- 2根香蕉，磨成泥
- 1茶匙香草精
- 1茶匙檸檬皮末
- 1杯（140克）藍莓，與1湯匙麵粉拌在一起

做法

烤箱預熱到180℃（350℉／gas4），取一個8吋（20公分）的長條型烤模，用奶油或蔬菜油先塗上一層。

麵粉、泡打粉、小蘇打及1茶匙鹽放入中碗裡拌合，而蛋、酪奶、糖、融化奶油、香蕉、香草和檸檬皮放入大碗裡攪拌均勻。再加入粉類食材，用打蛋器攪拌均勻後，再拌入藍莓。

麵糊倒入準備好的長條模具中，放入烤箱烤1小時，烤到用刀子或牙籤插進麵包拿出來時乾淨不沾。把麵包連同烤模拿到架子上放涼15分鐘後，再把把模具翻過來將麵包脫模，放在架子上放涼。

做好的麵包包好後可在室溫儲藏約3天。

巧克力奶油霜飾

/ 5杯（1.2公升）奶油霜

你只要做過這棒透的調味品，就會對去賣場買人工調味霜的行為感到羞愧。法式奶油霜與義式奶油霜的不同處，在於法式用蛋黃而不用蛋白，義式奶油霜就是你在花俏蛋糕上看到的白色霜飾。德國的奶油霜用的是奶蛋餡，就是濃稠的香草醬。這些奶油霜都很棒，但是我喜歡放了蛋黃味道濃郁的霜飾。

材料

- 3杯（150克）糖
- 6大顆蛋黃
- 1大顆雞蛋
- 2杯（455克）奶油，放室溫，先切成30塊
- 2茶匙香草精
- 170克半甜巧克力／純巧克力／苦甜巧克力，融化，稍微冷卻

做法

小型醬汁鍋放入糖和1/2杯（120毫升）的水，高溫煮滾後再煮3至5分鐘（糖漿的溫度應在112℃到115℃／230℉和240℉之間，如果你有測糖專用的溫度計，請用溫度計確定）。

一面做糖漿，一面將蛋黃和全蛋放入攪拌機的攪拌盆以打蛋器開高速攪打，打到蛋液脹到三倍量，所花時間應該和煮糖漿的時間一樣。

持續打蛋，一面將糖漿慢慢倒進打好的蛋裡，繼續攪拌8至10分鐘，直到攪拌盆從外面摸起來已經變冷了。降低速度到中速，加入一塊奶油，等到奶油融合，再把剩下的奶油一次一塊慢慢加入。奶油加入後看起來好像油是油、蛋糊是蛋糊，但是持續攪打就會融合。

所有奶油都均勻拌合了，加入香草精和巧克力，攪拌機的速度開回高速，一直攪打直到奶油霜融合均勻（會從明顯顆粒狀及噁心的狀態變成滑順濃厚的狀態）。

奶油霜放涼至室溫，再替蛋糕塗上霜飾。

1. 糖漿煮滾後再煮3至5分鐘。

2. 攪打蛋黃直到分量脹成三倍。

3. 糖漿加入蛋黃中繼續攪打。

4. 蛋糖糊一面冷卻，一面準備最後的成分。

5. 攪拌盆摸起來不燙了，每次再加入幾塊奶油。

6. 加入融化且稍微冷卻的巧克力。

瑪琳的約克夏布丁 / 6到8個布丁

瑪琳・紐威爾（Marlene Newell）負責測試這本書的全部食譜（也監督第二次的測試人員），她認為這道料理最好用非常熱的烤箱來做。請確定烤箱很乾淨，以免烤到一半連自己都被焦煙嗆出廚房，不然就要把溫度降低一點。如果你沒有烤熱脹泡芙的烤杯，也可以用烤馬芬蛋糕的烤杯，或者也可用塗上熱牛油的大烤盤——布丁會膨脹成一個泡泡，再戲劇化地消下來。

材料

- 1杯（140克）中筋麵粉
- 1茶匙芥末粉
- 4-5顆大雞蛋
- 1杯（240毫升）全脂牛奶
- 6茶匙植物油或牛油

做法

將麵粉和芥末粉一起過篩到大碗中，加入蛋和牛奶。用手持攪拌棒高速拌到完全混合，麵糊靜置2小時左右，期間每隔一段時間就再拌一下。

烤箱預熱到240℃（475℉／gas 9）。

每杯烤模裡放入1湯匙植物油，烤模放到烤盤上，再滑入烤箱先烤幾分鐘，烤到油都滾燙。

拿掉烤盤，麵糊平均倒入烤杯中，倒約3/4杯滿就可以，再把烤杯放入烤箱烤，把燈關小，你就可以看到麵糊脹大的樣子。大概烤10分鐘後，烤箱溫度降到230℃（450℉／gas 8）。烤箱門關著繼續烤大約15到20分鐘，烤到布丁都發起來，顏色金黃，中間很燙，即可食用。

巧克力淋醬 / 3/4杯（180毫升）

材料

- 85克奶油 85克，切成3塊
- 85克半甜巧克力／純巧克力，預先融化

做法

奶油拌進巧克力直到完全均勻，室溫放涼。用勺子舀到蛋糕上面，讓多的巧克力自然流下蛋糕四周。

熱脹泡芙／4個

熱脹泡芙和約克夏布丁

熱脹泡芙實在太愛現了，就像它的名字一樣，從烤模裡爆出來的樣子就像女郎從蛋糕裡跳出來，這都是因為麵糊裡的水遇熱蒸發的關係。要做熱脹泡芙的麵糊，需要麵粉和水完全結合，所以最好在送烤前至少1小時就要做好攪拌麵粉的動作。如果等不及，這道食譜雖也做得出來，但我覺得還是要讓熱脹泡芙先靜置一下才好——才會達到外酥內軟的效果。

想做最棒的鹹味料理，試試傳統的約克夏布丁，它一樣用熱脹泡芙的麵糊，只是倒入塗著牛油的烤具中（或者倒入塗著融化牛油的烤杯裡）。

熱脹泡芙配上果醬、蘋果奶油或蜂蜜，是禮拜天早上最棒的早餐。它們在小烤杯上用火烤著是最具戲劇化的時刻，但你也可以用半杯（120毫升）的焗烤盅來烤。

材料

- 1杯（240毫升）牛奶
- 2大顆雞蛋
- 淺淺1杯（120克）中筋麵粉
- 猶太鹽
- 4湯匙（55克）奶油，預先融化

做法

碗裡放入牛奶、雞蛋、麵粉和半茶匙的鹽，用打蛋器或手持攪拌棒拌到均勻混合。讓麵糊在室溫下靜置1小時（或放在冰箱過夜，要烤前再拿出來，先回溫至少30分鐘再送烤）。

熱脹泡芙烤杯放到230℃（450℉／gas 8）的烤箱中預熱。

大概10分鐘後，拿出烤杯，在每個杯子裡加1湯匙融化奶油，再填入麵糊，倒滿3/4杯就可以了。放入烤箱烤10分鐘，再把烤箱溫度降低倒200℃（400℉／gas 6），繼續烘烤20分鐘，烤到熱脹泡芙顏色金黃中間燙。完成移出烤箱食用。

10

糖 SUGAR

由簡到繁

糖是廚房裡最重要也最複雜的食材之一。它重要不只因為它具有讓東西變甜的強大能耐，也因為它在烹煮麵糊和麵團時會影響結構。

此外，糖在溫度劇烈變化時，型態變化比其他單一食材更多元。糖加熱到115℃（240℉）後再降溫，會變得乾淨有延展性。溫度再高一點，就會變得完全堅硬而清澈。再把溫度升高到150℃（300℉），糖會開始褐變，或說焦糖化，慢慢帶著複雜的風味。這個清澈帶著琥珀色的糖漿倒入焗烤盅，就會硬得像玻璃，但是塗在熟的卡士達醬上，它就會融化，把焦糖布丁顛倒放在盤子上，糖漿會像小瀑布一樣垂落卡士達周圍。把乳製品加在焦糖化的糖漿中，你就有了濃稠滑動的焦糖醬。加入奶油，再把醬汁多煮一下，就會變成甜甜的太妃糖。

糖是對矛盾的研究。把糖加熱最後成品就是硬的，無論這成品是餅乾還是糖果；但是糖結凍的結果反而會變軟，所以糖是冰淇淋柔軟的原因，不是脂肪（請想想水和奶油在冰凍狀態下是多麼硬）。這也是檸檬方糕（lemon bar）吃起來不是硬梆梆一塊，而是帶有愉悅嚼感的原因。糖具有對立的關係，在烤肉醬裡與醋結下姻緣，讓豬肉都唱起歌來（見p.94），更別提聖代上的焦糖也對鹽張開歡迎的大門（見p.25）。

糖一旦融在食物裡，影響遠遠比讓食物變甜更深遠。它會吸引水，與水結合，不然水可能會被麵粉吸乾。它有親水性，可以讓餅乾酥脆，保持烘焙物的濕潤度。糖對麵筋的起酥也有貢獻，會讓烘焙物鬆軟。糖也可以防止冷凍甜點結晶。若想減少食譜中糖的份量以降低熱量，你手上拿的可能就是一團爛泥漿。糖可以幫助食物結合在一起，析出水果的水分，成為具有水果風味的濃縮糖漿。把糖盡情地撒在草莓上，不到一小時，你的草莓蛋糕就有了美味的淋醬。

小心控制糖的溫度，在溫熱與高溫間，你就創造了如褐色玻璃般複雜迷人的雕塑品。

那個擺在咖啡和奶油旁邊的東西，那個裝在碗裡毫不顯眼的白色物體，怎能不說它是奇蹟呢！

在很多方面上，駕馭糖的方法全在平衡，無論是菜餚的味道，還是與結構相關的食材，如麵粉、蛋和奶油，或其他有風味的食材，特別是酸性食材都是如此。

在當上廚師前所學的重要技巧中，平衡味道是最重要的。糖常常加進醬汁和燉菜裡，讓菜餚變得飽滿且平衡酸度。當你評斷每道菜時，都該將甜度考量進去。好比，醬汁裡加一點糖，味道會不會更好？不確定的話，用湯匙舀一點糖試試看。如果食物加了鹽，你就不該吃到糖的味道，也不該讓糖太搶味，你不會想讓鹹味醬汁變成甜點醬汁。說明糖的平衡能力，油醋醬是很好的例子。標準的油醋醬，雪利酒醋和油脂的比例要3：1，加入紅蔥頭末和一點第戎芥末醬後再加一點紅糖或蜂蜜，再試試看味道。烤肉醬和屬於法式技巧的糖醋醬（如gastrique和aigre-doux）做的都是又酸又甜的鹹菜，這就有賴醋和糖之間的強烈平衡。

替菜餚調味時，白糖只是眾多選項之一。紅糖和蜂蜜也是很好的調味選項，還有新加入的朋友，龍舌蘭蜜，是從龍舌蘭萃取出來，如今在賣場都可買到。

白糖看起來平淡普通，但放在水裡或與熱共同作用，就成為厲害角色。白糖一經烹煮，散發各種香氣味道，層次複雜有深度。學習糖的基本用法，特別是在烘焙及糕點方面，可使你成為更有自信的廚師。

焦糖醬／1又3/4杯（420毫升）

只用糖和奶油做成，焦糖醬是糖的最佳再現。我是吃冰箱門上的那罐市售焦糖醬長大的，我總會找到開罐器把蓋子打開，卻怎麼也不明白為什麼屬於我的，製造這麼多歡樂的美味焦糖醬一下子就沒有了。焦糖醬就像把糖煮化一樣簡單，只不過要煮成琥珀色，然後加入相同分量的奶油，再把鍋子放入水中隔水冷卻，等糖漿溫度下降些就成了溫熱的焦糖聖代，如果不想冰淇淋隨醬融化，就要讓它完全冷卻。

技術上來說，你不需要鮮奶油，只要有糖、奶油、水就可以做出很好的焦糖醬，這些東西隨手就有，可以在最後一刻準備。

焦糖醬可以加以變化，比方用紅糖來做焦糖醬。煮紅糖時加入一半份量的奶油，煮到變成褐色起泡沫，再加鮮奶油，用幾滴檸檬汁和鹽調味，你就有了令人讚嘆的蘇格蘭奶油醬。

它也不只是冰淇淋的淋醬，你可以做焦糖胡桃冰淇淋（見p.354），也可以拿來突顯焦糖巧克力塔的風味，或淋在蛋糕或布朗尼上。

焦糖用在鹹味料理上也很棒，沒有理由不可以把烤肉醬裡的糖換成焦糖，或者把焦糖加到醬汁裡做成味增醬燒豬肉（見p.187）。

做焦糖是基本廚藝，有兩種方式：糖直接煮化後在鍋裡自然乾；或者加適量的水把糖煮到像潮濕的沙子。兩個做法都很好，但我喜歡加水的那種，因為我覺得開始加一點水煮化糖再把水煮掉，會給我多一些餘裕控制狀況。請克制過度攪拌的衝動，不管是直接煮化或加水煮化，攪拌會讓糖結塊變成一顆顆小石子。如果發生這情況，請耐心一點——糖塊最後還是會跟著其他糖一起煮化的。等糖煮熱了才再用矽膠刮刀或扁平木鏟攪拌。

焦糖雖然簡單，但有一點一定要注意。糖的溫度可以很高，高到像油溫一樣，如果潑到身上，狀況比油更糟，它會像柏油一樣黏住。廚房裡有些最嚴重的燙傷就是糖造成的，所以千萬要小心。煮糖最好用周圍較高、材質較厚的醬汁鍋（外鍍搪瓷的鑄鐵鍋是不錯的選擇）。放入其他成分時請小心，像加奶油時，一碰到糖，有些水分會立刻蒸發，幾秒內，糖就變成一顆顆泡泡隨著蒸氣猛冒上來。最好一旁就有水源，無論是水龍頭還是一盆水都好，以防萬一。（如果你覺得糖要燒起來了，趕快把鍋子移到水裡冷卻，也是避免焦糖煮過頭的好方法）。最後，千萬別把正在煮的糖就放在爐台上不管了。

以下列出的食材比例可以依個人所需加倍或減半。

材料

- 1杯（200克）白糖
- 1杯（200毫升）高脂鮮奶油，預先用微波爐加熱

做法

　　厚底小型醬汁鍋放入糖，如果需要再加入
3湯匙水，然後以中溫煮糖，不要攪拌，直
到糖煮化了開始變成褐色。這時候再用耐火
的湯匙慢慢攪動，煮大概5到10分鐘，直
到糖煮成琥珀色。小心地加入奶油（因為糖很
燙，奶油一接觸到糖就會沸騰，所以你才需要高邊鍋
子），立刻攪拌均勻。讓醬汁放涼再使用，或
者可以放到冰箱密封保存，保存期可達2星
期。如果醬汁太硬，可以用微波爐稍微加熱
一下。

簡易焦糖奶油醬 / 1/2杯（120毫升）

如果你沒有鮮奶油，卻仍然想做焦糖醬，請試試看這道只需要糖和奶油的食譜。我用直接煮化的方法來做焦糖醬，但如果你想在一開始煮糖時加一點水也可以。

材料

- 半杯（100克）糖
- 4湯匙（55克）奶油

做法

糖放入厚底小型醬汁鍋用中溫煮，不要攪拌。當邊緣開始融化變成褐色時，輕輕搖晃鍋子讓糖均勻，或者輕輕地拌一下。當糖變成深琥珀色時，加入奶油，接著再放入1/4杯（60毫升）的水，然後攪拌直到泡泡消退。繼續小火煮1分鐘左右，關火，醬汁倒入耐熱容器放涼。奶油醬可以放入冰箱密封冷藏，保存期可達2星期。

檸檬萊姆冰沙 / 3.5杯（840毫升）

糖是冰沙的關鍵，不僅在於平衡強烈的酸味，也讓冰沙柔滑。如果和糖比起來水用得太多，冰沙就會像冰棒那樣硬。為了口感，我還加了一些酒。我爸愛喝琴酒，這就是它出現在這裡的原因。但如果你一定要改，也可改用伏特加。

材料

- 1杯（200克）糖
- 半杯（120毫升）萊姆汁，約4個萊姆的量
- 半杯（120毫升）檸檬汁，約2到3個檸檬
- 1/3杯（75毫升）琴酒（自由選用）

做法

糖和2杯水（450毫升）放入中型醬汁鍋以高溫加熱，煮到小滾，煮的時間不用太長，只要糖能融化就好。加入萊姆汁、檸檬汁和琴酒（如果有用的話）。糖水放入冰箱完全冷卻，然後用冰淇淋製冰機冷凍。至少要凍4小時，才可轉放入容器或食用。

焦糖味噌醬 / 1杯（240毫升）

這道食譜有很多食材，但關鍵角色是焦糖醬和味噌。味噌是用米、大麥和大豆（也有沒放的）做出的發酵醬料，很多鹹味料理都靠它大大提升風味及深度，是日本料理的主要食材。高湯的功用在融合所有食材，而醋則平衡了焦糖和味噌的甜味。白味噌比一般味增來得甜也不那麼鹹，可用來燉煮豬腹肉（見p.285）或任何豬肉料理。

材料

● 1湯匙奶油

● 1湯匙紅蔥頭末

● 1茶匙蒜末

● 猶太鹽

● 新鮮現磨黑胡椒

● 1杯（120毫升）煮豬肉的湯（見p.285），可用豬高湯或雞高湯

● 1/4杯（60毫升）焦糖醬（見p.184），或簡易焦糖奶油醬（見p.186）

● 2湯匙白味噌

● 3湯匙紅酒醋

● 1湯匙醬油

● 1湯匙魚露

做法

用小煎鍋以中火融化奶油，加入紅蔥頭和大蒜炒到半透明。用少許胡椒及一撮鹽調味（2隻手指捏起的量）。加入高湯、焦糖醬、味噌、醋、醬油、魚露。煮到湯小滾，再煮30秒左右後離火。煮好的醬料可以立刻使用，或者放冰箱冷藏，可保存2天。

太妃奶油天使蛋糕／12人份

小時候，每年生日媽媽都會為我做這個蛋糕。它一直是我的最愛。如果真有一種能撫慰人心的甜點，這個軟綿綿又鋪著滿滿太妃糖和鮮奶油的天使蛋糕，應該就是了！

我沒有中間有根管子的蛋糕模，即使有，也不會拿它來做這個蛋糕。我用的是活動式的圓形烤模，可以把蛋糕輕而易舉地從鍋子裡拿出來——對於非常黏的天使蛋糕麵糊來說，脫模可不是件小事。先把麵糊倒入烤模，再用玻璃杯壓進麵糊裡，底部朝下壓進中心，麵糊會順著玻璃杯周圍上升。如果你喜歡中空蛋糕模，先再底部鋪上烘焙紙。

太妃糖材料

- 半杯（100克）砂糖
- 半杯（115克）奶油

蛋糕材料

- 1.5 杯（300克）砂糖
- 淺淺1杯（120克）低筋麵粉
- 10大顆雞蛋
- 半茶匙塔塔粉
- 1湯匙檸檬汁
- 2茶匙香草精
- 猶太鹽

奶油霜材料

- 2杯（480毫升）高脂鮮奶油
- 1到2湯匙紅糖
- 1茶匙香草精
- 1茶匙Frangelico榛果香甜酒（自由選用）
- 55克半甜巧克力，切碎備用

做法

製作太妃糖：木質砧板上放上長寬各38公分的烘焙紙或其他可隔熱的墊子。砂糖和奶油放入小醬汁鍋用中溫加熱。當奶油開始融化，就要開始攪拌讓糖均勻。煮奶油糖漿的泡沫會非常大，沉在鍋底的糖會褐變，所以只要看到糖漿的顏色變成焦糖色，就要稍微攪拌一下。攪拌5到10分鐘後，奶油糖漿倒在紙上，完全放涼。如果奶油有點油水分離，請別擔心。

製作蛋糕：烤箱預熱到180℃（350℉／gas 4）。

麵粉和3/4杯（150克）的砂糖用食物攪拌機攪動幾次後放旁備用。再把蛋白放入攪拌盆以攪拌棒高速打發，一面打，一面加入塔塔粉、檸檬汁、香草和一撮鹽（三隻手指捏起的量）。慢慢倒入剩下的糖，打到蛋白出現柔軟尖峰，把攪拌盆從機器上拿下來，加入糖和麵粉混合物拌合均勻。麵糊倒入準備好的模具，用烤箱烤40到50分鐘，烤到用長籤或小刀插入拿出時上面是乾淨的。把烤模拿出來，中間的玻璃杯剛好可倒扣在瓶子或其

他適合的架子上，讓蛋糕顛倒放涼1小時以上，然後再脫模。

製作奶油霜：鮮奶油、紅糖、香草和榛果香甜酒（如果使用的話）放入攪拌盆裡，用攪拌棒以高速打到鮮奶油成型。

隨便切碎太妃糖，留2湯匙太妃糖，其餘全部拌入鮮奶油。蛋糕脫模，平刀切兩半，就可做雙層蛋糕。下面一層的切面塗上鮮奶油，再疊上上面那層，蛋糕頂部做好霜飾，撒上剩下的太妃糖和巧克力碎就大功告成。

1. 一開始先打蛋白。

Cooking Tip

蛋糕最好提前做好放室溫，鮮奶油則放在冰箱。要吃時，再將太妃糖拌進鮮奶油裡，再依照指示替蛋糕霜飾。

2. 陸續加入糖、檸檬汁、塔塔粉。

3. 高速攪拌。

4. 蛋白尖峰出現後就停止攪拌。

5. 拌合麵粉。

6. 輕輕倒入蛋糕烤模。

7. 你可以用中空烤模,或用活動圓鍋和玻璃杯代替。

8. 蛋糕烤好時呈金黃色。

9. 蛋糕倒扣放涼。

10. 奶油和糖煮在一起做太妃糖。

11. 當呈現焦糖色時就可倒在烘焙紙上。

12. 有些奶油脂肪可能會流出。

13. 把太妃糖隨便剝碎，切成小塊。

14. 用混著太妃糖的奶油霜將蛋糕周圍塗上一層。

15. 最後撒上切碎的太妃糖和巧克力做裝飾。

糖漬橙皮 / 50到60根（1根5公釐寬）

　　我喜歡糖漬柳橙皮，因為它用的材料是我們平常丟掉的東西，當然也因為它很好吃。你可以在橙皮條上撒一層糖裝飾，也可沾上融化巧克力。我喜歡橙皮保有一些口感及咬勁，所以在汆燙後，我只把裡面的白膜去掉一點。如果你喜歡柔軟口感，可以削掉所有白膜。

材料

- 2個柳橙
- 1杯（200克）砂糖
- 裝飾用糖粉或融化巧克力

做法

　　先在柳橙上劃4到5刀，要深及肉。把柳橙的皮從頭到尾切下來，保留皮，而肉另做他用。皮切成寬約5公釐的長條，或切成你想要的形狀。

　　煮沸一大鍋水煮，柳橙皮汆燙60秒後用濾網撈起放在冷水下沖。為了減少白膜上的苦味，你可以重複汆燙過水的程序一到兩次。

　　橙皮、砂糖和1杯水（240毫升）放入醬汁鍋，以中火煮到小滾，然後用小火煮橙皮1小時左右，中間要攪拌一到兩次，煮到皮也熟了，糖漿也都煮透了。然後將皮攤在架子上一整碗，自然放乾。

　　橙皮滾上一層裝飾性糖粉或沾上融化巧克力。放在密閉容器中可保存2週。

1. 糖和水比例1:1的糖漿煮橙皮。

2. 放置8小時或隔夜讓它乾燥。

3. 橙皮滾上裝飾糖粉。

4. 完成後的橙皮。

醬汁 SAUCE

不只是附帶！

家裡做的菜和好餐廳做的料理吃起來總有不同，最主要的因素就在餐廳都是使用自己熬的高湯。這也是為什麼高湯會稱為 fond de cuisine「料理基礎」的原因。也許還有人說，醬汁才是大廚上的菜和你做的菜的主要差異。

廚藝學校冒險之旅的途中，我開始注意到醬汁的用途怎麼這麼廣。**每樣東西**都放了醬汁，沒有一樣不是。你根本**想不起來**有哪道菜沒有用醬汁搭配，不論是餐前小點心、開胃菜，還是主菜，甚或是甜點，就連湯裡都放了醬汁！就像堅果奶油咖哩湯總添上一坨法式酸奶油，那不就是了嗎！醬汁是最後提味，是濃郁的原因，柔滑的關鍵，帶著酸度刺激食欲，還增添最後盛盤的視覺美感。

基於這個原因，「醬汁另外放」這個要求會把大多數廚師逼瘋。醬汁是料理的基礎成分，不是附件，這就是你應該對醬汁保有的想法。加入醬汁，放進原本味道就還不錯的菜餚裡，多了濕潤、調味、顏色，這道菜才算完成。這就是你把好菜變成人間美味的方法。

在高級餐廳，醬汁通常是以高湯為基底，雖然有些主廚將湯底醬汁視為絕技，但它只是整個醬汁家族的一個分支。只要你有一點高湯，你與美味醬汁只差一步。但如果手邊沒有高湯，也不至於毫無醬汁可用。

奶油就是已經做好的醬汁，加點第戎芥末醬配上烤雞就很美味。你還可以加入各種味道使它更豐富（見 p.137 的調和奶油）。還有鮮奶油，它是奶油之母，與醬汁也只有一步之遙，只要加入紅蔥頭、胡椒和干邑白蘭地等調味品就是醬汁，也可拌入焦糖化的糖，就是搭配甜點的醬料。

Salsa crudo 是可配各種食物的醬汁，美味簡單，材料只是番茄丁配上洋蔥和萊姆（見 p.332 的海鮮玉米餅）。

以油糊（roux）做成的濃醬在醬汁中自成一個類別。高湯可以用油糊勾芡，牛奶也可加油糊濃縮（請見「13. 湯：最簡單的大餐」），而稠化的高湯和牛奶還可衍生出其他無數醬汁。

油醋醬很重要，必須另闢一章說明（見「12. 油醋醬：第五母醬」）。

還有像美乃滋（見 p.118）和荷蘭醬（見 p.208）這類乳化醬汁，以油和奶油為

底，但做法遠比外在印象更容易。

　　果菜泥也是極好的醬汁（見p.248的香煎干貝佐蘆筍）。最棒的萬能醬汁是番茄泥，它和世上所有的義大利麵都很相配；番茄也是做燜燒菜的完美媒介，特別是你手邊沒有高湯的時候。一般而言，燜燒燉煮這類烹飪方式都可利用烹煮過程中產生的副產品做出自己的醬汁，就像搭配燜燉小牛胸的醬汁（見p.348），實際上就是某種你在餐廳吃到的濃醬──也就是將湯汁濃縮後的肉汁。

　　我在這裡介紹主要的醬汁類別，包括：鮮奶油醬汁、乳化奶油醬汁、蔬菜醬汁和番茄醬汁。

　　首先是「鍋燒醬汁」（pan sauce），以及其他不需要高湯也不需長時間烹燒的醬汁技巧。鍋燒醬汁是用同一鍋煮肉做出來的醬汁，是最後的料理程序。這些醬汁可以為各色菜餚增添美味，效果就像類固醇增強你的廚藝肌肉一樣。最後配菜用的醬汁是需要學習的寶貴技能，可為你的菜加分。廚師只要多費點心，就擁有一份統合全部食材味道的萬靈丹。趁著烤雞靜置，正是做鍋燒醬汁的好時間，這時也是教導我們各種課程的好時機，讓我們知道醬汁是如何作用。第三章討論的水，正是把煮蔬菜和烤焦黏在鍋底的蛋白質味道引到鍋中的主要工具。而酒是另一個盟友，提供立即的風味及酸度，這正是醬汁的所需之物。煮醬汁的時候，對烹飪的講究及工具都會限制你的掌控，但大多數情況下，你只需要理解幾個基本概念。

　　首先是當你把肉拿出鍋子，鍋裡還裝著些可以做成醬汁的好味道。就拿雞來說吧，雞皮會黏在鍋底，雞皮大多是結締組織、蛋白質，還有增添醬汁濃度的膠質。皮的焦褐色部位提供了風味，而在烹飪過程中釋放的肉汁會收在鍋中褐變，還有油也會逼出來，你加在雞上的鹽或其他調味也會留在鍋裡。

　　所有這些東西都為你所用，你只需要加水燒開，把這些混合物煮一點下來，你就有了美味湯汁。

但你可以做得更好。首先，在加入任何東西前，先確定所有肉汁都煮進鍋裡，雞皮都褐變了，油脂也都乾淨了，這表示水分大多已煮乾。

根據烤雞的種類及大小，你也許不需要全部逼出來的油，倒掉大部分只留下幾湯匙，真可惜，你只能留下這樣。不過仍很美味，你可以用這些油來做菜，做**泡芙麵團**的油脂，而泡芙麵團還可以搭配雞肉或做成餃子。

鍋子放回爐上加熱，加入洋蔥絲，如果你趕時間，就把洋蔥煮到剛好出水，如果還有時間，就把顏色煮深一點，這會讓洋蔥的甜味多帶一些複雜度。

現在你把各種味道鎖在鍋裡，加入1杯水（240毫升）把這些味道變成湯，再萃取出更多風味。這叫作「洗鍋底收汁」（deglazing），意思是將鍋底的油脂和味道通通收起來做成淋醬。把水煮開，雞皮上的胺基酸和洋蔥上的糖分會立刻被熱水萃取，當水快燒掉醬汁越煮越濃時，美味分子會留在鍋裡繼續褐變，風味也越來越重。當湯水幾乎快煮乾，油脂開始劈啪作響，洋蔥變得更加焦黃，此時要繼續攪拌鍋裡的東西，並再加1杯水（240毫升）。把水煮到小滾，你的雞就有了味道甜美的鹹醬可供搭配。你可以用一個湯匙抵住煮料，然後把醬汁從鍋裡倒在雞上。

現在我們已分解了基礎鍋燒醬汁的關鍵動作，接下來可以開始加入更多風味。

● 第一次的洗鍋底收汁，可以用白酒代替水。

● 洗鍋底收汁的動作可以做三次。

● 用酸味替醬汁最後提香：可加紅酒或雪利酒醋或擠一點檸檬汁。

● 加幾湯匙魚露提鮮。

● 加入提香料：如巴西里、龍蒿或蝦夷蔥等新鮮香草，或加入一湯匙鹽漬檸檬碎（見 p.32）。

● 可以在熱油裡加入幾種提香料和洋蔥絲一起炒。先將胡蘿蔔用刨絲刀刨成細絲，讓風味萃取得快一些，然後加入洋蔥裡。再加入一兩瓣大蒜泥、胡椒粒、一片月桂葉、一些百里香，還有一湯匙番茄糊或泥（這樣就是

在製作自己的迷你版雞高湯！）。

● 雞的零碎部分要一起放入，像雞翅、雞脖子、雞胗、雞心（不要雞肝），在烤雞之前就放入，或在第一次洗鍋底收汁時加入。

很快的，這些程序對你來說都會過於簡單，一定會想做更好的醬汁。在最後一次洗鍋底收汁時，把醬汁壓進細目濾網過濾到小鍋中，這就是非常細緻的醬汁。你還可以再改進它，拌入一些奶油讓它更濃郁，口感更豐美。過濾前在鍋中加入少許紅蔥頭末讓它出水，用幾湯匙奶油醬／奶油麵糊（beurre manié）[1]或玉米粉調整濃度。香草切碎末拌進去也是一種方法，常用的美味香草組合包括：巴西里、龍蒿、水芹菜和蝦夷蔥。最後請再試試醬汁的味道，以確定調味及酸度。

一旦你這麼做，就會發現這套技巧適用於任何肉類，只要離鍋時鍋裡還留有一些褐變的蛋白質和油脂。家庭廚師總以為要做很棒的肉底醬汁，必須花上整個週末在超大的高湯鍋和蒸骨鍋前勞苦奔忙，之後還有堆得老高的水槽等著。這不是真的，只要一些水和燒肉的鍋子就足夠了。

傳統的荷蘭醬是令人陶醉的備料，毋須害怕。就像美乃滋，荷蘭醬也是乳化醬汁，靠著濃郁蛋黃的幫忙，將大量奶油乳化入小量液體。很多食譜只用檸檬汁增添風味，但在法國名廚艾斯可菲陳述的版本中也會放濃縮醋，不但增加一些複雜深度，也是最後提香。

濃縮醋基本上是高湯的迷你版，在做醬汁前可以利用醋和提香料很快準備好，然後再加入水還原。

以蔬菜為底的醬汁也很好。把蘑菇碎和紅蔥頭快速煎一下，用鹽和胡椒調味，再用白酒洗鍋底收汁，加入適量的水，讓所有食材融合，最後加入一小塊奶油，你就有了可以搭配大比目魚、香煎雞肉或烤肉的美味醬汁。

---

[1] 奶油和麵粉以分量1:1揉成的麵糊。

擠一點檸檬汁或加少許咖哩更是刺激提味。

　　番茄醬汁不僅是極佳的萬用醬汁，也是很棒的烹飪媒介。我懷疑它不是不能夠在家準備，而是因為番茄醬製造商的重度行銷。你無法在最後一分鐘才做番茄醬——讓它融合最快也要一小時——但番茄醬汁十分簡單，只要食材放入鍋裡就自成美味，只比煮化番茄泥多點工夫。你可以為它加味，也以讓它變得更濃郁，或用任何方法讓它變得更複雜。

　　我最喜歡的番茄醬汁是只用李子番茄（又稱為羅馬番茄）、洋蔥和奶油做的。成果是非常爽口的醬汁，不管放進義大利麵或作燜燒燉肉的湯汁都很棒。如果想讓醬汁多點複雜深度，我會用小烤箱或炭烤爐把番茄先炭烤一下。至於這裡的食譜，你可以用熱烤箱烤20分鐘，也可以先用炭烤爐烤一下，就可以做成煙燻番茄醬汁。冬天，又好又新鮮的番茄很少，我就會用整顆的罐頭番茄（我喜歡 Muir Glen 有機番茄和 San Marzano 番茄）。

　　如果用硬梗香草（有硬莖的香草）替番茄醬汁調味，如奧瑞岡或馬鬱蘭，要在開頭就放入香草（用廚用棉繩綑成一束，方便之後拿掉）。如果使用巴西里這種軟梗香草，最好在上桌前加入，味道正是鮮活（這種香草一經過煮，風味就會散失）。

　　下列食譜是醬汁可快速拌合的例子，多半不靠高湯就能製作，只有一個例外。

烤雞鍋燒醬汁 / 3/4杯（180毫升）

這道醬汁絕大部分要靠原本烤雞鍋子留下來的風味（完美烤雞的做法請見 p.266）。烤雞靜置時，就是做醬汁的時候。做好上桌時有著質樸平實的風格，或者你也可以多花些工夫提升它的層次。如果你手邊有新鮮雞高湯，用它代替水就可做出極其濃郁的醬汁，但只用水做成的醬汁也很美味。

質樸風醬汁

- 半顆西班牙洋蔥，切細絲
- 1根胡蘿蔔，切細絲
- 半杯（120毫升）白酒

精緻版醬汁

- 2湯匙奶油
- 1顆紅蔥頭，切末
- 2茶匙新鮮龍蒿末
- 1茶匙新鮮巴西里末
- 1茶匙新鮮蝦夷蔥末

- 檸檬汁（自由選用）
- 2茶匙第戎芥末醬（自由選用）

做法

製作質樸風醬汁：將剛剛烤過雞的鍋子以高溫將剩下的雞皮煮1分鐘左右。讓肉汁煮化黏在鍋底，視需要倒掉大部分逼出的油，只留1、2湯匙。加入洋蔥和胡蘿蔔，用平匙攪拌讓蔬菜都沾上油。煮3到4分鐘，煮到洋蔥半透明。倒入酒洗鍋底收汁，把焦糖化的碎屑都刮下來，將酒全部煮掉（此時會開始油爆）。繼續煮1到2分鐘直到洋蔥和胡蘿蔔焦糖化。加入1杯（240毫升）熱水，再一次洗鍋底收汁，把水完全煮掉。當開始油爆時，攪拌洋蔥和胡蘿蔔直到漂亮地焦糖化，再加入1杯（240毫升）的熱水，然後濃縮到2/3的容量。

製作精緻版醬汁：當白酒和水都煮掉時，用另個小醬汁鍋以中溫煮化奶油，奶油一化開就加入紅蔥頭，慢慢煮到半透明，將鍋子離火。醬汁過濾到紅蔥頭裡，然後煮到小滾，再加入剩下的奶油，不停攪拌直到奶油與鍋中醬汁混合均勻。此時可拌入香草。（當醬汁在收汁時，你可以切雞腿，這樣砧板上就留有肉汁，再把它加入鍋燒醬汁中）。

如果你喜歡，還可加入檸檬汁或芥末。將烤雞擺盤，抵住鍋內煮料將醬汁澆在雞上，或用湯匙將醬汁舀在雞上。

1. 用美味油脂、雞皮、褐變過的碎屑和烤雞剩下來的肉汁開始做醬汁。

2. 加入洋蔥和胡蘿蔔。

3. 用酒洗鍋底收汁。

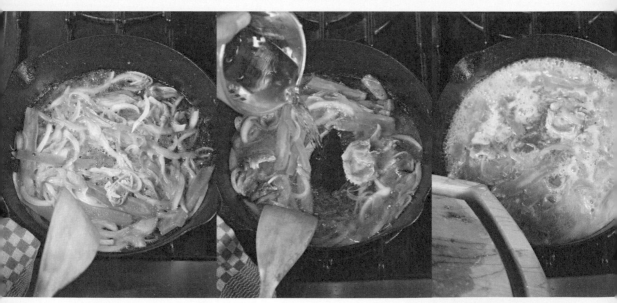

4. 食材焦糖化的時間越長，醬汁的風味越迷人。

5. 加水再次洗鍋底收汁。

6. 砧板上有任何雞汁都倒入醬汁。

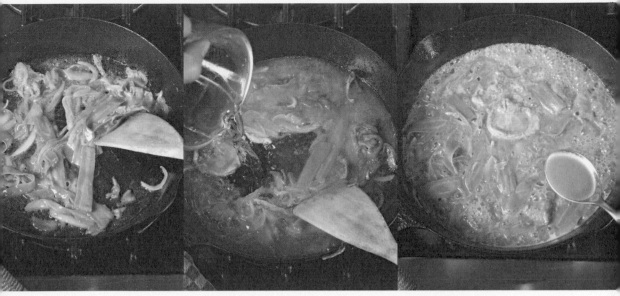

7. 煮掉水和肉汁。

8. 最後一次洗鍋底收汁。

9. 當水煮到小滾時，醬汁就好了。

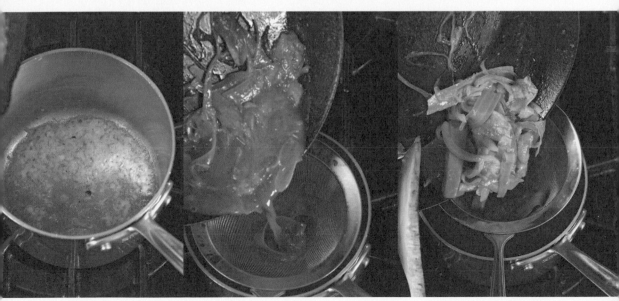

10. 如果想要醬汁更美味，可把紅蔥頭放入奶油中出水。

11. 醬汁過濾到紅蔥頭裡。

12. 丟掉洋蔥、胡蘿蔔和雞皮。

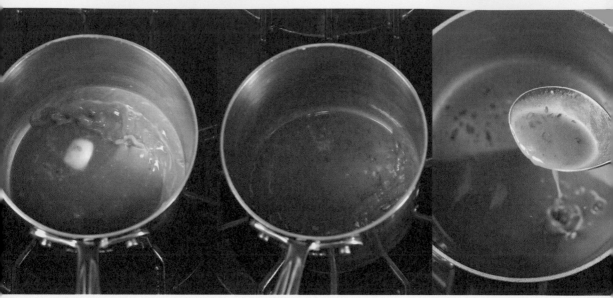

13. 醬汁煮滾加入奶油。　　　　14. 加入香草。　　　　　　　15. 完美的鍋燒醬汁。

荷蘭醬
1杯（240毫升）

荷蘭醬是奶油最棒的變型，可有多種變化。有史以來最棒的醬汁之一是在濃縮時先用乾龍蒿，待醬汁完成時再加入新鮮龍蒿碎。還有béarnaise白醬，是搭配牛肉最好的醬汁。或以檸檬汁簡單調味，做成適合蔬菜和魚的萬用荷蘭醬。

荷蘭醬有兩個製作階段：烹煮蛋黃和乳化奶油。煮蛋最容易的方法就是放在小滾的水中煮。如果直接烹煮就要小心別把蛋煮過頭。當蛋液充滿空氣溫度也夠高時，就要把鍋子離火拌入融化奶油。有些廚師會用全奶油持續加熱，但我覺得使用融化奶油比較好控制。

材料

- 1湯匙紅蔥頭末
- 10顆以上胡椒粒，壓碎
- 1片月桂葉，捏碎備用
- 1/4杯（60毫升）白酒醋或雪利酒醋
- 猶太鹽
- 1/4杯（60毫升）水
- 3大顆蛋黃
- 2到3茶匙檸檬汁，如需要可再加
- 1杯（225克）奶油，在可將奶油以細流倒出的容器中融化
- 開雲辣椒（自由選用）

做法

小醬汁鍋中放入紅蔥頭、胡椒子、月桂葉、醋及三指捏起的鹽以中高溫加熱。把醋燒掉讓鍋裡只剩潮濕醬料，加水煮到略滾，然後把醬料過濾到用來煮醬汁的中型醬汁鍋。

一大鍋水煮到小滾，然後在濃縮醋醬中加入蛋黃，握住醬汁鍋隔熱水加熱蛋液且持續攪打1到2分鐘，一直打到蛋液蓬鬆溫熱，再拌入2茶匙檸檬汁。

從滾水上拿開鍋子，打入奶油。一開始先打幾滴，然後以細流慢慢倒入，攪打到所有油脂均勻混合（如果醬汁中出現水狀的乳清並無大礙）。如果醬汁看起來有些粗糙不平，可以加幾滴冷水讓它變得比較平滑。如果醬汁油水分離（也就是由濃稠變出水），可將一茶匙水加入一個乾淨的碗或鍋，把油水分離的醬汁加入水中攪打，一開始先加幾滴，然後再以細流持續加入。試試醬汁味道，如果需要可多加些檸檬汁，也可以用開雲辣椒調味（如果選用的話）。醬汁用保鮮膜包好保溫，但不可以過燙。醬汁可在1小時前先做好，蓋上蓋子，要吃之前再重新溫熱。

簡易奶油醬

／ 3/4 杯到 1 杯（180 到 240 毫升）

最好做的醬汁之一就是奶油加上酒和香草調味，然後一直攪打到乳化成液體。在法式料理中，這稱為「白酒奶油醬」（beurre blanc），而且通常在奶油打入白酒時會加入一些變化（或將奶油打入紅酒做成「紅酒奶油醬」（beurre rouge））。傳統上，奶油醬是酒和醋的濃縮醬，事實上，這就是不加蛋的荷蘭醬，可以搭配油脂不夠的白魚，但也毋須把事情複雜化。你可以不加龍蒿，奶油醬就帶著質樸風格，但我喜歡龍蒿（巴西里、蒜苗或水芹菜都可以使用）。另外，這裡的版本是用已經煎過雞或魚的鍋子來做的。

材料

● 2 湯匙紅蔥頭末
● 半杯（120 毫升）白葡萄酒
● 半杯（110 克）奶油，切成 8 塊
● 2 湯匙新鮮龍蒿碎末（自由選用）
● 猶太鹽
● 2 湯匙檸檬汁

做法

從鍋中拿出肉或魚保溫。鍋裡加入紅蔥頭中溫出水約 30 秒，加入三指捏起的鹽，再放入酒和檸檬汁，醬汁煮到小滾濃縮到一半份量。溫度調到中低溫，拌入奶油攪打，一次一塊，上桌前再拌入龍蒿（如果有用）。

番茄醬汁

／ 3 杯（720 毫升）

自己在家做番茄醬汁，比你在賣場買到的罐裝番茄醬好太多，無論那些番茄醬有多少花樣。新鮮番茄醬可在家事先做好，甚至做好冷凍。它應是經常出現在菜單上的備菜。

材料

● 1 湯匙橄欖油
● 蒜末（自由選用）
● 1 顆西班牙洋蔥，切成中小丁
● 1.4 公斤李子番茄，去頭切梗，對半切備用。或 800 克罐裝李子番茄
● 2 片月桂葉，或 1 把新鮮奧瑞岡葉（自由選用）羅勒或其他軟莖香草
● 4 湯匙（55 克）奶油
● 猶太鹽

做法

大醬汁鍋以中高溫加熱橄欖油，加入洋蔥及大蒜（如果使用）讓它出水，加入三指捏起的鹽，拌炒到洋蔥變軟呈透明狀。

番茄倒入食物調理機或攪拌器，完全打成泥狀。再把番茄倒入醬汁鍋中（你也可以把番茄放入有洋蔥的醬汁鍋，用手持攪拌棒一起打成泥狀。加入奶油和月桂葉（如果使用），醬汁煮到微滾，然後將溫度降低至中低溫，煮 1 小時左右直到濃稠。試試味道並加鹽調味，上桌前加點羅勒即可食用。

雞肉醬汁或火雞肉醬

3.5到4杯（840到960毫升）

濃縮高湯做的法式醬汁對每日烹飪工作來說並不實用，所以我在家做的醬汁多半靠手邊現有的食材（如酒、奶油），或是做菜剩下的副產品（如雞皮或肉汁）。值得注意的例外是做肉汁醬（gravy），肉汁醬是家庭料理的招牌菜，但很多人都害怕做不好，特別是在享用大餐的日子，肉汁醬往往是必備料理。如果你有好高湯，做肉汁醬不過小事一樁。因為所有肉汁醬都是稠化過的高湯，所以肉汁醬要好，先決條件是高湯要好。因此你必須自己熬高湯，請按照簡易雞高湯的做法（見p.63）。如果沒有烤雞剩下的碎料可用，請用910克的雞骨或火雞骨架代替（最好先烤過有滋味），再加入8杯（2升）的水。

　　一旦有了高湯，請拌入適量的冷油糊（roux）直到你要的濃度。油糊只是同等份量的奶油和麵粉拌在一起。奶油包起麵粉顆粒就會結塊，一遇到高湯這種熱液體就會膨脹。如果我烤火雞，就會用從火雞逼出來的油代替奶油。你也可以用玉米粉加水做成的芡汁芶芡，但油糊會讓高湯的濃度和滋味更好。

　　你可以用別的方式替肉汁醬調味，可以加入迷迭香或龍蒿、洋蔥丁或煎過的內臟。其實只要開始有好高湯，之後就很難出錯。

材料

- 4湯匙（55克）奶油
- 4湯匙（30克）中筋麵粉
- 4杯（960克）雞高湯或火雞高湯
- 猶太鹽
- 新鮮現磨黑胡椒

做法

　　用小煎鍋以中溫融化奶油，當它開始冒泡泡時，加入麵粉拌煮約4分鐘，直到麵粉和奶油均勻混合且麵粉散發出烤派皮的香味，再讓它完全冷卻。

　　大醬汁鍋用高溫將高湯煮到小滾，然後將火降到中溫，拌入油糊，持續攪拌直到高湯變得濃稠。關小火讓醬汁煨10分鐘，用平匙不時攪拌，還要刮起黏在鍋底的麵粉。試試肉汁醬的味道，食用前用鹽和胡椒調味。

胡椒干邑奶油醬

/ 1杯（240毫升）

鮮奶油基本上已是做好的醬汁，只需加以濃縮和添味。這裡用煮過牛肉的鍋子爆香紅蔥頭和胡椒，再用干邑白蘭地洗鍋底，再煮化奶油，調整到想要的濃度。餐廳多用這種醬汁搭配高檔的肉類，但我建議買次級肉品就好，如用後腰脊肉的部位，再用醬汁提升肉的味道。請將肉略煎一下，切成片狀，以一分熟享用。

材料

- 1湯匙紅蔥頭末
- 2瓣大蒜，切成碎末
- 2茶匙胡椒子，用鍋子壓碎，然後大略切幾刀
- 1/4杯（60毫升）干邑白蘭地
- 1杯（240毫升）高脂鮮奶油
- 猶太鹽
- 1至2茶匙第戎芥末
- 2或3茶匙新鮮百里香葉（手邊有就用）

做法

當牛排靜置時，倒掉煎鍋中多餘的油脂。加入紅蔥頭、大蒜、胡椒子以中高溫加熱，翻炒30秒讓紅蔥頭和大蒜出水。加入干邑白蘭地洗鍋底，讓湯汁煮到小滾後收到1湯匙的量。然後加入鮮奶油，煮到略滾後再濃縮到只剩一半。試試醬汁味道，用鹽調味，拌入芥末和百里香（如果有用），舀在牛排上即可食用。

蘑菇醬 / 2杯（450毫升）

蘑菇是最棒的萬能食材，只要煎過就有香氣。我喜歡做法國人稱為duxelles的香煎蘑菇醬，就是把蘑菇切到細碎（切成丁的蘑菇煮來最好，但如果你喜歡，也可切成細末），然後下鍋油煎再用酒和紅蔥頭提香。這是多用途的備料，可做義大利餃子的內餡，也可作搭配肉類的醬，拌入鮮奶油就是蘑菇湯或蘑菇奶油醬，或簡單當成煎魚或烤魚的墊底，是這裡建議的做法。如果你有牛肉高湯或雞高湯，也可以加入蘑菇醬裡，但不是一定需要。這裡用胡椒可別害羞，它和香煎蘑菇非常對味。

做法

大煎鍋用高溫燒到很燙，倒入油，晃動鍋子讓底部都沾上油。當油開始冒煙，放入蘑菇鋪平一層，用鍋鏟壓整煽香約30秒。再加入紅蔥頭和蘑菇一起拌炒約30到60秒。加入三指可捏起的鹽，胡椒磨幾下，酒也加入一起拌炒，煮到酒幾乎燒乾，再用幾滴檸檬汁和咖哩調味。試吃後如需要可再調整。如果醬汁燒得太乾（它應該有汁但不是湯），可加入1/4杯（60毫升）的水（或鮮奶油），然後煮到小滾，拌入奶油即可食用。

材料

- 3湯匙芥花油
- 455克蘑菇，切細丁
- 2顆紅蔥頭，切末
- 猶太鹽
- 新鮮現磨黑胡椒
- 半杯（120毫升）無甜味白酒
- 1/4顆檸檬
- 1/4茶匙咖哩粉
- 2湯匙奶油

12

油醋醬 VINAIGRETTE

第五母醬

Recipes

美國認識這個結合油、醋和各種調味品的油醋醬已幾十年,是佐沙拉的醬汁。但是在我成長過程的1970年代,那些放在冰箱門邊、店裡賣的油醋醬卻是可以放在**任何東西**上的夢幻醬汁。它可以放在牛排上,淋在豬肉上,覆在雞肉上,還可搭配綠色蔬菜或根莖類蔬菜,或者配著乳酪一起吃。而且原則上,把它放在甜點上也行得通。所以油醋醬佐沙拉,當然沒問題。

　　原則很簡單,菜餚的滋味有各種組成元素,其中的關鍵之一是酸度,其他還有鹹、甜、苦、香等因素。我們也根據口感來評斷一道菜好不好吃:它是鬆脆還是柔軟,是光滑還是粗糙,是肥還是瘦。而油醋醬結合兩方最重要的因素,也就是酸度和油脂,再來就是跟油醋醬的滋味有關。油醋醬的變化這麼多,用處如此廣,應該把它當成一種母醬。

　　主廚在廚藝學校的訓練過程中,必須學習19世紀馬利安東尼・卡漢姆(Marie-Antonin Carême)[1]所創建的醬汁類別的法式系統。卡漢姆把「母醬」(mother sauce)醬汁分為四大類,每一類又有無數延伸。比方稱為「西班牙醬汁」(sauce Espagnole)的褐色醬汁,就可依照你所加入的東西變成各種不同的醬汁——加入酒濃縮就是波爾多醬(Bordelaise sauce)。加入芥末就是羅伯特醬(sauce Robert)。以牛奶為底的「白醬」(Béchamel,見p.124)也是如此,若加入乳酪,白醬就成了莫尼醬(Mornay);加上濃縮海鮮高湯,又成了南圖阿醬(Nantua)。這套分類在餐廳行之有年,餐廳才可據此迅速做出各色料理。母醬要在一早做好,等到需要時就能以「現點現做」(à la minute)的方式完成後續。卡漢姆列出四類母醬,艾斯可菲去掉一種(以蛋黃和奶油增厚的醬汁)但加上番茄醬,稱為「基礎醬汁」。有些權威人士還把荷蘭醬這種乳化奶油醬也劃進母醬的範疇。

　　說到能發揮最大功用的醬汁,油醋醬絕對夠格成為其中一員。它是家中

---

[1] 馬利安東尼・卡漢姆(Marie-Antonin Carême,1783-1833),19世紀法國廚神,被稱為「王之廚,廚之王」,是首位將法國料理做系統性編纂的大廚。

掌廚者最重要的醬汁，功能強大，用手邊常備的東西就可做（油和醋），不需要加高湯，最適合現代口味，因為它避開了高脂奶油，也沒有放入蛋白質濃湯稠化。油醋醬是無數醬汁變化的基礎。

傳統上，油醋醬都以3份油和1份酸的比例製成，這是製作經典紅酒油醋醬（見p.220）的基礎，也是開始入手的好醬汁。混合油與醋後，請試試味道，評量酸度。如果你喜歡比較刺激的味道，可以多加一點醋。基本油醋醬可以加入其他滋味變得更豐富，如紅蔥頭末、大蒜、新鮮香草（最後一分鐘再加）。說不定你也喜歡用一些甜味平衡酸氣，那就加幾撮紅糖，來顆香烤紅蔥頭，或是一點義大利黑醋。

油醋醬變化多端。可用中性無味的油取代有香味的堅果油。也可以改變醋的種類，由紅酒醋改用白酒醋，或使用買得到的各色風味調味醋，不然用柑橘汁代替也是個好方法。可以考慮加入辛香料，如孜然、開雲辣椒、香菜、眾香子粉、丁香或肉桂。想想還可加入其他味道素材，像是芥末、花生醬、鯷魚、烤過的胡椒，或生薑。

麥克・西蒙是我在克里夫蘭的同事，這位料理鐵人經營餐廳，在他的書《生來下廚》（Live to Cook）就收錄一道「綠色莎莎醬」（salsa verde），只見他豪邁地把醬汁舀在烤雞上。這是一道拌著食材的濃醬，放了巴西里、薄荷、鯷魚、大蒜、紅蔥頭、酸豆、墨西哥jalapeño辣椒，以及紅辣椒碎。但還加入1顆檸檬汁和1/2杯（120毫升）橄欖油。如此，它的組成核心就是油醋醬，再配上烤雞，那滋味真是美妙。

如果我們鍋裡沒有肉汁可做搭配烤肉的醬汁，而美味的油醋醬常常是完美的替代品。想想烤羊肉上的薄荷蒜味油醋醬，或烤牛排上的奧瑞岡辣味油醋醬。

在你決定了酸和油的種類，也確定了調味料及拌入的食材，油醋醬最後要考慮的就是口感。經典的油醋醬都經過乳化：也就是油要經過攪打再拌入醋及調味，如此油醋醬才會濃稠穩定，不會油水分離。如果你把食材同時拌在一起，油醋醬的質地就會比較稀，這也許正是你要的質感。

最後，還有奶油狀的油醋醬。用奶油可以造成這樣的效果，但通常是因為用了乳化方式。事實上，奶油狀的油醋醬就像稀薄帶酸味的美乃滋。

想要使廚藝更上一層樓，請學習在廚房中善加利用油醋醬。

製作油醋醬

在種種混合油醋醬的方法中，沒有絕對最好的方法。該選什麼方式，在於你的環境以及你要的效果。

拌合油醋醬最簡單也是最常用的方法，是在使用前才加入食材混合攪拌。有人會把全部食材放入罐中上下搖動，這樣也行，但油與醋很快就會分離，所以得立刻把油醋醬倒出來。

很多家庭廚師都有浸入式攪拌機或手持式攪拌棒，我也有——這也許是我最常用的廚房小家電了，我非常推薦使用。浸入式攪拌機多半有附杯子和攪拌棒，這是做少量油醋醬最理想的器具，只要把所有食材混合快速啟動就好了。浸入式攪拌機也附有打蛋器，可省下不少力氣。

傳統的油醋醬都需經過乳化，也就是讓油均勻散布，不會與醋分離。你可以用做美乃滋的方法拌合油醋醬。而油醋醬的濃度則要看你打得力道多強，是否有放蛋黃或高分量芥末等乳化劑而決定。

乳狀油醋醬傳統上以美乃滋為基底，做法和做美乃滋一樣（見p.118），但依據油醋醬的使用方式，醬汁濃度需比美乃滋薄。

油醋醬可以用桌上型攪拌機來做，做好後，把湯匙插進去甚至都不會倒。要做大量油醋醬，以攪拌機的打蛋器來做效果最好。

無論用什麼方式攪拌，油醋醬最終還是與酸度息息相關，通常使用有甜味的食材（如洋蔥或糖）平衡酸度，另外善於使用提香料和辛香料，才可讓油醋醬成為家庭廚師最有用且最寶貴的醬汁。

西班牙香腸油醋醬 / 1杯（240毫升）

西班牙香腸 chorizo 也許是我最喜歡的乾醃香腸。它經過煙燻帶著辣味，散發西班牙甜椒粉（pimentón）的誘人香氣，而 pimentón 可說是世上最好的紅椒粉了。請試著找尋產自西班牙的 chorizo 香腸，它在賣特殊食材的店裡應該找得到。在這道菜色中，chorizo 讓油醋醬帶著深紅色及濃郁的煙燻香氣，和盤烤鱈魚（見 p.271）或炭烤魚類都可完美搭配，甚至把新收成的馬鈴薯蒸一蒸，再配上這款油醋醬也是絕配。

材料

- 1/4 杯（60毫升）芥花油
- 1/4 杯（40克）紅洋蔥末
- 1/4 杯（30克）紅椒末
- 1/4 杯（30克）cubano 或 jalapeño 辣椒末
- 1/4 杯（60克）西班牙香腸 chorizo
- 猶太鹽
- 3湯匙雪利酒醋

做法

取一小醬汁鍋或煎炒鍋，油以中高溫加熱。放入洋蔥、紅椒、辣椒、西班牙香腸和一小撮鹽（三指捏起的量）。炒到蔬菜變軟後離火，稍微冷卻再拌入醋。油醋醬嘗起來應該會很酸，如需要再適量調味。

這道油醋醬可加蓋放入冰箱保存，保存時間可達5天。

檸檬胡椒油醋醬，兩種形式 / 4人份

這是可最後完成的萬用淋醬，搭配爽脆的生菜最對味。只要加入兩個小變化，就成了可以搭配豪華凱撒沙拉的油醋醬。

材料

佐生菜沙拉的油醋醬

- 3湯匙檸檬汁
- 1大瓣大蒜，刀背拍碎後切細末
- 猶太鹽
- 新鮮現磨黑胡椒
- 半杯（120毫升）橄欖油或芥花油
- 半顆檸檬皮
- 340克爽脆生菜，如切成大瓣的捲心萵苣或羅曼
- 半杯（60克）磨碎的帕馬森乳酪（自由選用）

佐凱撒沙拉的變化型

- 3湯匙檸檬汁
- 1大顆蛋黃
- 1大瓣大蒜，刀背拍碎後切細末
- 1到2隻鯷魚，如果用碗攪拌，鯷魚需先切碎；若使用攪拌機，鯷魚可不切
- 半杯（120毫升）橄欖油或芥花油
- 猶太鹽
- 新鮮現磨胡椒
- 340克羅曼或捲心萵苣
- 半杯（60克）磨碎的帕馬森乳酪
- 麵包丁

做法

製作佐生菜沙拉的油醋醬：小碗中放入檸檬汁和大蒜，用鹽和胡椒調味，加入檸檬皮，再和油拌合。油醋醬拌入生菜，用更多胡椒調味，如果需要，最後可撒上帕馬森乾酪作裝飾。

製作搭配凱撒沙拉的變型油醋醬：檸檬汁、蛋黃、大蒜和鯷魚放入大碗或攪拌機。可用手持續攪拌，也可用攪拌器攪拌。其間倒入2、3滴油，然後把油倒成一條細線持續倒入，直到油乳化成油醋醬。再用鹽和胡椒調味。用一個碗，將3/4油醋醬拌入生菜。試試味道，如果需要再加入更多醬汁。最後用帕馬森乾酪和麵包丁作裝飾。

油醋蒜苗 / **4**人份

這道食譜使用經典紅酒油醋醬再搭配洋蔥家族的成員,就是精采的小酒館菜色,油醋蒜苗。這道菜展現紅酒油醋的厲害如何讓煮熟放涼的蔬菜發光發熱。醋的品質是關鍵,值得你買瓶好醋來做,不然就用品質良好的西班牙雪利酒醋也可以。

材料

- 4大支蒜苗,或8小支蒜苗
- 1/4杯(60毫升)紅酒醋
- 1湯匙第戎芥末醬
- 1湯匙蜂蜜
- 猶太鹽
- 新鮮現磨黑胡椒
- 3/4杯(180毫升)芥花油
- 1/4杯(170克)紅蔥頭末
- 4顆水煮蛋(見p.330),蛋黃蛋白分開切碎
- 1湯匙蝦夷蔥珠

做法

剪掉每支蒜苗鬚根,留下完整連根後段,切掉深色上端只剩蒜白部分(可把蒜綠部分留下來做p.63的簡易雞高湯,也可留下來做牛肉高湯)。蒜苗縱切成兩半,請注意不要把根部切斷。用冷水將蒜苗沖洗乾淨,檢查葉片夾層中是否含沙。

準備有內層的蒸鍋,底下放一大鍋水煮開,將蒜苗放進去蒸10到15分鐘直到軟(如果沒有蒸鍋也可以用煮的)。蒸好後拿出內層蒸盤,蒜苗放在冷水下沖涼,然後放在墊有餐巾紙的盤子上濾乾。放入冰箱等要吃時再拿出來。

食物攪拌器中放入醋、芥末和蜂蜜,加入兩隻手指捏起的鹽,磨些胡椒。當攪拌器持續運作時,油以細流狀態倒入攪拌機中。做好後將油醋醬換到玻璃量杯中,享用前十分鐘再拌入紅蔥頭。

蒜苗的根部切開擺在盤子上,用湯匙把油醋醬舀到蒜苗上。最後每盤都撒上蛋白碎裝飾,再撒上蛋黃碎及蔥珠。

烤牛小排佐香辣奧瑞岡油醋醬 / **4**人份

油醋醬搭配各種燒烤食物都很出色，我特別喜歡用它搭配牛排或羊肉這類紅肉，紅肉天生就肥美，用酸味來突顯更顯美味，而且在這道菜裡還有辣椒的辣度。我加了一些義大利黑醋，因為我喜歡用它的甜味來平衡肉的焦香。油醋醬的主味來自奧瑞岡葉，倘若用薄荷取代就是搭配烤羊肉的絕妙油醋醬。

為達到較好的燒烤效果，請買厚一點的牛排，厚度至少要2.5公分。如果太薄，外層還沒烤好，牛排就已經烤過頭了。至於羊小排，雖然帶著骨頭可做緩衝（見「18. 燒烤：火的味道」），但狀況也一樣。另一個極好的方法是用雙層牛小排，每片厚度都有4.5公分。照著指示烹調，打斜刀片成6到7片厚牛排，分到盤子上再淋上油醋醬。

油醋醬料

- 3湯匙紅酒醋
- 2茶匙義大利黑醋
- 1茶匙魚露
- 1湯匙紅蔥頭末
- 1瓣大蒜，切末
- 1瓣新鮮奧瑞岡葉，切碎
- 1支紅辣椒，可用 Fresno、serrano 或泰國辣椒，去籽切末
- 1個墨西哥紅辣椒 jalapeño，去籽切細末
- 猶太鹽
- 新鮮現磨黑胡椒
- 1/4杯（60毫升）芥花油
- 2湯匙新鮮香菜末

材料

- 4塊牛小排，每塊至少2.5公分厚
- 猶太鹽

做法

製作油醋醬：碗裡放入醋、魚露、紅蔥頭、大蒜、奧瑞岡葉和辣椒，用一小撮鹽（兩隻手指捏起的量）和少許胡椒調味，加入油攪拌均勻。讓油醋醬靜置備用，時間少則30分鐘多達半天，待上桌前再拌入巴西里。

烤肉前2小時就要把牛排從冰箱拿出來回溫。如果之前沒有用鹽醃漬，就要把兩面都塗上大量的鹽，而且如果牛排厚度夠厚，外層就好像有一層鹽殼包著。炭烤爐或烤肉爐生起大火，煤炭放的面積要夠廣，好讓牛排可直接受熱。先將烤肉架放到炭火上燒5到10分鐘，讓架子燒得滾燙，再把牛排放上去烤。每面在烈火上約烤3分鐘，烤到內層溫度達48℃（120℉），即顯溫度計上顯示已達一分熟。烤好後把牛排放一旁靜置，約5分鐘後即可食用。可以整塊或切片，上面再放上油醋醬。

13

湯 SOUP

最簡單的大餐

Recipes

不久以前，我和《美食雜誌》（Gourmet）前總編輯露絲・瑞秋（Ruth Reichl）[1]同場座談。當雞高湯端出來的時候，她說：「你知道他們怎麼說的嗎？如果有了雞高湯，你也就有了一餐。」

這是真的。有湯的夜晚就是有最簡單一餐的夜晚。冬天，烤雞大餐後的一兩天，爐上燉了一鍋簡易高湯（見p.63），我把高湯過濾到煎過的洋蔥塊裡，放點吃剩的蔬菜和雞肉，有時候還會加入乾義大利麵和馬鈴薯，用鹽調味，擠一點檸檬或撒幾滴醋。要不了多久，湯就做好備用。像這樣的湯其實有無數變化。想要一些細緻的亞洲風味嗎？爆香大蒜、紅蔥頭和一大塊生薑，把爆香料濾到高湯裡，再用鹽或醬油調味，或是魚露或味增也可以，還可來點米醋或幾滴香油提香，再加點雞肉、豆腐或餛飩，你就有了極棒的一餐。想喝點辣呼呼的熱湯嗎？在煎洋蔥時加點辣椒碎，然後全部加到湯裡去，最後放些萵苣和香腸就完成了。

這些理由已足夠讓你手邊備好雞湯。而熬湯只是輕鬆小事，事雖小卻讓人深深滿足。甚至不需要雞湯，牛奶就能作湯底。還有蔬菜，也可以把蔬菜打成菜泥稀釋後做成湯。

天冷時，喝湯暖和身子；天熱時，喝湯讓人靜心。湯匯集所有食材精華，賦予我們營養，讓我們一匙又一匙地喝下，沾著麵包塊一起下肚。

是水的魔法造就這一切，水可萃取滋味和營養，也可讓味道和營養散布湯中，還可托起裝飾配料，也能接受任何調味。湯是如此基本，調味才是關鍵，主宰了湯最後的好壞。

烹煮一道美味的湯，最重要的技巧在於學習判斷這道湯的好壞。想清楚，嘗嘗看，然後再多想想。總不忘問問自己鹽的份量是否恰到好處。湯喝起來應該味道正好，不會平淡無味，也不該嘗到鹽味。如果平淡無味，可以用魚露調整，它的滋味讓齒頰生香。但也不可以加太多，否則喝湯就

---

[1] 露絲・瑞秋（Ruth Reichl），美國近代最權威的飲食作家暨美食評論家，曾任《美食雜誌》總編輯，著有《天生嫩骨》（Tender at the Bone）和《千面美食家》（Garlic and Sapphires）等書。

像在喝魚露。

　　問問自己在湯裡放點酸味是否會更好喝？不太確定嗎？拿個湯匙舀幾滴醋或檸檬汁放在湯裡試試味道，湯的味道是不是比較鮮明？是不是變得更有趣？然後再往鍋裡多加一點醋或檸檬汁。

　　如果你做的是佐菜的清湯，就像雞湯麵，問問自己湯水和固體食材的比例是否適當，是否需要調整。

　　如果是做奶油湯或濃湯，就問問自己口感對不對。評斷湯的標準就該像評斷其他菜餚或配料，口感是否平衡？湯是軟的，但我們喜歡酥脆的口感（所以才有專門配湯的餅乾），或許你的湯放上麵包丁或玉米餅之後會變得美味無比。

　　有些湯就該瘦而無油，因為無油才好吃。但即使瘦的湯都該放一點油脂增味──也許滴幾滴特級初榨橄欖油、芝麻油、松露油，或者加點法式酸奶油或馬斯卡彭乳酪。最後盛盤裝飾時不妨考慮一下。

　　想想還有什麼是誘人的裝飾配料。如果是蔬菜泥做的濃湯，如蘆筍濃湯，也許煮熟蘆筍尖恰好可做細緻美麗的裝飾。或者還需要一點顏色點綴？那就來點檸檬皮如何？

　　最後請想想這道湯要配什麼料理？你希望旁邊放的是適合的食物，像白豆湯要配大蒜麵包，咖哩湯就該搭配印度脆餅。

　　在廚藝學校，湯與其他初級技巧一起傳授，因為它結合了許多可好好利用的基礎烹飪技法。在此脈絡下，湯劃分為幾大類，它們可能截然不同，也有互相重疊的。**思考**湯的分類讓你更能彈性靈活運用技巧。請不要以為做經典的雞湯麵與做墨西哥玉米餅湯、亞洲餛飩湯、泰國河粉完全不同，其實都是一樣的，都是湯配上不同配料及調味──或者，套句主廚的話來說，就是「風味資料」（flavor profiles），這是個有用的術語，但目前尚未找到引進家庭廚房的方法。我喜歡這個術語，因為它說明了烹飪並不需要熟知上千種食譜，只要了解一套可管理的類別系統，即使每項類別都有數千種變型。

以最基本的條件來說，湯分為兩類：清湯和濃湯，而濃湯又分為奶油湯（我們在廚藝學校學到的例子是花椰菜濃湯）和菜泥湯（如黑豆湯或碗豆湯）。菜泥湯在很多方面互有重疊——大多數奶油湯在某種程度上都要用到菜泥，而很多蔬菜泥最後都會加上奶油。

清湯：這是最基本的湯，內容不外是將一些洋蔥煎過（看要做什麼湯，還可加入其他有香氣的蔬菜），再加入高湯，也可加入肉類、蔬菜、澱粉類或乳製品等食材。清湯做法簡單，範圍無限，特色全依據配料而定，而高湯的使用就如托起食材的平台。

濃湯：濃湯只是將平常吃的固體食物轉換成液體入口。我們為什麼要這麼做？因為這樣做食物通常較好吃。以我的味覺來說，黑豆湯就要比一勺黑豆好吃多了。不管是芹菜根煮熟切塊，還是芹菜根磨成泥，都是燉牛肉的適當配料，但如果你想強調芹菜根的特色，就可用合適的湯水將芹菜根煮好再磨成泥，調味之後再加在湯裡。

甜湯和水果做的湯都是另一種濃湯。當你有很好的水果，就可以打成泥再過濾。如果你喜歡煮熟的水果，可以把蜜桃、梨子、蘋果拿去水波煮，再把這些水果用少許水波煮的湯汁打成果泥（像是簡單糖漿、白酒，加上香草豆／莢），結果就是最好的水果湯，可以用來搭配甜點，如果甜度不高，還可做成前菜。

在濃湯裡，裝飾配料反而是其次。

裝飾配料十分重要

所謂裝飾配料，就是原本不屬於湯汁的食材，這才是使湯有趣、特殊、難忘的元素。我試著用衣飾配件來比擬湯中的配料：一件樸素的洋裝或襯衫長褲要如何站出去見人？只要一件得宜的項鍊、珠寶、耳環、皮帶、帽子、圍巾或胸針就夠了。但裝飾配料比配件更必要，好比鞋子或夾克，是湯的基礎及整體的一部分。比起湯頭，我對湯中配料也許有更多話要說，證明配料的本質就是關鍵。要做好湯，將配料加以分類說明是很有用的。

蔬菜配料：蔬菜是基本配料，它貢獻風味、顏色和濃度，任何蔬菜都可加入湯中，唯一要考慮的是蔬菜是否需要預先烹煮。站在味道和營養的觀點，大多數蔬菜放在湯裡煮最好。如果你希望有些娛樂效果或想突顯配菜，如新鮮甜豆湯裡的胡蘿蔔丁，你可以先將配料蔬菜汆燙冰鎮。就像芹菜根奶油湯的做法（見p.233），先把芹菜根切丁煮軟，再加入湯中，如此配料就會突出。

　　葉菜類的蔬菜，如菠菜、萵苣、酸模等，也是很棒的配料，可增添滋味、營養和顏色。而洋蔥多認為是提香料而不是配料，除非放在某些洋蔥湯中作為特色加強。

　　肉類配料：不管是何種形式的肉類，都是湯中強大實在的配料。如果湯是棋盤，配料是棋子，而肉類就可說是棋子中的「城堡」了。就如雞湯中的雞肉，牛肉湯中的牛肉絲，而香腸更是什麼湯都可以放。別讓自己受限於剩菜的使用標準（雖然那是利用食物的好方式）。帶骨肉排是上好的配料食材——不僅湯裡的排骨很好吃，也會讓湯更具風味，湯汁更濃。去皮的雞翅膀和洋蔥一起煎一下就是芳香四溢的配料。一些好的肉塊更是好用，牛里肌切下要吃的部分，還會有很多碎肉剩下來，可以剁成小肉丁直接加入熱牛肉湯裡。還有沙鍋燉肉（pot-au-feu）就是一道有肉的湯菜。

　　澱粉類配料：最常見的澱粉類湯料是麵食或米飯，還有馬鈴薯及其他根莖類也是上好的配湯料。而玉米算是某種澱粉類的蔬菜，可做出高級又稱心的湯。柔軟的麵包讓湯有濃度又有份量；變硬的麵包（無論是三天前的麵包還是烤過的麵包丁）除了讓湯有份量，還創造口感，是放在湯裡的好東西，簡單又實惠。

　　蛋類配料：幾乎所有湯都可因為蛋而提升品質。沒有配料會像蛋那樣效果立竿見影，令人印象深刻。如果要使用生蛋，請確定湯碗是熱的，而湯汁很燙。打蛋時先把每個蛋打到碗裡再加入湯中。你也可以提前一點時間把蛋加在湯裡水波煮，如此蛋就就成了湯料。或者用冷水淹過雞蛋再加熱，在水快煮開時立刻把蛋拿出來，這時的蛋正好可打進熱湯裡。

爽脆配料：幾乎每次煮湯，我一定會放一些酥脆的東西，這些爽口配料不是放在湯裡，就是撒在湯上，或者配著湯吃。如果你做了一道非常精緻的清湯，且希望把焦點放在湯汁清澈度及風味上，這時才會捨它不用。但多數的湯都會因為酥脆的口感而更好吃。可能就只是簡單配個烤酥的長棍麵包，或是放幾片餅乾在湯旁邊。還有更費工的做法，像是將芹菜根先切片油炸，再放在芹菜根做成的湯裡。也可利用天生就很酥脆的東西增加口感，如生蔬菜。

油脂配料：湯有意思的地方就在於沒有放太多油卻能讓人心滿意足。但也因為如此，有時候湯需要額外加點什麼，也許需要一絲油脂來平衡乾淨無油的狀態。常用的配料多是帶著酸味的乳製品，像是酸奶油或法式酸奶油。這些配料不但增加了濃郁酸度且帶著某種視覺反差。濃香四溢的油脂在視覺上更讓人心動不已——橄欖油是最常用的，但很多美味的堅果油現在也買得到。還有一個較少用的油脂配料，對於風味卻有極大影響，那就是磨碎的帕馬森乾酪——它不但增加濃郁感，更帶來新鮮實在的滋味。

調味：讓好湯更棒

為湯調味的過程也就是訓練自己的過程——不斷試吃，不斷思考，不斷牢記自己曾經歷過的。

教育自己如何調味的最好方法是先試喝一點原湯，再試喝一匙加了少許調味料的湯。如果覺得該加的調味料是鹽，舀一匙湯，加幾粒鹽，試試味道，再比較看看。要了解加入醋後會有什麼效果，也請依照同樣方法去做，特別是奶油湯，加幾滴醋或檸檬汁比較兩者差別，你就會感受到酸的力量。

先把湯舀在湯匙裡調味，可以讓你知道是否找到正確的調味品。也許這道湯不需要鹽也不需要酸，在你改變整鍋湯的味道前，先試一湯匙看看。

另一個厲害的調味工具是魚露（見 p.21）。它帶有鹹味，可為湯帶來深度。再說一次，用湯匙試試味道，讓自己感受味道差異。

你也許可以考慮加一點辣，這時候開雲辣椒或 Espelette 辣椒粉就可派上用場。

熬湯的策略：要做有娛樂效果的湯？還是做當平日餐點的湯？

因為熬湯很簡單，選擇湯當平日晚餐就很實用。只要三兩下，就能組成一鍋湯，美味又營養，而且是剩菜再利用的好方法。

因為湯不易解體變形，可提前一天做好。作為套餐的首道菜極有娛樂效果，可能只是簡單的奶油湯，可以冷的吃，或在上菜前一分鐘再回溫。如果想要來點花俏的，擺盤時可用碗裝著熟配料，再舀入桌上的湯。

湯是最棒的餐前小點。在眾多頂級名廚中，「法國洗衣店」餐廳主廚湯瑪斯‧凱勒率先用咖啡杯盛裝湯品。這種餐前小點在家做也很容易。如果湯品的焦點集中在主食材，此時的湯應該油濃香滑令人滿足，如果是油脂不豐厚的湯，就該用湯料突顯特色。

總之，湯是食物操作最好也最有力的方式。

───────────── *Cooking Tip* ─────────────

要在整道湯或醬汁中加入會影響整體味道的食材前，先用湯匙把湯汁醬汁舀出來，滴幾滴你想要加的味道在湯匙裡，先試試味道。這麼做，如果有什麼差錯，也沒有改變整鍋湯和醬汁的味道。

香腸萵苣湯 ╱ 4人份

這道湯的應用方法有無限變化，可做出無數清湯。只要是你喜歡的香腸都可放進去：德國香腸（bratwurst）、辣味香腸、羊肉、雞肉或豬肉做的香腸，或像kielbasa這種煙燻香腸。你也可以用雞肉代替香腸，然後用煮熟白豆當配料增加湯的份量。若要做玉米餅湯，先將玉米和大蒜煮熟，用大量萊姆調味，最後加入一大塊酪梨，還有新鮮香菜和油炸玉米餅。素菜湯則可以用蘑菇取代香腸，雞湯換成蔬菜湯。如果你喜歡清清如水的餛飩湯，請用蔥取代洋蔥，放入大蒜和薑一起爆香，倒入高湯後煮到湯頭充滿香氣，然後將湯過濾到乾淨的平底鍋中，加入餛飩，最後撒上紅蔥頭末。

我用法國長棍麵包來配這道湯，如果你喜歡，也可以用酥脆麵包丁來搭配，麵包丁的做法是用橄欖油將隔夜麵包煎到香脆就可以了。

材料

- 1大顆洋蔥，切成小塊或中型丁狀
- 1湯匙大蒜末
- 芥花油，如果需要
- 猶太鹽
- 4杯（960毫升）簡易雞高湯（見 p.63）
- 455克香腸，先用平底鍋煎香，或用烤箱以165℃（325℉）的溫度烤10分鐘，再切成塊狀

- 225克萵苣225克，橫切成12公釐寬的細絲
- 2個李子番茄，去籽切丁
- 1湯匙魚露
- 2茶匙檸檬汁或白酒醋，如果需要
- 開雲辣椒粉（自由選用）
- 1條長棍麵包，可整條或切片，預先烤過
- 橄欖油

做法

大醬汁鍋放入適量芥花油，將洋蔥、大蒜炒到軟爛出水，用三指捏起的鹽量調味。當蔬菜都炒軟了，加入高湯煮到湯汁小滾，再加入香腸、青菜、番茄、魚露、檸檬汁，煮到青菜變軟。試吃一點，如果需要，再用檸檬汁、鹽、魚露和一點開雲辣椒粉調味。

烤過的長棍麵包刷上一層橄欖油，再輕輕撒上一點鹽。麵包可搭配著湯一起享用。

芹菜根奶油湯／**4**人份

傳統的濃稠奶油湯都是以油糊稠化過的高湯或牛奶（如白醬）做湯底，再加上主要湯料增添風味，而主湯料可以是任何食材，從花椰菜到芹菜根再到南瓜都可。這些湯很容易做又經濟實惠，能帶來極大滿足。按照這裡的方式，可將芹菜根用花椰菜、馬鈴薯、防風草、蕪菁或胡蘿蔔代替。奶油蔬菜湯的食材則可用蘆筍、青花菜或其他蔬菜，用雞高湯或蔬菜湯取代牛奶，如此就創造了所謂的「天鵝絨醬汁」（velouté），而不是用白醬做湯底了。

材料

- 3湯匙中筋麵粉
- 5湯匙(70克)奶油
- 1顆中型洋蔥，切成小丁
- 3杯(720毫升)牛奶
- 猶太鹽
- 455克芹菜根，3/4切成大塊，剩下部分切成小丁做最後裝飾
- 1/3杯(75毫升)高脂鮮奶油
- 檸檬汁或白酒醋
- 自由選用的裝飾配菜：新鮮巴西里、褐色奶油(見p.147)

做法

大醬汁鍋放入麵粉和奶油以中火炒到麵粉散發出焦香味。加入洋蔥炒到軟，再加入牛奶，醬汁煨到小滾，將麵粉攪散。用三隻手指捏起的鹽量調味。當白醬變稠，加入大塊的芹菜根煮10到15分鐘直到軟爛。

用攪拌機將湯汁打成泥，但請把攪拌機的蓋子打開用餐巾紙覆蓋，不然機器會因為湯而炸開，弄得到處一團亂。而打好的湯用細目濾網過濾到乾淨的醬汁鍋。試試味道，如果需要可再加一點鹽。做好的湯可以放在冰箱冷藏達2天。

切成小塊的芹菜根放進小醬汁鍋，加水、加蓋用小火煨煮大約3、4分鐘，倒出水分後，放在餐巾紙上濾乾。

湯以小火煨倒微滾，拌入鮮奶油。加入1茶匙檸檬汁。一面拌一面試味道，如果需要可再多加一點。

燙好的芹菜根配菜放在平底鍋中回溫，用微波爐也可以。裝飾配菜放在各個碗中，再將湯舀入。如果需要，最後再放上選用的裝飾配菜。即可食用。

薄荷蜂蜜冷豆湯 / 4人份

綠色蔬菜利用水煮冰鎮的方法最能確保鮮活的顏色，等到要用時，蔬菜的熟度剛好完美。將這些完美煮熟的蔬菜打成菜泥，放涼後用濾網過濾，你就有了一道美味的湯。這是一道很棒的夏日湯品，夏天正是甜豆高掛枝蔓的時候。而冬天，就用同樣的技巧做溫暖的花椰菜湯。湯回溫時可拌入少量奶油，以檸檬調味，再用燙過的花椰菜花做裝飾。

材料

- 8杯(2公升)水
- 1/4杯(55克)猶太鹽，可再加1/2茶匙或更多 455克甜豆
- 12片大薄荷葉
- 冰塊
- 1湯匙蜂蜜
- 檸檬汁
- 自由選用的裝飾配菜：1杯(115克)氽燙冰鎮過的豆子、幾塊法式酸奶油、幾滴松露油

做法

大湯鍋放入水和1/4杯鹽，將水煮滾且把甜豆燙到軟。燙豆的時間約2到3分鐘，放入薄荷葉立刻將甜豆濾出。甜豆和薄荷用冰塊水隔水冰鎮(見p.47)，要記得不時攪拌直到完全冷卻。然後再把水倒掉。

甜豆和薄荷放入攪拌機中，加入少許冰塊、半茶匙鹽和幾滴檸檬汁，全部打成滑順的菜泥。用湯勺或刮刀將厚重菜泥壓到濾網中，菜泥用細目濾網過濾到乾淨的碗中。試吃調味，用蜂蜜和鹽調味。如果需要可再加檸檬汁。湯用勺子舀到碗中，湯上可撒上裝飾配菜，上桌享用。

甜椒湯／8人份

想做道愛心湯讓最親近心愛的人永難忘懷嗎？很簡單，「法國洗衣店」餐廳的廚房直接傳授一道濃郁的奶油湯，而且這道奶油湯並不會讓名廚瑞秋・雷（Rachael Ray）覺得她的食物過於複雜。關鍵在於工具，這道湯需要很細的濾網才可創造出極富快感的質地。先把甜椒／彩椒浸入奶油裡，然後用攪拌機打到質地滑順再過濾。這是準備湯點的美好方式，結果如此濃郁，讓我只能建議以餐前小點或開胃菜的方式少量飲用，這樣才會使一切更誘人。這道湯呈現迷人的柔和色澤，可以熱的喝，也可以當冷湯享用。如果當冷湯享用，要在湯冷的時候試吃調味（比起熱食，冷食多半需要更明顯的鹽量）。

幾乎所有蔬菜都可以用這種方式做湯，但最好的選擇還是像根莖類、茴香、花椰菜和蘑菇這種非綠色蔬菜。這道食譜可以做你畢生喝過最頂極的蘑菇湯，不像其他蔬菜，蘑菇得先煎過（見p.211），並用新鮮現磨的糊椒調味，也許再加一撮咖哩也不錯。

材料

- 455克彩椒／紅椒、橘椒、黃椒，去籽切成5公分塊狀
- 1杯（240毫升）高脂鮮奶油
- 猶太鹽
- 檸檬汁

做法

蔬菜和奶油放在醬汁鍋裡，以高溫將奶油煨到小滾，再關小火降到低溫，將蔬菜煮到軟爛，時間大約需要5分鐘。然後將蔬菜奶油打成菜泥，加入一撮鹽（約三隻手指捏起的量），請不要蓋上攪拌機的蓋子，另用餐巾紙覆蓋機器，均勻攪拌2分鐘直到內容物完全成為菜泥。試試味道，如果需要再加一點鹽。加入檸檬汁。把湯壓入細目濾網過濾到乾淨的鍋子或碗中，再一次試吃調味，以每份1/4杯（60毫升）的份量享用。

1. 彩椒先放入鮮奶油中，以高溫加熱。

2. 煨煮到小滾。

3. 鮮奶油冒出泡泡，湯汁濃縮。

4. 倒入攪拌器。

5. 攪拌機不蓋蓋子,而是用毛巾覆蓋蓋口。

6. 完全打成菜泥。

7. 用細目濾網過濾到乾淨的鍋中。

8. 倒入杯中啜飲品嘗。

14

煎炒 SAUTÉ

廚房的熱區戰場

「所謂煎炒，」那天在廚藝學校剛開始上課，帕德斯主廚對全班同學說：「就是一陣烈焰。煎炒就是星期六晚上的火爆場面。煎炒也是你們這群傢伙三年來費盡心力想得到的東西，對吧？煎炒還是二廚的下一步。煎炒是有個傢伙一次要弄七八個鍋子，讓它噴火，讓東西跳來跳去。煎炒就是廚房的熱區戰場！」

之後他停頓了一下，滔滔不絕的激動主廚又變成裝模作樣的教授。他轉回白板架，拿著木勺子當教鞭，這是他授課時的說話子彈：「煎炒就是：快速的、即做即食的烹飪技巧。沒有軟化的效果，所以下鍋食材必須柔嫩。你不可能把整塊小羊腿下鍋炒。因為煮得快，所以也充滿樂趣。一陣乒、乓、碰，菜就送出門。只用少量的油，高溫煎炒。」

這是我對這項特殊烹飪技法的介紹，以大膽筆觸開啟教學。隨著時間過去，隨著教育過程發生的種種，我了解更多也更深，所以也更懂得在煎炒中費心注意，思考問題並請教他人。我離開美國廚藝學院不久，著手撰寫《大廚的誕生》（*The Making of a Chef*），在1996年訪問了當時的校長費迪南‧梅茲（Ferdinand Metz），我們討論了有關烹飪教育的本質及定義。

最後他表示，一切與基礎有關。「我是否了解基礎呢？」他說。

「所以說到煎炒，」他立刻接著說：「你大可以說，老天，也許煎炒有十種不同溫度水平。有些東西需要高溫熱炒，有些東西只要逼出水分的和緩火候。不論是雞還是培根，幾乎所有東西都需要不同溫度。」

就是這個時候，就在這間辦公室，我又往前進了一步。我從沒有想過培根也可以拿來炒。也許這是語意的問題，但真相是，這些話自有一番道理，當我們煎炒東西，的確需要知道辨別各種溫度層級。煎牛排的溫度絕對與炒櫛瓜絲的溫度不同，這也是為什麼煎炒就算不是最難的，也是最難精通的技巧之一。煎炒需要更多判斷力，比起其他部分，它要依賴更多細微差異。

帕德斯主廚說的都是對的，但烹飪這件事沒有什麼是絕對的。學習分辨各種煎炒需要的溫度很重要，但其他因素也很重要，就像你下鍋煎炒的食

材是什麼？用的鍋子大小如何？以及無論你煎炒什麼，鍋裡的狀態又是如何？是直接從冰箱拿出來的還是已經回溫的？有沒有上過鹽？是濕的還是乾的？

　　煎炒sauté這個字源自法語動詞sauter，意思是「跳」，意指煎鍋裡有很多小塊食材時主廚會做的動作：他們會把食材翻拋到空中再用鍋子接住，這是翻動食材最簡單的方法。現在sauté則變成我們認知的：平底鍋放在爐上，放入少量油或奶油煎炒任何食材，好比煎雞胸肉，即使我們不會把雞胸肉又拋又跳。

　　但sauté這字很好，連結了動作、行為及速度。我們通常用fry這個字當成sauté的同義字，大家也都接受。但我喜歡用fry這個字來表示食材用大量油高溫「油炸」（見「19.油炸：熱焰之極」）。油炸總需要很多油和高溫才做得成，而煎炒所需的溫度各有不同，用油量極少。

　　此外，油炸鍋的鍋緣無論是垂直或斜上的皆可，但多半是垂直的。而煎炒用的鍋子就需要斜上的鍋緣（但鍋子名稱每家品牌都不一樣，像All-Clad這家公司就將斜邊鍋子叫做油炸鍋，但這樣的鍋子對我來說卻是煎炒鍋。而廚藝學院教我們的也是斜邊鍋子是煎炒鍋，或叫深炒鍋sauteuse，但是鍋身比較淺，而有著垂直鍋緣的鍋子則是煎炸鍋sautoire，這樣區別很有用）。幾乎所有煎炒都該使用乾淨的不銹鋼鍋（有關鍋子的更多討論請見p.362「附錄：工具器皿」）。斜緣鍋具不只可讓廚師翻拋炒豆，也可以讓煎炒的食材熱氣循環，如此可帶走溫度較低的水氣。所以若用油很少火力卻很大，這時請用斜緣鍋具；但如果用低溫煎炒，鍋具的選擇就不太重要。

　　德高望重的梅茲先生認為煎炒有十種溫度，我卻認為分成三種層次最有用。

　　第一種也是最普遍的就是高溫。以高溫煎炒的理由是創造香氣，方法在於把食材外層煎上一層完美的殼。為了達到這樣的效果，我們希望油脂溫度盡量提高但不能高到冒煙。依照所用油脂的不同，溫度大概在180℃到230℃（350℉到450℉）之間。蔬菜油的溫度會比動物油高（如豬油、澄清奶油

或雞油）。所謂「起煙點」是油脂開始冒煙的時刻，也是油脂開始分解的時候，此時油會劣化，開始釋放大量油煙，如果用這種油煎煮，任何食物的味道都是苦的，不但對食物不好，因此引燃更是危險（如果遇到這樣的事，請別慌張，只要蓋上鍋蓋就好）。

　　基於上述理由，用清潔乾燥的鍋先加熱再加油比較好。你也可以用冷鍋先加油再加熱，但這會增加危險的機會，你可能因為分心忙著其他工作而忘記鍋子還在爐上，直到看到冒煙或聞到煙味，更糟的是讓鍋子燒起來就不好了。鍋熱好再加油，油會熱得非常快。你也不想加太多油，但也不能加太少。如果油太少，肉一下鍋，油和鍋子就冷掉，這時就會黏鍋。

　　要做好高溫煎炒的下一個階段是要知道什麼時候該把食材放進鍋中。如果你沒有把鍋子和油熱好，食物就會黏鍋，更重要的是，食物會一直散發水氣卻不起褐變效果，而褐變是高溫煎炒的主要目的。

　　請學會用眼睛估量油溫，油下到鍋裡會出現什麼狀況，是又慢又黏嗎（如是，則表示鍋子不夠燙）？還是立刻在鍋裡快速流動（這表示鍋子很熱）？或是立刻開始冒煙（這就是鍋子太燙了）？高溫煎炒需要很熱的油才可完成，但不能油一接觸鍋子就開始冒煙，而是應該一開始在可察覺的流動中產生波紋。

　　高溫煎炒的下個階段是把肉下鍋煎。但之前，肉應該早從冰箱拿出來，至少用鹽醃了一個半小時，醃到鹽被吸收，肉也回溫軟化了，也就是讓肉有機會先變熱一點，以確保在煎煮時受熱均勻。請看看那塊肉是乾的，還是放在肉汁裡？這很重要。如果濕的肉放進熱油裡，水氣會立刻把油溫降低，無法產生褐變還可能黏鍋。如果肉是濕的，入鍋前請把它拍乾。有些主廚甚至喜歡給肉上一層很細的麵粉，以確保表面完全乾燥，讓褐變多些複雜深度。但別用太多粉，因為麵粉掉到油裡就會燒焦。

　　肉慢慢放入鍋裡。不要害怕熱氣熱油，也別把肉丟進油鍋裡，而是等手接近鍋面再放掉肉，如此熱油就不會濺得到處都是，但如果真濺開了，熱油也會濺得離你遠遠的。

　　肉一放入鍋子，最要緊的下一步驟就是：**什麼都不做**。不要碰，不要動、

也不要搖晃鍋子，就讓肉這樣煎。如果鍋子和油都夠熱，你就不會有黏鍋的問題。肉也許在剛開始下鍋時會黏底，如果真的這樣，冒著肉會撕破的危險，不要動它就顯得格外重要。如果鍋子夠熱，肉會煎上一層酥焦外層，之後再把肉拉開就很容易了。

肉翻面時，請考慮火候。如果你煎的東西很薄，也許要以高溫燒烤。如果煎的東西有點厚度，或許要多點時間煎到熟透（就像雞肉），你可能要降低火力讓外層不要煎到焦黑（或許也可以把肉翻面再放入熱烤箱，這種做法稱為「盤烤」〔pan roasting，見 p.269〕）。重點是，肉一旦煎出焦殼發出香氣，就該考慮下一步是要把食物煮透。

煎炒工作的最後關鍵在於知道什麼時候該把肉從鍋裡拿出來，這需要練習和多加注意才能完成。確定肉有沒有熟的最好方法是觸碰。這需要學習。先用手指壓進生肉，體會這種感覺，再把手指壓進煎煮中的肉及煎很久的肉，注意其中的差別。不斷練習及注意，就能訓練自己經由碰觸就知道肉有多熟。基本上肉煮得越熟，質地越堅實。確定熟度的另一種方法是用即顯溫度計，但做煎炒時，這種方法並不實用，特別是煎很薄的肉片。有些肉片和魚排如果連內層都煎到溫度很高，就會變得沾黏且越來越硬。再次提醒，只有練習及留意才是熟悉食物特性的不二法門。

肉從鍋子拿出來後，請靜置半小時，時間要與它在鍋中油煎的時間一樣長。把肉放在餐巾紙上靜置是個好方法，因為它會吸收多餘的油脂。肉靜置一段時間是烹煮過程的最後階段，集中在外層的熱度需要時間才會內外均勻。當你判斷要把肉放在鍋裡多久時，請把食物後熟的特性放在心裡，當食物離鍋後還會繼續再熟，這段靜置時間將讓你有時間完成上菜前的其他事情。

中溫或低溫的煎炒溫度會讓你有較多餘裕控制食物。如果你不想讓食物褐變煎出香味，就可以用低溫處理，就像你只想把食物煮到熟透（就像汆燙過的蔬菜），或逼油的時候（如 p.92 的鴨胸）。柔軟又無油的肉塊如果煎出一層焦褐香酥的外殼是很好的——這需要高溫處理，但不是必然。我們之所以

選擇某種火候，都因評量過要煎的食材及你想創造的效果。

本章的食譜是表現煎炒技巧和不同火候的例子。

高溫油煎

- 油煎雞胸肉佐龍蒿奶油醬
- 生煎干貝佐蘆筍
- 油煎蘑菇

煎炒技巧

- 甜椒炒牛肉

中溫和低溫油煎

- 生煎夏日南瓜
- 香辣培根油煎球芽甘藍
- 煎培根的方法

甜椒炒牛肉 / 4到6人份

我每星期都要為女兒做這道菜，即使放到隔天菜都冷了，她還是很愛。這種做法基本又全面的煎炒，使用去皮、去骨、切片的雞腿肉來做最好，不然也可以用切成薄片的豬肩肉。如果你喜歡非常辛辣的口味，我強烈建議將彩椒全換成乾辣椒；用這方法料理，乾辣椒會帶著堅果般的風味。炒辣椒時會散發濃煙，最好讓抽風機全速開著。辣椒可預先幾小時或幾天前先炒好，之後再加入甜椒或彩椒。這道菜應該醬汁濃厚，我喜歡在最後用玉米粉和水做成芡汁芶芡，食材上就會覆著一層濃醬。

醬汁料

- 2湯匙廣式海鮮醬
- 1湯匙豆豉醬
- 1湯匙蒜蓉辣椒醬
- 1湯匙花生醬
- 1湯匙醬油
- 1湯匙萊姆汁
- 1湯匙魚露
- 半杯（120毫升）水

材料

- 910克牛腩，逆紋切成細條
- 猶太鹽
- 1把蔥，去掉蔥尾破損處，蔥白蔥綠打斜刀切絲
- 5瓣大蒜，切片
- 1塊生薑，約2.5公分，去皮後隨意切碎

- 1/4杯（60毫升）芥花油
- 5到10片乾辣椒（視辣度自由選用）
- 3個甜椒／彩椒，最好綠紅黃椒各1個，去籽切成絲
- 3/4杯（110克）花生碎
- 2湯匙玉米粉，拌入1湯匙水
- 2湯匙香油（自由選用）
- 2湯匙烤過芝麻粒（自由選用）

做法

製作醬汁：碗中放入所醬料備用。

牛肉絲放入中型碗，撒入2撮鹽調味（1撮約三指捏起的量），再加入蔥薑蒜。可在前一天先醃好牛肉。

準備中式炒鍋或厚底煎炒鍋，用高溫熱鍋5分鐘。加入油和辣椒（如果選用），拌炒30到60秒直到辣椒變黑。加入醃好的牛肉，均勻分散盡可能接觸鍋面。如果鍋子不夠大，肉無法散開成一層，請將牛肉分兩次炒。下鍋的牛肉先不要翻炒，擺著不動煎1分鐘，然後再翻炒1分鐘，均勻受熱。

牛肉中間弄出一個洞，倒入醬料，開始攪拌確定花生醬融化在醬料中。當醬汁開始滾了，加入甜椒，此時鍋中湯汁會由大滾轉為略滾。如果你想要，可以蓋上鍋蓋煮1分鐘，讓湯汁溫度再升高。加入花生拌炒2分鐘，把蔬菜炒軟。最後拌入玉米芡汁，關火。可用香油提香及芝麻裝飾，上桌享用。

油煎雞胸肉佐龍蒿奶油醬 / 4人份

這道菜來自廚藝學院的初級課程。那時的我對只用雞胸肉做菜十分擔心，但是如果做得好，配上美味醬汁，雞胸肉也能讓人吃得開心，價錢實惠，好吃又讓人滿足。

我喜歡用「至尊雞」(supreme)來做這道菜，有時也稱為「航空雞」(airline breast)或是「史塔勒雞胸肉」(Statler breast)[1]——就是半隻雞胸肉連著一隻雞翅關節，為求美觀還可以把整隻雞翅去掉，再刮除上關節的肉，看來就會迷人些。但無論雞翅是不是保留，這道食譜一樣都可以做，只是帶雞翅關節的雞胸肉烹煮時間需要多幾分鐘。

你可以在訂貨時直接要求至尊雞，不然也可以自己切。以這道食譜而言，需要買兩隻雞。先把雞尾巴朝外，刀鋒沿著脊骨把雞胸劃開，取下一整片肉，沿著許願骨[2]切到雞翅連接雞身的關節處，把雞翅膀第二關節後面整個去掉。如要修整雞翅關節，先把關節後面的翅膀切掉，再把骨頭上的肉和筋都刮乾淨（雞腿和雞翅可以留著做炸雞，見 p.328。骨架可留下來熬簡易高湯，見 p.63）。

因為雞胸肉沒什麼油，我喜歡簡單配上加了新鮮香草、紅蔥頭和白酒的奶油醬。這種醬料再簡單也不過，但如果你有客人，或是想在週間的日子充充場面，可以稱這種醬汁為「白酒奶油醬」，而它的確是。

材料

- 4塊帶皮去骨雞胸肉，或4塊帶皮去骨帶雞翅關節的雞胸肉
- 猶太鹽
- 芥花油或其他蔬菜油
- 簡易奶油醬（見 p.209），調製時請配上龍蒿

做法

做這道菜前的一個半小時，就要把雞胸肉從冰箱拿出來。把肉沖洗乾淨，拍乾，兩面都隨意撒上一些鹽，放在墊上餐巾紙的盤子上，回到室溫。

烤盤放入烤箱預熱到95℃(200℉／gas 1/4)，這樣煎過的雞肉就可以移入烤箱保溫，你也可以用煎雞的鍋子做醬汁。或者你也可以用不同的鍋子把醬汁預先做好，放在爐台上，等你準備好了再回溫上菜。

大煎鍋以高溫加熱幾分鐘直到鍋熱。用手在鍋面上方檢測溫度。鍋子加熱時，一面把雞胸肉拍乾。在鍋中加入適量的油蓋住鍋底，理想的深度用目測是5公釐。請千萬小心別放太多油。你不是在吃油，而是用油煎

---

[1] 「史塔勒雞胸肉」的稱號來自旅館業之父E.M. Statler，1927年在他的波士頓飯店供應這種雞胸。

[2] 禽類在胸骨下方都有一根尾端分岔的骨頭，西方人用來許願，故名許願骨(wishbone)。

東西。油只要熱了就會出現明顯油紋，雞肉
雞皮朝下放入油裡，不要再動它了，讓它煎
到褐變。大概煎一分鐘左右，可以把肉稍微
抬起來看一下，確定沒有黏底而雞皮都有沾
到油。煎了幾分鐘之後，只要雞皮變成焦褐
色，就把火關到中溫。煎到一半時請把雞胸
肉翻面，要讓全部上色大約要4分鐘。然後
再煎5分鐘左右。如果是連著雞翅關節的雞
胸肉大約要10到12分鐘才會全部煎好。雞
胸肉移到烤盤上，放入烤箱中。

　　倒掉多餘的油，按照指示製作奶油醬汁。
上桌時把醬汁舀在香煎雞肉上就可以了。

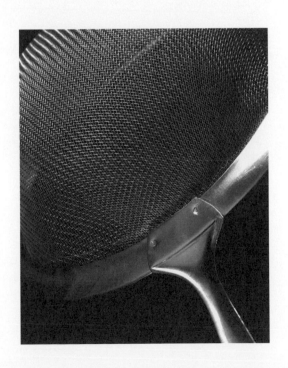

香煎干貝佐蘆筍 / 4人份

我第一次看到這道菜的類似版本是在「法國洗衣店」餐廳，當時在那裡任職的廚師格蘭特・阿查茲（Grant Achatz）[3]，正把松露和綁著香蔥的可愛蘆筍加在菜上，額外的葉綠素讓醬汁綠得濃烈。這道菜真是人間美味。美味的主要原因是干貝和蘆筍在各方面都是絕配：顏色和口感對比，滋味完美結合。

關鍵重點在於蘆筍要煮得剛好，冰鎮得剛好，干貝還要煎上一層帶著美麗色澤的外殼。最難的部分在於找到好干貝。試著找找好魚販，能夠在秋冬豐收時節供應你乾燥包裝的大干貝。干貝越大，這道菜越好吃，準備起來也越簡單。

材料

- 680克蘆筍680克，煮好冰鎮備用
- 680克干貝
- 3/4杯（170克）奶油，切成均等三份
- 細海鹽
- 芥花油
- 猶太鹽
- 2湯匙檸檬汁
- 檸檬皮切細末做裝飾

---

[3] 格蘭特・阿查茲（Grant Achatz）被譽為美國天才廚師，前途似錦，卻在33歲那年被診斷為舌癌四期，之後是與化療及失去味覺奮鬥的人生，至今仍努力不懈，在芝加哥經營Alinea餐廳。曾多次獲頒「美國年度大廚」獎項，2011年當選《時代》雜誌百大人物。

做法

蘆筍的尖端切掉留著做裝飾，再把蘆筍桿切段用攪拌機攪打成完全滑順的菜泥。你可能需要加一點水確保菜泥均勻，份量大約1/4杯（60毫升）。你也可以用食物調理機處理，但如果使用，就要用濾網濾掉長纖維。蘆筍可以在24小時前準備好，放冰箱冷藏。

做菜的一小時前就要把干貝從冰箱拿出來放在墊有餐巾紙的盤子上。干貝邊上通常有小小尖尖的結締組織，請拿掉丟棄。

煎干貝前，蘆筍泥放在醬汁鍋低溫加熱。蘆筍尖端和一塊奶油放在煎鍋低溫加熱。

干貝兩面撒上細海鹽。高溫加熱大煎鍋。鍋子容量要大，不可讓干貝擠在一起，擠在一起就煎不好了，而焦香外層是這道菜的樂趣之一。鍋中放入適量的油蓋滿鍋底，理想份量以目測約有5公釐。千萬別放太多油，你不是喝油，只是用油煎炒食物。油溫熱到極高快達到起煙點前，放入干貝油煎2分鐘，煎到表面有美麗的焦痕。翻面再煎2分鐘，煎到干貝裡面五分熟。千萬要小心別把干貝煎過頭；生干貝還很美味，但熟干貝就像橡皮一樣了。干貝移到餐巾紙上吸油。

煎干貝時，把放蘆筍泥和奶油蘆筍尖的兩只鍋子都開到中火。蘆筍泥煮到微滾，再放入猶太鹽調味，然後再拌入剩下的奶油。

上桌前在蘆筍醬汁立刻加入檸檬汁，醬汁倒入盤子或大碗中。再把干貝擺在醬汁上，用熱好的蘆筍尖及檸檬皮做最後裝飾。

1. 先汆燙，汆燙的水必須大滾。　　2. 立刻拿出，用冰塊水冰鎮。　　3. 冰鎮會讓顏色生動鮮豔。

4. 切下蘆筍尖當做配菜。　　5. 桿子切段加入攪拌機。　　6. 如果需要可加一些水。

7. 攪打得越久，菜泥醬汁越細緻。

8. 加入奶油完成醬汁。

9. 攪拌讓它乳化。

10. 出現油紋流動就是鍋子已熱好了。

11. 干貝放入熱油中。

12. 干貝一面煎好，再翻面煎完。面須煎幾分鐘，煎到5分熟，口感軟嫩。

油煎蘑菇／

4人份，可當配菜或主菜中的組合食材

除非你能拿到各種野生菇，這種菇無論你怎麼料理，口感和香氣都是最棒的。但一般買到的蘑菇需要適當油煎才會散發香味，就像白色洋菇或咖啡色蘑菇，還有龍葵菇、香菇、蠔菇都得靠煎才能讓香氣三倍釋放。為此，你需要極熱的鍋子，而難度在於蘑菇蘊含大量水分，如果在還沒煎好之前，就讓蘑菇把水分釋放出來，那麼上桌的就是蒸蘑菇而不是煎蘑菇了。

要煎好蘑菇，你需要大鍋子，還要豪氣地倒入一層油，就在油煎到起煙點時，加入適量蘑菇，份量足以蓋住鍋底卻不會擁擠，然後就這樣放著，不要翻動，直到煎好。

這樣做的蘑菇單吃就很好吃，可以直接當配菜，也可以當成配料加入燉菜、醬汁、湯品、燉飯和義大利麵。為了增加香氣，煎過之後一定要加入大量的鹽（太早加鹽會讓它們釋放水分）和新鮮現磨的糊椒。放點紅蔥頭末也很好。你還可以用一些白酒洗鍋底收汁，這樣更增添複雜深度。如果不加酒，就用幾滴檸檬汁引味，一小撮咖哩粉也會激出美好香氣。如果是放在燉菜裡的蘑菇，我會把菇切成大塊；如果要做配菜，就不切了；如果要放在醬汁裡或做最後盤飾，則會切片。煎好的蘑菇可以移到盤子裡放涼備用。後續完成只要用一點奶油和緩回溫再調整味道就可以了。

無數菜餚都以蘑菇增加風味的深度及香氣。要做好吃的牛排醬，可以將香煎蘑菇和焦糖化洋蔥以同等份量拌在一起，再加一點奶油或鮮奶油，有時候還可以加一點葡萄酒或干邑白蘭地的酸氣。要做簡單的好湯，只要把蘑菇放在奶油裡回溫再打成泥，加入檸檬和咖哩調味。或是煮紅酒燉雞或燉牛肉時，在快煮好時加入蘑菇，一樣燜在酒裡就成了。蘑菇還可做肉和義大利麵的多汁餡料。有道配料叫做 Duxelles（香煎蘑菇醬）就是煎過的蘑菇碎或蘑菇丁，用法多元，可以加在各種醬汁裡（見p.211）。

材料

簡易版香煎蘑菇

- 芥花油（30.5公分／12吋的煎鍋需要1/4杯／60毫升的油）
- 455克蘑菇，切十字分成四份，或切成6公釐厚的片狀
- 猶太鹽
- 新鮮現磨黑胡椒

加強版香煎蘑菇

- 芥花油，油煎用（30.5公分／12吋的煎鍋需要1/4杯／60毫升的油）
- 455克蘑菇，切十字分成四份，或切成6公釐厚的片狀
- 紅蔥頭末2湯匙
- 猶太鹽

● 新鮮現磨黑胡椒

● 1/4 茶匙咖哩粉

● 半杯(120毫升)白酒

做法

製作簡易版香煎蘑菇：煎鍋先用高溫加熱3到5分鐘，加入足量的油，份量需蓋過鍋底，讓油溫升高到快要冒煙。加入蘑菇，份量恰可鋪滿鍋底淺淺一層，若需要也可分兩批煎。蘑菇煎1分鐘後拿鍋鏟壓，讓它更受熱。蘑菇翻面再煎，再用鹽和糊椒調味，然後移到盤子或碗裡。如有第二批蘑菇需要煎，則將煎鍋擦乾淨，重複步驟。

製作加強版的香煎蘑菇：煎鍋用高溫加熱3到5分鐘。加入足量的油覆蓋鍋底，油加熱到起煙點，放入淺淺一層足可蓋住鍋底的蘑菇，如需要可分兩次煎。蘑菇煎1分鐘後用鍋鏟加壓，讓煎的效果更好，再把蘑菇翻面再煎。

加入紅蔥頭與蘑菇一起拌炒，用鹽、糊椒及咖哩粉調味。如果蘑菇分兩次煎，咖哩粉也要分成兩次用。拌炒30秒讓紅蔥頭和調味料均勻。加入1/4杯(60毫升)酒(如果蘑菇只有一批要煎，就加入全部的酒)。炒好後將蘑菇移到盤子或碗裡。如需要煎第二批，則將鍋子擦乾淨，重複步驟。

快炒（Stir-Fry）

快炒是「煎」（sautéing）的變形，但不是「炸」（frying）。用高溫和少量油快炒質地柔軟的食材。真正的快炒需要劇烈高溫，鍋面溫度要高到無法把食材放著不動，不然就會燒焦，只好讓食物在鍋面跳舞。如此劇烈高溫和料理速度說明了為何好的快炒會帶來如此獨特的風味。這種滋味極難複製，因為家庭廚房不具備這種火力，可以讓食材入鍋後鍋子仍保持如此高溫。

但也有幾個可以用來提升快炒技術的技法，過程中還可以訓練你的廚藝肌肉。首先，無論你是用中式炒鍋還是煎炒鍋，都要確定用來快炒的鍋具得有厚底鋼材鍋面。第二，食材要全部切好準備好放在爐台旁。第三，鍋子一直放在熱源上受熱，溫度要高到把一茶匙水倒在鍋裡，水會迅速形成水銀狀的水球在熱鍋裡滾來滾去。第四，要先放肉。如果肉塊還有水分，要先拍乾，肉越乾，就不會有那麼多水氣，不會讓鍋裡的溫度一下就降低了。第五，放在鍋裡的肉要散開，盡量讓肉接觸到鍋面。第六，肉放入後大約20秒不要動它，然後才放入其餘食材，可加入充滿香氣的提香蔬菜，再下調味料（佐料多半是蔥、薑、蒜）。

對於那些堅持快炒須達到所需溫度才算完成的人，我的主廚師傅麥可・帕德斯建議，他們應該買一個炸火雞用的深炸鍋，再準備中式炒鍋放在瓦斯爐上。但就算缺少這些器具，上述技巧也行得通，仍可做出最棒的快炒，就像這裡介紹的。

香煎夏日南瓜 / 4人份小菜

這道小菜顏色鮮豔,清新簡單,特別適合搭配白肉和魚。製作上使用中溫比高溫好,只要幾分鐘就可完成。南瓜和胡蘿蔔可以手工切成絲,但如果你有刨絲器,用刨的會更簡單。我推薦日式刨絲器。

材料

- 1顆中型南瓜
- 1顆黃色櫛瓜
- 1顆奶油
- 猶太鹽
- 1顆大胡蘿蔔,去皮
- 新鮮現磨黑糊椒
- 1/4顆檸檬

做法

如果用手工切,請將南瓜和胡蘿蔔盡量切成細長絲。請用外表看來新鮮的南瓜,內層去籽不用。如果使用刨絲器,請裝上刨絲刀,直接從南瓜外層的肉開始刨,刨到內層碰到籽為止。蔬菜可以提前4小時先切好,蓋上濕毛巾,放入冰箱冷藏。

中溫加熱煎炒鍋,加入奶油。當奶油融化後,加入南瓜和胡蘿蔔煎到軟。隨意用鹽和胡椒調味,再擠入檸檬汁,即可食用。

香辣培根油煎球芽甘藍 / 4人份

用油煎方法烹煮綠色蔬菜,是將普通食材轉變成絕頂美味的最好策略。這裡的方法適用於所有綠色蔬菜——不管是豆子、菜豆、菠菜或芹菜——但是以球芽甘藍搭配培根和辣椒碎最好吃。做法是將球芽甘藍燙過再冰鎮,再用培根油加熱回溫。比起一般將甘藍對半切的做法,建議用日本刨絲器將甘藍刨成細絲,生煎一下甘藍絲就好了。

材料

- 225克培根,切成6公釐寬的塊狀,將油逼出來保留備用(見p.256)
- 1茶匙辣椒碎
- 猶太鹽
- 450克球芽甘藍,對半切,燙到軟,用冰塊水冰鎮

做法

大型煎炒鍋用中溫回溫培根及培根油。加入紅辣椒碎煎30到60秒。加入球芽甘藍,拌炒一下讓它全部沾上油,再煎3到4分鐘熟透。如需要可用鹽調味,即可食用。

煎培根的方法

這項技法可以放在水的那章，因為水的一致性加上低溫特色可以將培根先煮過再逼油。我第一次見識這方法是在緬因州羅克波特（Rockport）的「普里莫」（Primo）餐廳的廚房，當時我正和餐廳主廚梅莉莎・凱利（Melissa Kelly）和普萊斯・庫斯納（Price Kushner）敘舊。其中一位主廚告訴我煮培根要先放在水裡，這麼說令人匪夷所思，水不是會把風味和鹽洗掉嗎？但這方法很棒。

培根放在水裡以100℃（212℉）的溫度煮過，這時較硬的肉會變軟，油開始流出。這就是最主要的好處，它有軟化的效果，對於培根條或大塊培根肉特別有幫助。同時你也不需要耗費心力注意鍋子，當水全部煮乾，這時培根會發出吵鬧的霹啪聲響叫喚你。是的，水會帶出風味及鹽分，但一旦水被煮掉了，就只剩下培根在風味濃郁的油脂中煎著。

因為培根肉都冰得好好的，我放了厚片培根在冰庫裡，每次做沙拉或燉菜需要培根丁的時候，很快就可以準備好。冰凍的培根放在水裡煮真是最完美的方法。

「這是我在賴瑞・弗吉歐尼（Larry Forgione）的紐約餐廳「美國聖殿」（American Place）學到的，是李奇・迪歐拉奇（Rich D'Orazi）主廚教我的。」凱利告訴我：「自從那時起，我再沒有用過其他方法料理培根丁了。」

我也是！

材料

● 培根，視需要可將培根切條、切丁、切塊

做法

選一個可以讓培根一層排好的煎炒鍋，將培根放入鍋中，加入冷水，份量需蓋過培根，用高溫煮開。當水幾乎煮掉，你可以聽到吵雜的霹啪聲，把火關到中低溫，繼續油煎培根，煎到培根變成美麗的金褐色，外層酥脆，內層酥軟。立即享用。

15

烤 ROAST

高與低的藝術

Recipes

就像「煎炒」這門技術，廚藝學院的老師也將「烤」定義為「乾熱法」（dry heat）──那就是，不需水作為降溫調節的烹調法。這項技法可以分為兩項：高溫爐烤與低溫爐烤。

料理術語中，「烤」（roasting）的定義並不穩定，就好像它與烘焙中的「烤」（baking）沒有差別。以前可能只有用明火烤肉才能叫作roasting，而在密閉烤箱中烤東西才叫作baking。但今日我們都把roast用在烤肉，而把bake用在烤麵團或烤麵糊上，這就是兩者最大的差異（即使我們也會將roast用在烤火腿，但肉丸子就不會用roast，而馬鈴薯就兩種烤都可用）。

高溫的作用在於引發風味，就像肉要好吃，就需要將禽鳥的皮和肉的外層先褐變才辦得到。而低溫讓大型食材烹燒均勻。因此，烤雞時，我們會用高溫讓雞烤出香味；而做大塊排骨時，則要放入烤箱以低溫加熱，讓它在外層烤過頭之前，中心就要熟透。

烤與水無關，但肉質堅韌的結締組織需要水才能軟化，因此我們通常無法用烤來處理堅硬的肉塊，就像我們無法「烤」出燉肉，因為肉會被烤得又硬又乾。但另一方面，羊腿卻要用烤的，烤的羊腿才有風味，那是因為烹燒過後，羊腿還會切成薄片，肌肉中堅硬的結締組織因此軟化。

對於烤，以上就是全部該知道的事。它是最簡單常用的技巧之一，也是最棒的烹飪方法，讓廚房充滿不可思議的香氣。當你思索某樣食材要怎麼烤才好時？請想想食材的質感，好比它是否天生軟嫩？有多大塊？有沒有皮（皮裡含有大量水分，得將水烤掉才會起褐變反應）？你的目的是想讓外層好吃？還是從外到內全部煮熟？一般而言，我們認為可以**焦糖化**的東西就可以用高溫引發香氣（雖然你不會真的把什麼東西都焦糖化，除非你在烤翻轉蘋果塔／反烤蘋果派〔tarte Tatin〕）。所謂焦糖化，就是烤東西時又甜又香的複雜味道，只有當溫度達到150℃（300℉）或更高時才會發生。如果你只想煮熟食物而不需要引發額外的香氣，也不需要外層焦內層生的效果，那就把溫度定在低於150℃（300℉）。

我做高溫爐烤時，幾乎都把溫度定在220℃（425℉／gas 7）到230℃

（450℉／gas 8）之間，溫度越到高點，全部油脂開始冒煙，所以要有效率高的燒烤溫度，你需要乾淨的烤箱和良好通風。如果要做大塊肉類這種大型烤物，我會用低溫，通常定在110℃（225℉／gas 1/4）左右，而這已接近水波煮的溫度，特別是當食物的冷卻作用讓表面布滿水氣時，這樣的溫度可以讓水氣蒸發。

蔬菜是美味的烤物。蔬菜一經高溫烹烤，散發的香氣比起用水煮明顯有別，以致兩者需要分門別類。蘆筍用烤的滋味比用水煮的更為複雜，烤球芽甘藍簡直像美夢，而烤青花菜則宛如天啟。

烤這門技法，只有幾件事需要講究，而這些事都是常識，對其他烹飪形式也適用。首先，食物在送去烤之前必須回到常溫。而且食物必須相當乾燥，只有水分烤掉之後，食物才會烤出香氣。最後，永遠要預熱烤箱。

很多烤箱都有熱風對流的特性，也就是烤箱內裝有風扇，會不斷循環空氣。如果希望禽鳥烤出酥脆的皮，熱風對流特別有幫助，因為對流可以把從鳥皮上烤出來的水分帶走，對流也讓你的烤箱沒有熱點與冰點。我建議，高溫爐烤都應該用對流烤箱，因為對流可以讓熱氣更有效率，好像裝了一台渦輪增壓器，使用對流的燒烤比沒有對流的要快多了。請留意你的對流裝置如何運作，再據此調整燒烤時間。

不要用太高的器皿做燒烤，器皿太高，熱氣就無法循環到食物。我最喜歡用來做燒烤的器皿是可烤式的煎炒鍋，或鑄鐵做的平底鍋。

爐烤不需要在食物上加蓋子，把食物包住就像在蒸而不是烤；而把食材蓋上鍋蓋或覆上鋁箔紙，就比較像是燜燉也不是烤，因為這會讓料理食物的方法由「乾熱」變成「濕熱」（moist heat）。但這點也可變成優勢，比方烤的食材太硬時，可以先把豬肩肉用低溫加蓋爐烤，讓水蒸氣對付結締組織，然後，當烤物變軟時，再打開蓋子，烤出顏色。

這裡，我以爐烤蔬菜開始，因為它們很美味，而我也覺得我們並不常把蔬菜拿來烤。更別說蔬菜一經過烤，就像是吃大餐，因為增添了複雜的滋味。水煮花椰菜很好，但依我看，你需要更精緻的醬汁才能襯托，或放點

盤飾才能讓它更有趣。而烤花椰菜幾乎就可當主菜，就像烤牛肉烤豬肉當主菜一般。

　　唯一不適合用烤的蔬菜是葉菜，你不會把菠菜拿來烤，它會烤到整個乾枯。你也不會烤甘藍菜，因為它決不會被你烤軟的（不過，你倒是可以把這種綠色蔬菜烤成「脆餅」）。除此之外，其他蔬菜都可以烤，像是綠色蔬菜或根莖類蔬菜。因為蔬菜幾乎都是水，得採取某些措施才不會乾枯。我喜歡讓它們沾上一層薄薄的油，再送入熱烤箱。油也有助於讓熱氣擴散均勻而不只是停在表面。此外，烤東西時，請注意水分多寡，也許有些蔬菜你喜歡口感脆些，就像青花菜，而其他根莖類蔬菜就要外層金黃內層多汁才最好吃。

烤花椰菜佐褐色奶油 / 4 到 6 人份（依據花椰菜的大小和你的食用方式）

　　烤花椰菜會飄出陣陣焦糖香，加上褐色奶油味道就更好了。這是一道很實在的菜，可以當素食者的主餐，或是烤肉的配菜。如果你想減少攝取碳水化合物，換成烤馬鈴薯也很好。花椰菜需要烤一個多小時，快烤好時加入奶油，烤好時花椰菜就會泛著一層奶油膜。

材料

- 1 顆花椰菜
- 1 湯匙芥花油
- 6 湯匙（85克）奶油，室溫下回軟
- 猶太鹽

做法

　　烤箱預熱到 230℃（450 ℉／gas 8），如果擔心起煙，也可調到 220℃（425 ℉／gas 7）。

　　去掉花椰菜的莖，切掉的部分要越近底部越好，如果還有葉子也請拔掉葉子，將油抹在花椰菜上。

　　花椰菜放入適當大小的可烤式煎炒鍋或平底鍋中。鍋子滑入烤箱，讓花椰菜烤 45 分鐘。從烤箱拿出花椰菜，在表面抹上奶油，撒入 1 撮鹽（三隻手指捏起的量）。放回烤箱再烤 30 分鐘，依此程序將融化奶油多次塗在花菜上，直到花椰菜焦糖化也軟化；插入刀子不會碰到阻礙，就可在盤中切開食用。

孜然烤四季豆 / 4 人份

　　夏天，我會把四季豆煮來吃；冬天則用烤的。這道菜裡，我加入紅辣椒碎和孜然。如果手邊剛好有培根油，我會用它來作料理油，替這道菜添加深度。

材料

- 3 湯匙芥花油或培根油
- 1 到 2 茶匙紅辣椒碎
- 2 茶匙孜然籽　● 猶太鹽
- 5 到 6 瓣大蒜，用刀背壓碎
- 455 克四季豆，去梗莖備用

做法

　　烤箱預熱到 230℃（450 ℉／gas 8），如果擔心油煙，也可調到 220℃（425 ℉／gas 7）。

　　放入烤箱的平底鍋以高溫加熱，再加入油、紅辣椒碎、孜然籽和大蒜。當孜然和紅辣椒碎爆到吱吱作響時，放入四季豆拌炒，讓它沾上一層油。

　　鍋子放入烤箱烘烤四季豆，中途拿出來翻炒一兩次，大約烤 20 分鐘，讓豆子上色軟化。烘烤中途可撒入三隻手指捏起的鹽調味。離鍋後趁熱食用。

香烤羊腿佐薄荷優格醬 / 6人份

羊腿是很有趣的烤物，由不同肌肉組成，有些比較柔軟，但這些柔軟的肉卻與堅韌的結締組織彼此連結。因此烤的時候需要溫和的力道讓羊肉烤到柔軟，火力決不能太大，不然外層就會烤得太老，而骨頭上的肉還是冷的。就像做盤烤豬里肌（見 p.270），我喜歡抹上健康的配料，如爽脆的芫荽子、黑胡椒，在盤中再加入大蒜和百里香。而這裡的醬汁只是簡單以薄荷為主的醬汁，是傳統的羊肉配醬；但如果你想嘗試較不傳統的新味道，搭配新鮮香菜也很好。烤馬鈴薯和洋蔥是烤羊腿的絕配，可和羊腿一起烤，等到羊腿烤好靜置時，它們會在烤箱中慢慢變脆。

烤羊腿最適合在過節時招待大群賓客，因為烤這種技法會讓食材的熟度各有差異，可以滿足個人不同口味的需求。

材料

- 1顆大蒜
- 1.8到2.7公斤羊腿
- 猶太鹽
- 2茶匙芫荽子
- 2茶匙黑胡椒子
- 3湯匙芥花油
- 4到6根新鮮百里香
- 1到2茶匙檸檬汁
- 1杯（240毫升）希臘優格
- 1/4杯（20克）薄荷碎

做法

烤前2小時就要預做準備，甚至早在2天前就可先處理好。先將3瓣大蒜剝皮切片，然後把小刀插進羊肉裡，再順著刀背把蒜片卡進入羊肉裡，重複這個動作直到羊腿上均勻鑲滿大蒜。再抹上大量的鹽，鹽量約需1湯匙，事先準備好的羊肉放入冰箱，烤前2小時再拿出來即可。

烤箱預熱到180℃（350℉／gas 4）。

芫荽子和胡椒粒放在砧板上用鍋底壓碎。羊肉抹上1湯匙油，撒上芫荽子和胡椒，如果之前沒有用鹽醃肉，此時還要抹上鹽。

用可放入烤箱的大煎鍋或厚底烤盤，放入剩下的2湯匙油高溫加熱。留下1瓣大蒜，其他的則不去皮和百里香一起入鍋爆香。放入羊肉油煎，每面煎3到4分鐘上色（羊腿形狀並不好煎，有些部位也許會煎不到）。一面煎，一面替羊腿淋油。煎鍋放入烤箱烤1.5小時，烤到羊腿內部溫度至57℃（130℉）。

羊肉上桌前20分鐘，將剩下的蒜瓣去皮、壓碎、搗碎或切末。取一小碗放入蒜末、1茶匙檸檬汁、1/2茶匙鹽，靜置幾分鐘，再加入優格攪拌均勻，放一旁備用。

羊肉移到砧板上（切肉時會流出大量肉汁），靜置20到30分鐘。同時試吃醬汁味道，如需要可再加入檸檬汁，再拌入薄荷。羊腿垂直切成薄片，切時與骨頭平行。切完後，將累積的醬汁舀在切片上，再配上優格醬食用。

說到家常菜，沒有比烤雞更具代表性的了。我相信凡是提到家常菜的書都會收錄烤雞食譜，即便所有食譜多是大同小異。

你想怎麼改變配方都行——可以在皮下抹入奶油和香草，或烤時以蔬菜墊底，或用提香蔬菜和香草當內餡，還是加上綠色泰式咖哩醬增加風味，不然就放入小茴香和乾辣椒的混合物提味。到頭來，烤雞仍是烤雞，正因為如此，我們才滿懷感謝。做道美麗的烤雞放在桌上讓大夥共享，還有什麼東西比它更實惠，更能撫慰人心！

也許沒有比烤雞更慷慨的食物了！廚房裡彌漫著香氣，歡樂滿屋，即便你沒察覺到。烤雞從爐中拿出來放在器皿或砧板上靜置，此時，大餐在你眼前完成，如此華麗誘人（為了確定好不好吃，趕緊切下翅膀或屁股嘗嘗味道）。如果你喜歡，還可以用一些油脂、肉汁和卡在盤中的焦香雞皮做醬汁（見p.203）。切下雞腿時也會流下肉汁，這也可以善加利用。

所有準備都為了大吃一頓。我們一家四口共享一隻鳥，對我是精神上的滿足，即使我的孩子不覺得如此。我們通常都會剩下東西，雞的剩料及骨架可另外熬成高湯（見p.63），雞背骨在一兩天後又是一餐，出現在雞湯餃子和各種湯品裡。

完美烤雞 / 4人份

完美烤雞有三個講究重點。雖然有許多變數讓烤雞大不相同（如雞的品質、所用的調味料和烹煮的時間）。但如果最後你想烤出完美烤雞，有三個主要目標很重要，就是：調味、烤箱溫度，以及最常談論到卻很少實用建議的——維持多汁的雞胸肉和讓雞完全熟透。

此處的調味料是指鹽。烤雞用鹽應該隨意大方，應該看到一層鹽覆在雞上，而不是虛應故事地撒兩下。就如湯瑪斯・凱勒告訴我的：「我喜歡在雞上下雨。」而用鹽的積極態度不僅是在外層調味，讓雞好吃而已，而是用鹽幫助雞皮脫水，最後才會讓雞皮烤得金黃酥脆，而不是濕軟蒼白。

烤雞的烤箱溫度應該非常高，高到爐火及廚房可以承受的極限。烤箱熱度——理想的溫度應該在230℃（450℉／gas 8），最少也要220℃（425℉／gas 7）——這樣的高溫有兩個重要意義：使雞皮褐變，也讓雞腿熟得更快，而雞胸不會太快燒乾。

人們最常把雞胸烤得乾柴無味的原因，是他們根本不了解在那隻鳥的空肚子裡會發生什麼。如果雞腿尾端沒有綁緊放在雞肚子前，或者讓雞肚前面空無一物，熱氣會迴旋在雞肚子裡，雞胸就會從裡開始熟透。為了避免這種事情發生，你必須把雞綁起來，我覺得這是烤雞的樂趣之一，但大多數家庭廚師則認為能省則省。如果你覺得自己是後者，只要在雞肚子裡放點東西就可以了，最好是美味的食材，如檸檬、洋蔥、大蒜、香草。再説一次，如果你不想把雞紮起來，就塞些檸檬在裡面。

當然，你不希望雞沒有烤熟或烤太熟。根據我過去20年，每年烤雞無數週的經驗而言，一隻1.8公斤重的雞，要用230℃（450℉）的溫度烤1小時才足夠（不到1.8公斤的雞，則需要烤50分鐘）。但最高指導原則是以雞胸腔的肉汁判斷熟度。在烤了45分鐘後，請把雞傾斜，如果肉汁劈劈啪啪地流到油裡，且看得到紅色，則稍安勿躁。但如果你傾斜雞隻，流出的肉汁是乾淨的，就可以安全地把雞拿出烤箱。

最後，切開雞之前，必須靜置15分鐘。不必擔心烤雞會涼掉，它不會的。這是一隻又大又結實的雞，保溫效果很好（靜置10分鐘後，可用手摸看看，再自行判斷）。

材料

- 雞1隻，約重1.4到1.8公斤
- 1顆檸檬（或）加1顆中型洋蔥，切成4等份（自由選用）
- 猶太鹽

做法

烤雞前1個小時就要把雞從冰箱取出，用水沖乾淨。如果打算製作鍋燒醬汁（見

p.203），可以先把雞翅尖剪開放入烤盤，如果保留雞脖子，也可放在盤裡一起烤。把雞綁起來，不然就用檸檬或洋蔥填入雞肚子中，或者兩者皆做。撒上鹽，放在墊了餐巾紙的盤子上。

烤箱預熱到230℃（450℉／gas 8），如果擔心油煙的問題，也可將溫度調到220℃（425℉／gas 7），如果有選擇，可將烤箱設定在熱風循環的狀態。準備可入烤箱的平底鍋，放入雞，送入烤箱。

烤了1小時後，檢查肉汁的顏色。如果仍是紅色，送回烤箱續烤，5分鐘後再確認一次。雞拿出烤箱之後，需要靜置15分鐘才可以切。

切開烤雞上桌享用。

1. 撒上大量一層鹽才會把雞烤好。

2. 將雞紮好，以免雞胸烤太老。

3. 用長柄平底煎鍋烤雞最能幫助空氣循環。

附加技術：盤烤（Pan Roasting）

盤烤是你烹飪武器庫中重要的烹飪工夫。即使標題中沒有食物，光聽這名字也能讓人聯想到美味。它簡化了烹飪程序，讓你更能靈活控制食物，當主菜完成時，還可將爐台位置空出來，讓你處理餐點的其他部分。

盤烤結合了兩種乾燒技巧：油煎和爐烤。一開始肉先用煎炒鍋在爐台上煎到焦香，然後翻面，放入烤箱完成後續。換句話說，一開始肉先在極熱的鍋面上讓外層煎出香味，再放在熱氣圍繞的環境讓內層熟透。

所有肉類都可使用盤烤這技法，只要它有一定厚度且天生軟嫩。盤烤並不適合太薄太瘦的肉塊和沒有油脂的魚排，但較厚的肉塊和肉魚就很合適，像是牛里肌、牛排、小排、帶翅關節的雞胸肉，魚類則有鱈魚、鮟鱇魚和石斑等，都是很適合盤烤的食材。

你只需要一個可放入烤箱的平底鍋，最好是有著金屬把手的厚底不鏽鋼煎炒鍋，或是鑄鐵做的煎鍋。當盤烤完成時，鍋子把手會非常燙，我都用厚毛巾抓著拿起熱鍋。每當我把鍋子拿出烤箱時，都會把毛巾留在把手上，如此不論誰靠進爐台，都不會因為抓著把手而燙傷。

盤烤在餐廳廚房幾乎隨時都用得上，在一般家庭廚房也該更常用。烹飪方法的結合會讓我們在各方面都得到好處，盤烤是其中用途最多的。

盤烤百里香豬里肌 / 4 人份

盤烤的最大好處是，可以藉著淋油的機會替食物增添風味。就像這道菜，整塊豬里肌在爐上油煎後，在平底鍋中放入少量奶油，再加入大蒜和新鮮香草，奶油可以吸取香料的風味，就像淋油一般將風味送到豬肉。淋油也會讓豬肉表面包上一層熱油，可以讓肉煮得更快更均勻。這章的任何烤蔬菜都可做為這道菜的完美搭配。

材料

- 570 克豬里肌肉
- 猶太鹽
- 新鮮現磨黑胡椒
- 1 茶匙芫荽籽，稍微烤過再放入缽中用杵磨碎，或放在砧板上用平底鍋敲碎，不然就用刀子稍微剁一下
- 1 茶匙芥花油
- 4 湯匙（55 克）奶油
- 3 瓣大蒜，用刀背稍微壓開，但不要壓扁
- 3、4 株新鮮百里香，加上 1/2 茶匙百里香葉
- 1 顆甜橙皮

做法

料理豬肉前 1 個小時就要把豬肉從冰箱拿出來，用鹽、胡椒和芫荽籽調味。豬里肌的尾端呈現三角錐形，可考慮把錐形尾端摺進肉裡，用綿線綁住，讓里肌肉前後厚度一致。不然，你也可以就這樣放著（只是里肌肉五分熟時，尾端的肉就會全熟），或者你也可以把尾端的肉切下來另做他用。

烤箱預熱到 180℃（350℉／gas 4）。

取一個可放入烤箱的平底鍋以高溫加熱，鍋子容量需可放入里肌肉。鍋子熱後再放油，等油熱了，再把里肌肉正面朝下放入鍋中，不要動它，就這樣煎 1 到 2 分鐘，煎到焦香上色。這時可在鍋中加入奶油、大蒜、整株百里香。里肌肉翻面。當奶油融化後，用湯匙淋在里肌肉上，再把平底鍋放入烤箱中。烤幾分鐘後，再把鍋子拿出重複淋油。請壓壓看，這時的里肌肉應該仍十分濕軟（生的）。把鍋子放回烤箱，再烤幾分鐘。如果需要，再拿出來淋油。

烤好後，將里肌肉拿出烤箱，全部的料理時間大約為 10 分鐘。這時里肌肉應該有點軟，但開始有些變硬的跡象。如果需要，可用即顯溫度計確定內層肉的溫度，溫度應該介於 54℃ 到 57℃（130℉ -135℉）之間。再次替里肌肉淋油，百里香葉加入鍋中奶油裡，平底鍋放一旁靜置 10 分鐘。

上桌前，將里肌肉橫向切成 12 公釐厚的肉片，淋上帶著香草的淋油，上桌前再撒些甜橙皮，即可食用。

盤烤鱈魚佐香腸油醋醬 / 4人份

鱈魚是豐潤的魚種，最能表現出西班牙香腸chorizo的香氣和油醋醬酸度的食物。因為是肉魚，用烤的會有很好的效果。可先將魚排用熱油煎到焦香，再翻面放入烤箱中讓它熟透，此時你就可以去準備其他菜餚。

材料

- 4片去皮鱈魚排， 片大約170克
- 芥花油
- 細海鹽
- 西班牙香腸油醋醬（見 p.217）

做法

烤箱預熱到180℃（350℉／gas 4）。

鱈魚擦上油，撒上鹽。

取一可入烤箱的不沾鍋以高溫加熱。鍋熱時加入適量的油，油量需蓋過鍋底，深度需達3公釐，使油變熱。鍋中放入鱈魚排，煎2分鐘，煎到金黃。

魚排翻面後將鍋子放入烤箱，烤4到5分鐘，烤到鱈魚中心都熱了。用小刀或蛋糕測試棒插入魚排中，再把金屬貼進你的下唇皮膚，如果它是冷的，把鱈魚送回烤箱再烤幾分鐘。

烤好的魚排放在餐巾紙上吸油，加上油醋醬後即可食用。

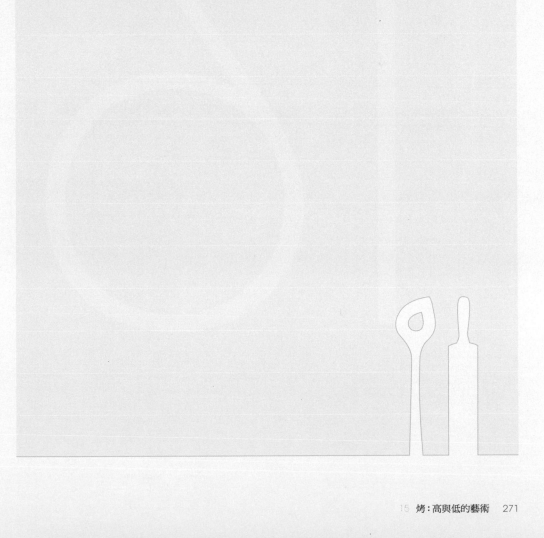

16

燉燒 BRAISE

濕熱的煉金術

燉燒（braise）不只是廚房中寶貴的技巧，也是正牌廚師的某種象徵。比起其他技法，這門技術只與一件事有關：轉變，將生冷、堅硬、便宜的食材，變成熟熱、軟爛、美味的菜餚。做燉燒菜時，我們了解比起使用其他單一技術，廚師的能耐只在讓燉燒更豐富、更充實、更燦爛。

　　燉燒也是最豐盈的技術：它充實了廚房。

　　十年前在俄亥俄州克里夫蘭的深冬，晚上6點，四周一片漆黑，我寫著支票支付那些不確定是否有錢支付的帳單，但我想不透為什麼我並不如想像中過得那麼慘。是烤箱裡燉的排骨，廚房窗子被熱氣蒸上一層霧，我老婆唐娜讀著《紐約時報》，煮蛋麵的水就快燒開。燉牛肋排配奶油蛋麵，就這麼簡單。燉燒設定了溫暖滿足的氛圍，你的家就這樣圓滿了，即使你的銀行帳戶阮囊羞澀。但肋排還真對狀況有幫助，因為它的價錢只是里肌肉和牛排的一半。我們燉煮最便宜的肉塊，卻把它們變成山珍海味。

　　燉燒偉大的另個原因是它會隨著時間越燉越好。你可以早在一兩天前，甚至三天前就預先做好，只會更加深風味。

　　這些品質──可預先做好的料理，便宜卻豐富味美──也讓燉菜成為完美的有趣食物。

　　就連製作步驟的描述方式都是迷人的：肉裹上麵粉，放在熱油裡滋滋作響，油膩的排骨煎出一層金黃焦香的外殼，在豐潤的高湯中慢慢煨煮至軟爛。

　　另一個使燉燒偉大的理由是它很簡單。人人都可以做，而且可以做得很好。它不像蛋糕裝飾或是剔骨取下一塊雞肉。每個人都會熱鍋，都可以油煎肉塊上色，在鍋裡加些湯水，丟進烤箱，然後接下來幾小時可以去做別的事。

　　在我介紹這項技法的特殊細節前，到底什麼是**燉燒**？

　　燉燒的意義在文字紀錄和主廚間並沒有明確共識。braise這個字源自法文，意思是把煤炭或燃煤放在烹煮器皿之下、周圍，或之上。也有人認為判別的準則在於只要肉有部分淹在水中就是燉燒，但也有人說水是否蓋過

食材並不重要。還有人說燉燒的定義必須納入肉塊事先經過褐變處理，其他人則認為不管什麼食材，肉也好，蔬菜也好，只要放在湯水裡用烤箱煮到軟爛就是燉燒。

燉燒由以下幾個因素界定：燉燒的食材應該肉質堅硬，多半是大量勞動的肌肉，這也是為何我們需要燉它的原因。其次，食物通常需要油煎上色增加成品滋味，對肉塊尤其重要，油煎可以固定外層，以致當你把肉加到湯水中，肉不會釋出大量血水，而血水會凝結浮到湯水表面。燉燒通常還需用到以高湯為底的湯水，加入鍋中和其他食材如提香蔬菜和調味料等一起燉煮。所有內容物煮到小滾，再放入烤箱燜燉，這時鍋子加蓋或部分加蓋都可以。

當然，燉燒也有無限變化。有時候你不想一開始就油煎食材上色；有時候你想蓋上鍋蓋，有時則不；有時水要蓋過食材，有時卻只要淹到一半。通常燉燒的多是一大塊東西，或是幾大塊食材，如大塊牛肉、羊肉、小牛膝。而燉煮（stew）則是燉燒的變形，材料多半豐富或者切成小塊。braise 這個字已擴大到連烹煮軟嫩食材都可以用，像是燉魚或燉蔬菜。但這個字意指菜餚有水，尤其燉燒一向被認為是「濕熱」（moist heat）的烹調法，與爐烤、煎炒等「乾熱」（dry heat）烹調技巧正好相對。

燉燒最重要的步驟之一是選用正確器皿。你可以用淺的煎炒鍋做燉燒（p.52的紅酒燉雞就是一例），也可以用深湯鍋來做，但材質必須厚重且導熱良好。我最喜歡用來燉燒的器皿是搪瓷鑄鐵鍋，這種容器非常厚重，可以放在爐台上燒，又可放入烤箱烤。搪瓷表面屬於低黏度材質，可以讓食材褐變得很漂亮，又容易清洗。各種廠牌中，法國鍋具品牌 Le Creuset 是最知名又符合業界標準的廠牌。這家鍋具十分昂貴但值得投資。大鍋和小鍋都具備比較好，因為燉燒另一個重要因素是尺寸。小東西很難用大鍋子燉燒，因為放入的水太多。選一個可以讓食材緊密貼合的鍋具，這可讓湯水的運用最有效，且能傳達最豐富的風味。

鍋中放多少水則要看你所要求的效果。如果你希望肉煮得均勻，用水得

淹過食材。如果想在外層引發更多香氣，只蓋到一半即可，讓暴露在外的部分繼續褐變。

如果蓋住鍋子，燉湯會沸騰。如果不蓋住鍋子，或只蓋住部分，讓鍋蓋稍微打開一角，或是用烘焙紙剪成蓋子覆蓋，這樣會使火候更加溫和，湯汁收得更多，味道更加集中。

水氣是關鍵。當你利用濕熱的力量煮化堅硬的食材，就可以集中精力在味道上。比方，煮軟食材並不需要把它浸在湯水裡，可以用鋁箔紙包好食材，並包入幾湯匙水一起煮，不但可達到同樣效果，也不會讓肉的風味流失在湯水裡。

一般來說，最佳的燉燒溫度不可超過150℃（300 ℉），但再次提醒，溫度取決於你的食材及料理方法。你可以用110℃或165℃（225 ℉或325 ℉）的溫度做燉燒，但是以我的經驗，你燉煮食物的火候越溫和，食物滋味越好。如果你蓋上鍋蓋且把食材浸在水裡，此時無論烤箱溫度多少，鍋中溫度會定在100℃（212 ℉）。只要記得鍋裡的湯水沸騰得越大越劇烈，就有更多的油脂乳化到湯裡，也有更多的蔬菜煮散掉。

但是，烹飪裡沒有什麼東西是絕對的。法國有個很流行的備料就需要將羊腿以220℃到230℃（425 ℉到450 ℉）的燒烤高溫燉燒6到7小時。

只要你注意燉燒的兩個簡單部分，肉的軟化和菜餚風味，燉燒菜就很難出錯。

花點心思做燉燒很有趣，也讓燉燒菜變得與眾不同。其中有無數可應用或被忽略的細節。燉燒可以是簡單的一鍋料理，你也可以花點時間精製成質地純淨卻滋味豐富的菜餚。

選用的燉湯可以是手工高湯。小牛高湯是做燉燒最好的湯頭，會讓燉煮食材充滿風味，而豐富的膠質讓醬汁更加濃厚。但也不一定需要高湯，因為食材要燉很久，燉煮時就會釋放高湯。在這種情形下，用水就可以了。你也可以使用其他風味的湯頭，像燉燒豬五花佐焦糖味噌醬（p.285）就是用

新鮮現擠的柳橙汁燉的，還有紅酒燉牛小排（p.286）則是用酒燉的。你也可以用罐裝番茄泥或番茄糊做燉湯。

　　至於要不要蓋蓋子？大多數燉菜都要蓋上蓋子，因為水會蒸發，沒蓋蓋子的鍋子溫度會比蓋了蓋子的溫度低，且蒸發作用會讓最後的醬汁變少。如果有些食材需要煮得很爛，必須讓食材在劇烈沸騰的燉湯中煮，那就蓋上鍋蓋。如果你希望有收汁效果，又不希望煮得太乾，還需要溫和的火候，這時就半開鍋蓋，或把烘焙紙剪成圓形放在燉物上面。

　　通常你會希望拿掉煮到醬汁裡的油脂，這些油脂會讓燉菜十分油膩。若要這麼做，就讓燉菜靜置一段時間，等油浮到表面再用湯匙撈掉。如果燉菜並沒有馬上吃，可以把菜冰起來，油脂就會變硬更容易去除。當你冷藏燉菜，請將肉放在湯汁裡再冰起來，不然肉會乾掉，變成一絲一絲的纖維狀且味道盡失。如果肉要在沒有醬汁的狀態下冷藏，一定要包上保鮮膜。

　　當燉燒完成，燉肉的大半風味都會被湯汁吸收，但是湯裡的蔬菜卻會煮過久。平日的燉湯如此無所謂，但如果你想提升燉菜的水準，最好過濾湯汁，添加新的蔬菜，再用芡汁或油糊調整濃度。蔬菜一煮到剛好熟，就加入燉肉再熱過（見p.286紅酒燉牛小排的做法）。

鹽漬檸檬燉羊膝 / **4**人份

很少有其他燉燒肉類具備燉羊膝的豐腴和深度。這道食譜以摩洛哥料理中的獨特香料替燉湯調味。請試著找到ras-el-hanout，這是北非的綜合香料，類似咖哩，會替這道料理增加額外的風味深度，但如果沒有，也一樣好吃。如果找不著北非香料，自己製作也很容易，網路上有各種配方。

就像大多數燉燒肉類，最好在食用前一到三天就把羊膝事先做好，如果當天做好當天食用，要確定煮出來的油已先撈掉。這道菜我喜歡的配菜是咖哩風的庫斯庫斯，淋上番茄為底的醬汁，再搭上油煎紅椒。但搭配印度香米或水煮馬鈴薯也可以。

材料

- 4隻羊膝
- 中筋麵粉
- 猶太鹽
- 芥花油，油煎用
- 1大顆洋蔥，切成中型丁狀
- 5瓣大蒜，用刀背拍扁
- 1湯匙孜然粉
- 1湯匙香菜碎
- 1/2茶匙開雲辣椒粉
- 2茶匙北非香料粉ras-el-hanout或咖哩粉
- 1支肉桂棒
- 鹽漬檸檬（見p.32），1顆檸檬刮去內膜和筋，切細絲或細末
- 800克罐裝番茄，連同其中番茄汁，以攪拌機或手持攪拌棒打成番茄泥
- 1湯匙新鮮巴西里碎或香菜碎（自由選用）

做法

羊膝以大量鹽調味，放一旁靜置讓鹽有時間融化，醃漬時間少則15分鐘，多則2天。塑膠袋放入適量麵粉，放入羊膝裹上麵粉。

取荷蘭鍋或其他材質厚重可放入烤箱的湯鍋，加入適量的油，份量需高達6公釐，高溫加熱。當油溫升高接近起煙點時，把羊膝上多餘的麵粉抖掉，放入鍋中油煎，直到外層煎出美麗的外殼。再移到餐巾紙上。

烤箱預熱到150℃（300℉／gas 2）。

鍋子擦乾淨，放入薄薄一層油，中高溫加熱，放入洋蔥和大蒜爆香10分鐘，直到洋蔥上色。加入孜然、香菜末、開雲辣椒、北非香料粉、肉桂、3/4個檸檬，拌炒1分鐘，直到洋蔥均勻沾上香料。

羊膝擺入平底鍋，番茄連同番茄汁一起加入鍋中，加熱煮到微滾。烘焙紙依照鍋子形狀剪成圓形（見p.174）。此時可將烘焙紙蓋在羊膝上，或用鍋蓋蓋住鍋子，也將鍋蓋微微開口。再將鍋子放入烤箱，燉燒3小時左右，直到羊膝軟爛，用叉子一拉就可拉開。

鍋子拿出烤箱，羊膝放涼至室溫，再放到冰箱直到完全冷卻。去除表面凝結的油脂，再把羊膝以中低溫回溫，不然就放入溫度150℃（300℉／gas 2）的烤箱直到完全熱透。當羊膝回溫時，將剩下的鹽漬檸檬在水中浸泡5到10分鐘。如需要，最後用檸檬和巴西里點綴裝飾，羊膝搭配醬汁食用。

1. 燉肉裏上麵粉。

2. 肉放在熱油中煎。

3. 肉被麵粉裹出一層乾燥表面，可使油煎上色得更好。

4. 麵粉褐變增加風味。

5. 煎好的肉有一層美麗的殼。

6. 將肉濾掉多餘的油。

7. 先將洋蔥出水，再加入乾燥
　 香料。

8. 拌炒後讓洋蔥沾上香料。

9. 羊膝擺放在鍋中。

10. 加入燉湯，這裡用的是番茄
　　泥。

11. 加入鹽漬檸檬。

12. 做烘焙紙蓋。

13. 對準鍋子中心量出圓形，依照鍋邊形狀剪出三角形。

14. 蓋上圓形烘焙紙。

15. 烘焙紙蓋在羊膝上，紙張可保溫也會讓水分蒸發。

16. 燉好的羊膝。

17. 冷藏保留紙蓋，等冰好了再拿掉紙張。

18. 回溫食用前刮除凝結的油脂。

百里香燉茴香 / 4到8人份

茴香是做燉菜很好的提香蔬菜，滋味芳香，口感軟爛。我喜歡用它搭配爐烤或炭烤的魚，就像p.320的鱸魚，就是用茴香做魚腹中的內餡。

材料

- 中筋麵粉
- 2顆茴香球莖，每個切成4等份
- 3湯匙芥花油
- 4或5株新鮮百里香
- 2湯匙奶油
- 猶太鹽

做法

烤箱預熱到165℃（325℉／gas 3）。

盤中放入麵粉，將一切為四的茴香球莖面都沾上麵粉。取一個可以放入烤箱烤的鍋子，容量可足夠放入茴香。放入油後以中高溫到高溫加熱，目的在讓油熱，但不需燙到把麵粉燒焦。加入茴香，將沾有麵粉的各面煎到焦黃。加入適量的水，水量需與茴香同高，高度約12公釐，再加入百里香、奶油和三指捏起的鹽量。燉湯煮到小滾。

蓋上鍋蓋，鍋子滑入烤箱。燉煮20到30分鐘，直到茴香變軟（用刀插入不會有阻力的程度），即可食用。

燉燒鴨腿 / 4人份

如果有一道被低估的鴨子料理，應該就是這道燉燒鴨腿了，它應該更常出現在廚房才對。這道菜十分實惠，容易準備，卻極度美味。這道燉菜的配料只用了水和提香蔬菜，而提香料的作用在讓湯汁充滿風味，當然鴨子也更香。你也可以用自做的雞高湯和蔬菜高湯來燉。這道菜搭配馬鈴薯泥、庫斯庫斯及蛋麵特別對味（馬鈴薯泥的做法請見 p.147，也可用褐色奶油代替醬汁）。鴨腿可以全部上桌，但得先去骨只取肉，腿肉可搭配沙拉，不然把長棍麵包剖面朝上，讓鴨肉躺在上面也很棒，或者和烤馬鈴薯丁拌在一起，就是一道花俏的鴨肉餅。

材料

- 4支鴨腿
- 猶太鹽
- 1湯匙芥花油
- 1大顆洋蔥，切絲
- 2根胡蘿蔔，切成 2.5 公分寬的條狀
- 4瓣大蒜，用刀背壓碎
- 1湯匙番茄泥／糊
- 1到1杯半白酒（240到355毫升）
- 7到10株新鮮百里香，綁在一起
- 1到1杯半水（240到355毫升）
- 1湯匙魚露
- 1湯匙雪利酒醋
- 新鮮現磨黑胡椒

- 2茶匙玉米粉，加 1 湯匙水化開

做法

烹燒之前，鴨腿用大量的鹽醃 30 到 90 分鐘，醃製時間可長達 2 天。

烤箱預熱到 150℃（300 ℉／gas 2）。

取有蓋可容納鴨腿的鍋子，放入油後以中溫加熱，加入洋蔥，用三支手指捏起的鹽量調味，約煮 3 到 4 分鐘，讓洋蔥變軟顏色呈現半透明。再加入胡蘿蔔、大蒜和番茄泥／糊，再煮 1 或 2 分鐘。鴨腿擺入鍋中，加入酒、百里香和適量的水，讓湯汁正好蓋過鴨腿。爐火開到高溫煮開湯汁。蓋上蓋子煨 30 秒，再將鍋子放入烤箱。蓋上蓋子燉燒約 3 小時。

鴨子熟後要靜置才能準備上桌食用。上桌前，打開小烤箱／炭烤爐，將鴨腿從鍋中移到小烤箱中烤到外皮酥脆。再將燉湯過濾到小醬汁鍋中（提香料則去掉不用）。湯汁煮滾，用湯匙撇掉浮到表面的油（如果你想這麼做），收汁收到 1/4，加入魚露、雪利酒醋，以胡椒調味。試試味道，如果需要可再加多點醋。加入玉米粉水勾芡醬汁，上桌時鴨腿搭配醬汁一起食用。

燉燒豬五花佐焦糖味噌醬 / **6**人份

五花肉，是拿來做培根的肉塊，也是我最喜歡的豬肉部位。肉汁多，脂肪豐富，可以用在各式菜餚上，從中式叉燒（烤肉）到美式培根，從義大利培根 pancetta 再到這道燉菜。你得在享用前至少1天、至多5天前就把這道菜做好，因為豬肉在燉湯裡冰著才會入味，而燉湯可以是水、豬高湯或雞高湯，或者像這裡用的柳橙汁。

我建議豬肉完成時可搭配焦糖味噌醬，撒上青蔥和紅辣椒作最後裝飾。但基本的燉燒豬五花可以用你喜歡的方式增加風味，比方加入豆子一起拌炒，或煎到酥脆配著沙拉和紅酒醋一起吃（見p.220）。或者還可以油煎五花肉，做個什麼都不加，只加美味芥末醬夾麵包的豬肉三明治。很少有比五花肉更值得讚頌的肉。

材料

- 1茶匙半芫荽籽
- 1茶匙半黑胡椒粒
- 1.4公斤五花肉
- 猶太鹽
- 2片月桂葉
- 1大顆洋蔥，切絲
- 5瓣大蒜，用刀背拍碎
- 1杯（240毫升）新鮮現擠柳橙汁
- 芥花油
- 焦糖味噌醬（見p.187）

- 2湯匙去籽切末紅辣椒
- 2把青蔥，只要蔥白，打斜刀切成細絲

做法

芫荽籽和胡椒粒放在煎炒鍋中以中高溫烘2分鐘，直到散發香味，然後將辛香料移到砧板上用鍋背敲碎。

烤箱預熱到120℃（250 ℉／gas 1/2）。

豬肉每面以大量鹽調味，有豬油的那面朝上放在烤盤上，排得越緊密越好。敲碎的香料、月桂葉、洋蔥和大蒜四散撒在豬肉上，加入柳橙汁，用鋁箔紙蓋緊（你也可以把豬肉和其他食材，以及份量只有1/4杯／60毫升的果汁一起用鋁箔紙包好，一定要封緊）。烤盤放入烤箱，燉6小時左右，燉到豬肉軟爛，可以用叉子一插就開。豬肉在湯汁裡放涼，然後蓋上蓋子放入冰箱完全涼透。冷藏時間可放隔夜或長達5天。

豬肉從盤中拿出來，刮除調味料（所有調味料都可以丟棄，而湯汁可過濾之後用在焦糖味噌醬裡）。豬肉切成12等份塊狀。

不沾鍋加入芥花油用中高溫加熱。豬肉塊入鍋油煎，每面都要煎到上色。然後把淋醬放入鍋中回溫裹住豬肉。當豬肉都熱了，也沾上醬汁，再取出擺盤。將淋醬舀在豬肉上，最後用辣椒及青蔥裝飾。

紅酒燉牛小排／ **4**人份

當我在冬天想請客的時候，牛小排是我「拿了就走」的食材。價錢便宜，又能帶來極大滿足，如果我花點力氣把醬汁做得精緻些，牛小排絕對是桌上最好的佳餚。這道食譜是4人份，但很容易依照需求增加份量，讓每人可分2塊牛小排。排骨最好在一兩天前先預備好，這樣做起來也最容易。做好放在奶油蛋麵上一起食用。

材料

- 芥花油
- 中筋麵粉
- 8塊牛小排
- 2大顆洋蔥，切成大丁
- 猶太鹽
- 4根胡蘿蔔，切成一口大小
- 2把芹菜，切成2.5公分寬的塊狀
- 2湯匙番茄糊／泥
- 3杯（720毫升）Zinfandel紅酒或其他水果味重的紅酒
- 1顆大蒜，橫切成一半
- 一塊生薑，約2.5公分
- 月桂葉2片
- 1/3杯（75毫升）蜂蜜
- 1茶匙胡椒粒，用鍋背壓碎
- 1湯匙奶油
- 455克蘑菇，預先油煎（見p.211）

義式三味醬（Gremolata）

- 2湯匙新鮮巴西里末
- 1湯匙大蒜末
- 1湯匙檸檬皮切碎或切末

做法

在荷蘭鍋或其他厚材可烤的湯鍋中加入足量的油，高溫加熱，油的份量需高6公釐。盤中放入少許麵粉替排骨裹粉，抖掉多餘部分。油一熱，放入牛小排，每面都煎上色。你也許得分批煎，因為食材不可太擠，太擠則無法褐變。煎好後將牛小排移到墊了餐巾紙的盤子上。（這程序可以在燉排骨前一天就預先做好，然後蓋上蓋子放入冰箱，冰到準備進行下一個步驟再拿出來。）

烤箱預熱到120℃（250 °F／gas 1/2）。

盤子擦乾淨，放入薄薄一層油以中溫將一半洋蔥炒軟（另一半放入冰箱備用），加鹽調味後拌炒（四隻手指捏起的量），再加入一半胡蘿蔔（另一半放入冰箱備用）和芹菜烹炒4分鐘左右。蔬菜炒的時間越長，燉菜湯汁的風味越有深度。如果希望燉菜的味道濃厚強烈，就要把胡蘿蔔和洋蔥炒到褐變。加入番茄糊／泥，將湯汁煮熱。

牛小排放入鍋裡，加入紅酒（份量需達排骨高度的3/4）、大蒜、生薑和月桂葉。用鹽調味（三指捏起的量），再加入蜂蜜和胡椒，煮開燉菜。鋪上烘焙紙蓋（見p.174）或鍋蓋半開，放

入烤箱燉4小時。

　鍋子從烤箱拿出來一旁放涼，但仍需蓋上蓋子。當牛小排溫度降低到可用手拿時，把它們放在盤子上，用保鮮膜包起來放入冰箱冷藏。燉湯過濾到有深度的容器中（最好是4杯／960毫升的量杯），蓋上蓋子放入冰箱。當湯汁冷卻，去除凝結的油脂。

　燉鍋中放入奶油融化，加入剩下的洋蔥和胡蘿蔔煎炒3到4分鐘，直到炒軟。再將牛小排放回鍋中，加入油煎蘑菇及留下的燉湯。燉菜煮到小滾後蓋上蓋子，以中低溫煮15分鐘，煮到胡蘿蔔變軟，牛小排回溫。

製作義式三味醬（Germolata）：小碗中加入巴西里、大蒜和檸檬皮拌勻。

　牛小排連同胡蘿蔔、洋蔥、蘑菇、醬汁一起盛盤，最後淋上義式三味醬即可享用。

17

水波煮 POACH

溫和的熱力

Recipes

我們使用水波煮（poach）這門技法，是因為它的溫和力道以及它對菜餚成品濕潤度的影響。有些魚或肉放在煎炒鍋或烤箱中高溫乾熱烹煮，不是會煮乾就是會焦掉，但以水波煮的方法處理，就能保有柔軟及多汁的口感。就像蝦子和龍蝦以高溫烹煮，肉就會變老，但以水波煮的溫度慢泡則肉質軟嫩（見p.142的奶油蝦）。

我們用poach這個字，多半是指烹煮某些肉質已經很嫩的東西。我認為這是有意義的區別。你可以把牛胸肉放在高湯裡用水波煮上幾小時又幾小時，直到軟爛，但是對於這種長時間需要水分慢煮的肉類，我寧願將它保留給「燉燒」（braise）或「燉煮」（stew）這類字彙。只有一個例外會讓我使用「水波煮」這個詞，也就是作為基礎料理技巧時，需要烹煮魚、肉質軟嫩的肉和香腸、根莖類蔬菜、豆類和蛋等質地柔軟或沒有豐富結締組織的食材。

而且，當我們使用水波煮這詞時，也同時表示在微滾的溫度下烹煮。因為只有極少食物要用高於85℃（185℉）的溫度來料理，沒有理由水波煮的溫度要高於此。水波煮最適當的溫度應在71℃到82℃（160℉到180℉），也是在略滾的溫度下。而水剛開始冒泡的溫度是88℃（190℉）。

最常使用水波煮的食物是魚。而對沒什麼做菜經驗，只會做一般料理的人來說，也許水波煮是料理魚最容易的方法了，尤其是肉質厚、種類多的鮭魚和大比目魚。我就偏好水波煮魚，而不喜歡用煎的——高溫煎魚或烤魚容易把魚油逼出來，魚油則會讓「魚腥味」較重。

適合水波煮的食材還有一些質地細嫩的香腸和海鮮，例如雞肉慕斯林[1]。這類食物若用水波煮可以讓脂肪固定在食物內不會掉落，就像慕斯林用湯匙塑型做成的蛋丸子（Quenelle），向來就是用水波煮烹調。還有像牛里肌這種柔軟的肉用水波煮也會有很好的效果（p.298）。去骨雞胸肉也可以用水波煮，只是口感像是煮給病人吃的東西，讓我有些吃驚。比起用水煮的

---

[1] 慕斯林（mousselline），魚或肉攪碎後加入蛋白和鮮奶油做成的魚漿或肉泥，可做內餡或丸子。

方式，根莖類蔬菜還是用水波煮最適合，這樣才會讓食物在外層崩散之前內層就已熟透。基於同樣的道理，菜豆或乾豆子最好也用水波煮的溫度烹調，讓它們煮熟卻不煮破。

　　水波煮的特性在於溫度，必須是高度控制又均勻作用在食物上。第二個特性在煮汁本身，可以就只是水，也可以是用提香料提味過的湯，事實上，水波煮的煮汁就是簡易快速的蔬菜湯——因此法式「海鮮料湯」（court bouillon）的法文，字面上就是「簡易湯料」或「快速高湯」的意思。這種高湯多半用來煮魚，材料通常包括醋、酒、柑橘等酸性食材。煮汁也可以是傳統的高湯或任何有味道的液體，像是番茄汁。然而，前提是水波煮的湯必須是有味道的，這樣你的食物也才會有味道。水的密度很高，也是讓食物受熱的絕佳材料。用82℃（180℉）溫度的水燙熟鮭魚，速度會比用80℃（175℉）的烤箱快兩倍。水的另一個優點是保溫的效果很好——當你調整好適當溫度時，水就會維持這個溫度不變。

　　做水波煮湯汁的另個選擇是脂肪，而用橄欖油或鴨油泡熟的比目魚簡直是人間美味。當你食用時，油脂會在魚肉上形成一層濃郁感，也是這層濃郁讓油成為上好的水波煮介質。你可以用鴨油水波煮鴨腿，也可以把豬五花放在豬油（或橄欖油）裡慢泡，這種做法就是「油封」（confit，見 p.302）。在我「永遠只將柔嫩食材水波煮的法則」中，油封是個例外。它比較像是水波煮下的子技術，反而不能歸在燉燒那一類。脂肪比水更具有讓食物保持風味的優點，水會從食物中拉出風味，但是油不會汲取如此多。是的，在烹燒過程中，的確會有肉汁從肉裡流出，但肉若用油脂烹燒卻會比用水煮更容易保留較多風味。準備油封料理需要注意的

────────── *Cooking Tip* ──────────

脆片的重要

　　對比的口感對每道料理都很重要。請牢記水波煮食物永遠柔軟細緻，所以一定要放上脆口的東西一起吃，像是餅乾、烤過的長棍麵包或酥脆的蔬菜。

重要事項是油溫，油可達到的溫度比水高多了，如果你讓油燒得太熱，肉就會太老而焦掉，而不是入口即化。

水波煮的最後一類是「水波淺煮」（shallow poach）。這招很少在家使用，但它非常簡單，是創造醬汁的最佳技法（見 p.294）。

Cooking Tip

水波蛋的最佳煮法

水波蛋是我最喜歡做的菜之一，簡單健康又不貴，可當成主食材，也可作為豐盛的盤飾，從沙拉到湯品任何菜餚都適用。

好像有不少人建議在煮水波蛋的水裡加醋，他們相信酸性可讓蛋白加速凝結。我不會說這種說法是胡說八道，因為酸性的確會與蛋白質互相作用，但我認為在煮水波蛋的水裡加醋對蛋白的影響並不顯著，反而會讓蛋的味道變酸。因此，我不建議在煮水波蛋的水裡加醋，我只用水來煮水波蛋。如果你希望煮出漂亮的蛋，就要了解蛋白由不同蛋白質組成，各在不同溫度下凝結，這樣的組合包括稀薄如水的稀蛋白，以及濃厚有黏性的濃蛋白。稀薄的蛋白就是在水中會一絲絲散去的部分，就是它讓水

波蛋看來一團亂且形狀難看。

如果要煮出華麗的水波蛋，就要遵循以下法則，這是我從馬基的無價寶典《食物與廚藝》（On Food and Cooking）中首次讀到的訊息。首先將蛋打入小烤盅或碗裡，再把蛋倒入大漏勺裡靜置1、2秒，讓稀蛋白從洞裡流出，然後再把漏勺裡的蛋和濃蛋白倒回烤盅。

我做水波蛋的唯一技巧就是水不可大滾，甚至連微微滾動都不行。我都先煮開一鍋水，然後把火調到低溫，等所有滾動的水泡消退後再加入蛋。煮蛋的時間要夠長，好讓所有蛋白凝結，時間約需3到4分鐘。再用漏勺或漏鏟從水中拿出蛋，再把勺子放在摺好的毛巾上，這樣在你把蛋送上桌前水就會流走。

水波蛋培根佐芝麻菜溫沙拉 / **2**人份

這是我最喜歡做的午餐，當我們夫妻可以忙裡偷閒，一星期中好不容易擠出一段無子時光，就做菜給老婆和自己吃。它不僅是道沙拉而已──這段用餐時光，我和唐娜可以關注彼此，難得這段在安靜房子裡獨處的時間，不是晚餐結束、盤底盡空、一天筋疲力竭的時刻。我強烈建議家有學齡孩童的夫妻都應該在一週內，或一個月一兩次，找時間在家吃午餐。夫妻倆一起做飯，關係才更緊密，加上沙拉容易準備，說話的時間就更充足。我總是用溫熱的長棍麵包和黑皮諾（Pinot Noir）和西拉（Shiraz）葡萄酒搭配這道菜。

材料

- 115克芝麻菜
- 115克厚片培根，切成長條狀
- 1大顆紅蔥頭，切片
- 2大顆蛋
- 紅酒醋
- 義大利黑醋（Balsamic）
- 猶太鹽
- 新鮮現磨黑胡椒

做法

一鍋水燒開準備煮水波蛋。芝麻菜放入沙拉碗中。

培根煎到外層香脆，內層柔軟（見 p.256），加入紅蔥頭煎到焦軟透明。舀起培根、紅蔥頭及需要的培根油淋在芝麻菜上，攪拌蔬菜讓蔬菜均勻沾上一層油。

水煮滾後將火轉到低溫再加入蛋（有關技巧說明請見上頁）。

1到2湯匙紅酒醋灑在蔬菜上，試試味道，再加幾滴義大利黑醋。用鹽及胡椒調味後，將蔬菜由大碗分裝到小盤。等蛋煮好，在沙拉上擺上水波蛋即可食用。

水波淺煮鼓眼魚佐白酒雪利醬 / **4**人份

水波淺煮的意思是只用極少的液體來水波煮魚，所以魚並沒有被水淹過。這道食譜及技巧適用於任何魚，但是肉質緊密的魚效果最好，就像鼓眼魚、石斑、真鯛或比目魚，因為牠們的肌肉緊密結合，煮熟之後仍然保有一些咬勁。

這是健康的煮魚方式，講究煮得恰恰好，然後利用原本鍋中替魚增味的煮魚湯料做出快速的鍋燒醬汁，然後油煎櫛瓜（見p.263）或爐烤花椰菜（見p.263），搭配魚和醬汁。

材料

- 2 湯匙半奶油
- 1 湯匙中筋麵粉
- 1 大顆紅蔥頭，切末
- 1 杯（240克）無甜味的白酒
- 3 或 4 支新鮮百里香（自由選用，但強烈建議）
- 4 片（ 片約170克）鼓眼魚排，去皮備用
- 細海鹽
- 1/4 顆檸檬
- 1 湯匙新鮮巴西里碎

做法

1 湯匙半奶油及麵粉放入小碗中拌揉，揉到麵粉和奶油均勻混合，做成 beurre manié（奶油醬）。

醬汁鍋以中火加熱，放入紅蔥頭，用剩下的 1 湯匙奶油拌炒出水。再加入酒、1/2 杯（120毫升）水及百里香（如果使用），將湯汁煮到微滾。魚排放入鍋中，蓋上蓋子——最好是用烘焙紙剪成的蓋子（見p.174），可以收去一些湯汁——魚放入水波煮約 3 到 4 分鐘，煮到熟透。湯汁應只淹到魚的一半才對。

將魚移到大盤子上，包上保鮮膜，放在溫熱的烤箱中保溫。另一方面，將爐火溫度升高，奶油醬拌入醬汁中持續攪拌直到奶油醬融化，醬汁也變濃稠。試試醬汁味道，再以鹽和檸檬汁調整。上桌前，舀些醬汁在每片魚排上，再撒上巴西里。

橄欖油泡比目魚 / 4人份

我喜歡用橄欖油做水波煮，因為結果永遠美味。請記得，油脂無法滲透肌肉，只會讓魚裹上一層油，所以你吃下去的不全是油脂，而油脂會保留住原本因水波煮流到水裡的風味。為避免使用太多油，要選魚可以緊貼擺入的鍋子。如果你手邊有鴨油或鵝油，就會做出極棒的類似版本。

比目魚是扁平的魚，美味好吃，肉質肥美，搭配任何配菜都很對味，可以配香煎蘑菇、玉米、蘆筍和當年新收的馬鈴薯。

材料

● 4片（每片170克）大比目魚排

● 橄欖油

● 細海鹽

● 檸檬汁

做法

依照魚的份量選適當的鍋子，倒入適量的油，油的份量需淹過魚排。把油加熱到65℃（150℉）再放入魚，注意油溫讓它保持在63°℃到68℃（145℉到155℉）之間（魚排剛放入時油溫會降低）。魚排就在油裡泡著約10到15分鐘直到中間熟透，只要油溫維持低溫，就不需要擔心魚會煮過頭。

用漏鏟將魚拿到架子上瀝油，或放在墊著餐巾紙的盤子上，用鹽和檸檬汁調味後就可以吃了。

海鮮料湯燙鮭魚／ 4人份

要做鮭魚料理或烹燒任何魚類，水波煮都是確保完美烹飪的簡單方法。它有溫和火候、低溫、充滿水分的環境，對於肉質細緻的魚類，這是最好的烹煮火力。用水波煮泡煮鮭魚，就不太可能把鮭魚煮得太老或煮到水分盡失。最適合用水波煮烹調的魚類是油脂較多、肉質結實、游泳有力的肉魚，就像鮭魚、大比目魚、梭魚、鯛魚和石斑。

因為效果好，鮭魚常用水波煮料理。品質好的鮭魚若用水波煮好好燙熟，它的風味及口感會宛如奶油般香滑。用來水波煮的湯汁多半增添魚的風味，就像海鮮料湯。如果在湯水裡用酒，我喜歡水和酒以大約2：1的比例組成煮汁；如果用醋，水和醋的比例就是10：1（當然你可以在湯裡多放一點酸性食材）。在高湯裡標準使用的提香料也可以放入湯汁中。

任何尺寸的鮭魚都可使用這個方法料理，無論是兩片魚排還是一整片魚。但要注意鍋子尺寸要剛好符合鮭魚大小，這樣海鮮料湯就可放得盡可能的少。依照鮭魚大小及所用鍋子的尺寸，你用的海鮮料湯可能是此處的加倍。最好事前將鮭魚分切好，這樣每片才會煮得均勻。我喜歡先拿掉魚皮，但你也許覺得等魚煮好後再去皮會比較容易。下面所列的料湯份量，足可料理在鍋子裡緊密排列的四片魚。如果你不確定要做多少海鮮料湯，可以先把鮭魚放在鍋子裡用水覆蓋，

再測量水的份量，就知道要做多少海鮮料湯了。

我會用荷蘭醬搭配鮭魚（見p.208），它是搭配鮭魚的傳統醬料，不然你也可以簡單擠上檸檬汁就好。

醋底海鮮料湯

- 6杯（1.4公升）水
- 1顆西班牙洋蔥，切薄片
- 2根胡蘿蔔，切薄片
- 2片月桂葉
- 1小束新鮮百里香（自由選用）
- 1/2到3/4杯（120到180毫升）白酒醋或檸檬汁

酒底海鮮料湯

- 4杯（960毫升）水
- 1顆西班牙洋蔥，切薄片
- 2根胡蘿蔔，切薄片
- 2片月桂葉
- 2片新鮮百里香（自由選用）
- 2杯（480毫升）白酒

材料

- 1片630克鮭魚，去骨去皮

做法

製作海鮮料湯：水、洋蔥、胡蘿蔔、月桂葉和百里香（如果使用）放入平底鍋中，鍋子

容量需正好可放入鮭魚。湯汁煮到微滾後，溫度轉為低溫煮20到30分鐘。再將溫度調高加入醋或酒。

　湯汁的溫度調到82℃（180 ℉）。鮭魚滑入鍋中，鍋裡的湯汁必須能完全覆蓋鮭魚。鮭魚煮到三分熟，內層的溫度須達57℃到60℃（135 ℉到140 ℉），根據鮭魚大小，時間大約需要10分鐘，不然煮久一些，將鮭魚完全煮熟。用漏鏟將鮭魚從海鮮料湯裡拿出來，即可食用。

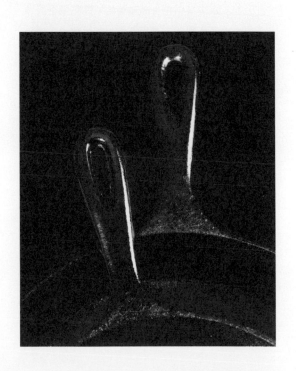

牛高湯泡牛里肌佐根莖蔬菜 / 4人份

這道菜是參考「陶鍋燉肉」的花俏版本，陶鍋燉肉的法文是pot-au-feu，是法式的牛肉燉菜，但是讓這道菜新意盎然的，是用大蒜及搗碎芫荽籽調味的檸檬油醋醬（如果有些芫荽籽沒有破也沒關係，它們會帶著有趣的脆度及爆發的香氣），以及驚人的鮮味食材：魚露。1990年代初期，我在《紐約時報》看到類似食譜，便開始做這道菜，但原始資料已找不到了。我收錄這道食譜，是因為我喜歡牛肉水波煮的特色，牛肉通常不會想到用水波煮的方式料理。使用新鮮牛肉高湯就變得很重要，其他湯料都會破壞高雅風味和肉的質地。這道菜值得從高湯開始，而高湯在汲取牛肉的風味和芹菜根及青蒜的美味後，成為帶著強烈味道的湯料，最後盛盤一起享用。

這是很棒的冬季料理，材料需要用到里肌肉塊，但如果你買到整塊里肌肉，也可以自己動手切，如果切下很多碎肉沒關係，在這道菜裡，這些形狀不規則的肉塊一樣適用。

油醋醬料

- 2湯匙檸檬汁
- 2茶匙魚露
- 2茶匙芫荽籽，烤過後稍微敲碎備用
- 2茶匙蒜末
- 3湯匙橄欖油

材料

- 1茶匙奶油或油
- 猶太鹽

- 2大支青蒜，修剪後，剖成兩半，仔細清洗，再切成2.5公分長條狀
- 4杯（960毫升）新鮮牛肉高湯
- 2根胡蘿蔔，切片或切成滾刀塊
- 1大顆馬鈴薯，去皮切成大塊
- 1顆芹菜根，切成條狀（大小就像薯條）
- 新鮮現磨黑胡椒
- 12塊牛里肌，每塊約12公釐厚，用鹽和黑胡椒粒先醃過（整塊里肌肉的切法見下頁，每份肉約170克）
- 1湯匙新鮮香菜末

做法

製作油醋醬：小碗放入檸檬汁、大蒜、魚露後靜置幾分鐘，讓大蒜有時間發揮作用。再把油拌入，再加入芫荽籽。

奶油用容量4.7公升的鍋子以中高溫融化，再放入青蒜炒軟出水。加一撮鹽調味（約四指捏起的量），再加高湯，煮到微滾後關小火到低溫。然後放入胡蘿蔔、馬鈴薯，以溫火煮5分鐘左右，再加芹菜根，持續煮到蔬菜變軟。試試湯汁味道並用鹽及胡椒調味。

加入牛肉，壓進湯料中。火升高到中高溫，煮1到2分鐘。牛肉煮到一分熟。再準備四個溫熱的碗，將青蒜及根莖蔬菜平均放入四個碗中，上面再放三塊牛肉，而牛肉湯則淋在牛肉上。油醋醬攪拌均勻，再淋在牛肉和蔬菜上。最後撒上新鮮香菜即可食用。

1. 牛肉放到室溫，用鹽讓青蒜出水。

2. 加入高湯。

3. 加入根莖類蔬菜。

4. 加入牛肉。

5. 溫和地燙牛肉。

6. 芫荽籽油醋醬。

7. 為成品淋上芫荽籽油醋醬。

油封鴨腿 / 8隻

製作簡單，風味誘人，油封鴨腿可說是我向來很喜歡的一道菜。最重要的是它可以一次做很多，因為鴨肉可以放在冰箱6個月或更長，一定還有一些在手邊，可及時做出開胃小菜、午餐或晚餐。例如，p.293的芝麻菜沙拉，就可以用鴨子代替培根。

油封的做法很簡單：製作前一天先醃好鴨腿，再放入油中水波煮，煮到用叉子一插就開的軟嫩度，然後就泡在油中放涼。傳統上，要做某物的油封，就要用那個動物的油來泡，鴨子就用鴨油，豬肉就用豬油，但這並不是硬性規定。在家裡，我們會把鴨油集在桶子裡保存，但經濟實惠的橄欖油也是滋味美好的替代品。

這道食譜用了8隻鴨腿，但你可依所需增加或減少。我提供兩種醃漬鴨子的醃料，可看個人喜好及時間允許自由選用。

第一種醃料

- 2湯匙猶太鹽
- 2茶匙砂糖
- 1茶匙新鮮現磨黑胡椒

第二種醃料

- 2湯匙猶太鹽2湯匙
- 1茶匙新鮮現磨黑胡椒
- 1撮丁香粒
- 2撮肉桂粉

- 4瓣大蒜，用刀背壓碎
- 1湯匙紅糖
- 4到8支新鮮百里香
- 3片月桂葉，揉碎備用

材料

- 8隻鴨腿
- 橄欖油

做法

製作調味料：所有食材放入小碗，攪拌均勻。

鴨腿放在烤盤或大型塑膠盤中，調味料均勻地撒在鴨腿上並磨擦入味。覆蓋好後放入冰箱約18到36個小時，冰到一半時，還要把鴨腿拿出來再揉一次，讓調味料重新均勻散布。

烤箱預熱到80℃到95℃（175℉到200℉）。

鴨腿上的調味料沖洗乾淨後拍乾，放入尺寸適當可放入烤箱的鍋子或盤子中，加入橄欖油，再蓋上蓋子。以高溫加熱，讓油溫達到82℃（180℉）。再把鍋子放入烤箱中，開蓋，讓鴨腿在油裡泡上8到12小時。鴨腿若完全煮熟，就會沉到鍋子底部，油也會變得清澈。

讓鴨子就在油鍋裡放涼，然後將鴨腿移放到保鮮盒中，這樣油才可以把鴨腿完全浸泡。把油倒在腿上。（鍋子底部會留下一層濃縮肉

汁，如果你想，可以留下來另做他用。）如果你要將
油封保存超過1星期，必須將鴨腿完全浸泡
在油中，然後冰到冰箱備用。

鴨肉完成時，把鴨腿從油中拿出，動作小
心，以免把十分細緻的皮或肉撕破了。將鴨
腿用不沾鍋回溫，可將鴨皮朝下煎到皮酥，
再翻面續煎，讓鴨腿完全熱透。你也可以把
鴨腿放在220℃（425 ℉／gas 7）的烤箱回溫。
但是鴨皮要焦焦脆脆的才最好吃，所以最好
把鴨腿煎炸1到2分鐘確定鴨皮酥脆。你也
可以將鴨肉去骨再油煎，如此就可以放在沙
拉上，或搭配麵包丁，或者加入燉飯中，還
可配著烤馬鈴薯一起吃，看你要怎麼搭配都
行。

18

燒烤 GRILL

火的味道

Recipes

火讓食物的滋味美妙，所以我們用明火燒烤食物。當然這不是燒烤的唯一理由，還可能因為廚房熱到無法做飯，只好出外燒烤，或者停電了，只好用火烤，因為這是唯一讓食物加熱的方法。燒烤可能是公共活動，我們燒烤取樂共享料理時光，我們燒烤因為燒烤很有趣。但最主要的，我們因美味而燒烤。

如同其他烹飪方式，燒烤成功的關鍵也是控制火候。但燒烤與其他料理形式不同的地方，在於它用的火是真的火。不像150℃（300 °F）的烤箱或中高溫的電爐，燒烤的火持續燃燒。而且，我們通常沒有記量溫度的工具，所以燒烤攸關我們的感知，而此感知卻與其他料理形式無涉。要感覺火的熱度，就要走近火源，伸手探探煤炭，感覺臉上的熱度（那把熊熊的火！）。我們事前就該想到食物會改變火的狀態──就像逼出脂肪時會產生濃煙和火苗。

燒烤用其他烹飪方式不會產生的香氣滿足我們。雞用油煎的香氣無法與用火烤的香氣相提並論，夏日烤肉傳來陣陣烤漢堡的味道，令人不由放鬆起來。

就是這一切讓燒烤如此有趣，因為它比其他料理形式更與我們的身體和心靈息息相關。

這也解釋了為什麼我不喜歡瓦斯烤爐的一半原因。當我們將點燃自然材質、等待熱火成灰燼的過程，與轉瓦斯鈕的方便交換時，我們也把在升火煮食間身體感官可得的愉悅推出門外。另一個理由是，我們使用瓦斯烤爐時相對也減少了對烹飪的控制──事實上，當我們選擇使用瓦斯烤爐，我們讓出的控制權比使用其他熱源還更多。我們對直接加熱的控制力降低了──它似乎只有低與高的差別，我們對環境火源的控制力也減弱了──烤爐不是打開的就是關上的，但如果是一個大火坑則無法完全封住。請想像開著一輛只有兩種速度的車，你會覺得這樣很舒服嗎？這簡直是噩夢。對我而言，用瓦斯烤爐料理食物就是如此，差別只在我還不想殺人。

有些料理我不建議用瓦斯烤爐烹調，就像烤全雞，這是一種需要顛倒放

在烤箱炙燒的食材，如此，全部脂肪才會滴到加熱工具上。老實說，我並不介意放棄對真火的感官刺激，有時也十分感謝瓦斯烤爐的即時火。如果你常常做燒烤，沒有比瓦斯更好用的工具了，在週間常常開了就燒。但是我恨我在做瓦斯燒烤時放棄並繳出的控制權。瓦斯烤爐沒有錯，只要你承認，陶瓷蜂架下瓦斯火焰與我們升起的火苗狀況不同，差異之多總讓我覺得它們是不同種類的料理形式。

我該說說應用於瓦斯及自然煤炭的燒烤技術，但它們如此不同，以致我們從瓦斯燒烤學到的知識大概只有我們做真火燒烤學到的一半。在這裡，我將重點放在煤炭燒烤。本章介紹的菜餚大多也適用於瓦斯燒烤，但不是全部。

燒烤的基礎：三種熱源

燒烤時，我們使用兩類熱源：「直接加熱」與「間接加熱」，但通常也把子類別「環境加熱」納入討論。

直接加熱是指食物直接在煤炭上燒烤。它的溫度高，食物裡的汁液直接滴在煤炭上，再冒起味道迷人的燻煙。

間接加熱是指食物並不直接放在熱煤炭的正上方，相較於離火點，食物在烤爐上的位置反而是在無法取得足夠熱氣的那一邊，所以比起在炭火上直接受熱，間接受熱的火候更溫和平均。

間接加熱的做法則多半是蓋上烤爐的蓋子，利用蓋上爐蓋產生的強勁環境熱氣烘烤食物。當我們直接加熱燒烤食物時卻不是這樣，而是把食物直接蓋在火源上方，如此可防止火苗竄升，也增加食物及四邊的受熱度。

這樣的方法我們如何應用，又何時使用？那就要了解你追求的效果是什麼——請好好想想。我們基於兩個理由燒烤，一是讓食物變熟，二是讓食物有風味。依照你所烹調的食物及調味方式，每項理由都需要獨特的策略才可完成。如果你料理的東西質地軟嫩，就不需要燒太久，通常放在火源上直接加熱一下就會有濃烈的香氣（如羊排）。但如果這東西須經過烹調才

會軟嫩，你就得間接加熱。通常因為直接加熱產生風味，間接加熱得到軟嫩，你大可雙管齊下，兩者皆用（見 p.295 蝴蝶雞的做法）。請將蓋上蓋子的烤爐當成煙燻爐，也可說它真的就是有煙在內的熱烤箱。煙貼著肉，燒著肉，加深肉的滋味。

最後一件需想清楚的事是火候要多大。你想要極高溫的火力（這會讓食物烤出焦香的脆殼，是牛小排最需要的）？還是溫和的火候（讓食物完全軟爛，就像肋排需要的效果）？

有些小細節可讓燒烤更成功。比如在鋪煤炭放烤架時，先等烤架燒熱再把食物放上去（就像你先預熱煎炒鍋一樣），如此就可以預防沾黏。烤架先塗上一層油也有幫助，也可以防沾黏。烤架可先噴一層蔬菜油或用沾了蔬菜油的布擦拭都可以。有些食物需要在開始前先擦油較好，這樣可以讓熱氣傳到食物上。而一般的燒烤，我就很少使用木屑，因為總覺得食物已經被煤炭燒出很豐富的香味了。與其他燃料相比，我偏好使用一般的煤炭，但這只是個人的喜好。我升火時會先搭起煤炭井加上報紙升火，在我看來，燃料是成本的問題而與風味無關。而大多數燒烤愛好者卻認為用打火機的煤油升火會帶給食物不好的味道，但我從小跟著只用機油又常做燒烤的父親長大，所以我對這點倒是充滿著懷舊感。我還是喜歡做個炭井升火，但除非是需要大火——井裡要放很多煤炭才夠——如果時間急迫，我會用煤油點火。

但是再次提醒，燒烤的重點還是在風味及口感。可以拿來油煎、水波煮或爐烤的食材都可拿來炭烤，其實也就是所有肉和魚。另外，像梨子桃子這類水果用烤的也極好。大多數的蔬菜，甚至是萵苣，用烤的方式料理都會有很棒的效果，唯一要注意的是，蔬菜也許會從烤架上掉落。我們因為風味而燒烤，只要風味達到了，就需要適當烹調食物，也就是軟嫩的食物要烤得快，較硬的食物要慢慢烤。

電纜溫度計

爐烤或燒烤大型肉塊時，電纜溫度計是最有用的工具。它會讓你更確定燒烤的狀態，無論是肋排、整條豬腰或是大塊麵包。當你把高湯放在烤箱慢燉時，溫度計也是觀察高湯溫度的最棒工具。大多數的電纜溫度計都附有警鈴，當到達所需溫度時就會響起。這可讓我從書桌遙控食物在烤箱裡的溫度，雖然很方便，但沒有必要。最重要的是溫度計上的探針，它可以持續測知食物內層的溫度。

香腸是例外：質地柔軟卻需要間接加熱

香腸是最常用來燒烤的品項，也是最難烤得完美的。煙燻的味道和香腸十分對味，也許多數香腸用燒烤來做都會達到最棒的效果。但烤香腸需要特別注意，雖然需要火來增加風味，但也需要溫和烹燒才會在外層烤焦前讓內層熟透。發生過最慘的事，就是香腸在熊熊火燄下烤得太猛，空氣和肉汁膨脹讓腸衣整個爆開，裡面的油脂及美味全都掉進火中，產生又苦又不健康的煙霧殘留，結果不是烤得太老沒有水分，就是外面太老裡面還是生的。香腸肉是經過絞磨軟化的肉，尤其需要間接加熱，直接加熱也需要極低的火源。要做烤香腸，首先要以中高火燄讓它上色，最後再間接加熱，也就是蓋上爐蓋將香腸燜在裡面。

創造間接加熱的環境：鋪設你的烤爐

除非我一次要燒烤的品項太多，不然我都會在烤爐上留下很大的空間，以備我要放慢燒烤程序──或者更準確地說，讓生冷食物的內層有機會趕上熱燙的外層。

這全都需要我在烤爐裡放入足夠的煤炭，鋪設的份量需蓋住底部的一半。如此就有一個熱區和涼區，而當我把食物放在涼區，蓋上爐蓋時，食物就好像放在230℃（450℉）的煙燻爐中，就像我處理p.314蝴蝶雞的做法。

燒烤成敗只在管理火候，所以確定你有多重選擇。只用半邊爐子架設火源，食物可以放在三個溫度區域中的任一區：直接加熱的熱區，間接加熱的熱區，以及間接加熱的溫熱區（也就是爐子裡沒有鋪設煤炭的涼區）。

組合式燒烤：先炭烤，再爐烤

就我所知，這是最有用的燒烤技巧。當我烤大塊肉時，就會用這種方式來處理。一方面有炭烤的香氣，但也需要時間讓肉完全熟透。p.94的加州風味拉絲豬肉就是很好的例子，p.316的炭烤肋排也是如此。如果要做整塊牛里肌和豬腰肉，先炭烤再爐烤也是很好的方法。

做法和概念都很簡單。首先，升起非常大的火（為了炭烤風味），肉放在火上直接加熱烤出金黃外層，肉汁及脂肪也開始滴下產生煙燻熱氣。肉拿出炭烤爐放入烤箱中，以低溫燒烤，烤到內層達到所需溫度。如此，肉塊既留有炭火的香氣，額外的受熱時間也讓肉烤到入味，讓煙燻香氣更有深度。

這也是請客時的理想做法。我多半會在當天稍早就把肉先炭烤好，之後再用烤箱完成。炭烤的部分甚至可以在一天前先做好，然後放在冰箱冷藏，等需要時再完成。要注意的是，如果你把肉冷藏，最好在放入低溫烤箱前，有較長的時間讓它回到室溫。

烤肉醬的真相

烤肉醬無法軟化肉類，也無法滲透肉類到有用的範圍，且酒精和酸對肉類的傷害大於幫助。如此還要烤肉醬做什麼？因為它們讓肉的表層有味道——為此，烤肉醬就是好用聖品。

真正軟化肉質的方法只有敲打或烹燒。但事實上，某些酵素及酸性物質也會使蛋白質變性，滲透肉類，主要功能是讓外層柔嫩。

是的，經過長時間的作用，烤肉醬的確可以滲透肉的組織到一定程度，但不會很遠，也不太有效。如果你希望風味可以滲透肉裡，最好的策略是用重鹽水醃漬或是用鹽乾擦，或者在烤肉醬裡加入一定份量的鹽。

燒烤時醃醬加入酒精成分會對肉的表層很有效，但這不是指好的方面。然而酒精的確可讓烤肉醬的風味更好，所以若你想做個含酒醃醬，建議先把酒煮過，讓酒精揮發，風味更濃縮。白酒做的烤肉醬用在常見的無骨無皮雞胸肉上很好用，這種雞胸肉可說是蛋白質世界的脫脂牛奶。紅酒用在牛肉上風味極好，只要簡單將提香蔬菜及香草用紅酒煮過，放涼，然後把要烤的肉類浸泡在裡面。

醃漬肉類也需清楚目的，醬料有時也會沾在肉卜一起燒烤，所以當我們吃下肉時，也吃進了某些醬料。

利普的獨門烤肉醬（適合倫敦烤肉和烤牛腰）

1.5 杯（360毫升）

老爸的好友彼德‧查契爾（Peter Zacher）說他去過夏威夷海灘，tiki[1] 酒館的創始店 Don the Beachcomber 餐廳，居然還拿到他同名店裡最出名的招牌菜：烤肋排的食譜。他把醬料祕方傳給我爸，並叫它「彼得的獨門烤肉醬」。我爸爸融會貫通之後再自創新法。他在醃醬裡加糖，讓牛肉有酸脆的風味；而醬油則平衡甜味。這是讓肉表層醃漬入味的最佳範例。我爸用它來做倫敦烤肉，但用來醃漬牛的上腰肉、斜腰肉和肋排，甚至拿來做烤雞也都很棒。肉得先醃至少6小時，最長可醃到3天。

材料

● 半杯（120毫升）醬油
● 半杯（120毫升）番茄醬
● 1/4 杯（50克）紅砂糖
● 4、5 瓣大蒜，刀背拍碎後切末
● 1湯匙梅林辣醬油
● 1湯匙薑粉
● 半湯匙洋蔥粉

做法

取一小碗，把所有材料拌在一起即成。

---

[1] 在毛利人神話中，tiki 是人類始祖，tiki 文化在美國流行則起自1934年美國青年 Ernest R. Beaumont-Gantt 航行南太平洋後，將自己的名字改為 Don Beach，且在好萊塢開設 tiki 的主題酒館，從此 tiki 逐漸成為航行者與衝浪者的流行次文化。

基本白酒烤肉醬（適合烤雞烤魚）

1.5 杯（360 毫升）

這道烤肉醬的關鍵在於煮掉酒裡的酒精，如此就不會使肉的表層變性。它可以用在烤雞或做 p.246 的油煎雞胸肉佐龍蒿奶油醬。先將雞醃 6 到 8 小時。如果是魚，就醃 2 到 4 小時。如果要把雞醃久一點，記得鹽的份量要減半。

材料

- 1.5 杯（360 毫升）品質良好的白酒
- 2 瓣大蒜，用刀背拍碎
- 1/4 顆洋蔥，切絲
- 1 茶匙黑胡椒籽，放在砧板上用鍋背敲碎
- 1 湯匙龍蒿葉
- 猶太鹽
- 冰水或冷水

做法

醬汁鍋以高溫加熱，放入酒、大蒜、洋蔥、胡椒粒及龍蒿，以 1 湯匙鹽調味，小火煨煮 5 分鐘。握住點燃的火柴放在醬汁上燒去剩下的酒精。底下小火不關繼續煮到沒有火燄燃燒，也沒有任何酒精可以點燃。

烤肉醬過濾到量杯中，加入適量的冰水或冷水讓容量升到 1.5 杯（360 毫升），把濾出的食材再加回醬汁中。

蝴蝶雞佐檸檬龍蒿奶油醬 / 4人份

這道菜可做夏季的主食，但在我們家從春天就開始吃了，受歡迎的程度就像從春天到冬天被吞下肚的無數烤雞。父親在我童年時期花了整個克里夫蘭的嚴寒冬日教會我炭烤之樂，他會做淋油，目前我還沒有看過做得更好的。

這是一道我覺得用乾燥龍蒿比新鮮龍蒿好的例子──新鮮葉子被熱火一燒就枯死了。父親只是簡單地把奶油化了，一點也不擔心它會油水分離。而我用乳化奶油的技巧保留全部奶油，也就是將奶油一塊塊拌入加熱的檸檬汁裡，然後再加入剩下的食材，因為澆油裡的配料黏在雞上會更好。

雞一開始要先用火直接加熱，讓它立即上色，皮上的油也能逼掉一些。但人不能離開太久，不然等你回來就可能發現雞被火苗吞噬了（我不建議用瓦斯烤爐做這道菜或做任何全雞料理，因為火焰亂燒是無可避免的問題）。如果想留下雞而人離開，請蓋上炭烤爐，將火燄亂竄燒焦烤雞的機會減到最低。等10分鐘後，就把雞放在烤爐的另一邊，雞皮部分朝上，然後蓋好爐蓋，用間接加熱完成烤雞。記得要不時澆油，讓奶油固質及紅蔥頭引起的燻煙烤進雞裡。

如果你想要，可以留下雞骨頭做簡易雞高湯（p.63），這樣高湯裡就有美好的醃燻味。

材料

- 1隻雞，重約1.4到1.8公斤
- 猶太鹽
- 1顆檸檬汁
- 半杯（115公克）奶油，切成4、5塊
- 2湯匙紅蔥頭末
- 1湯匙乾燥龍蒿
- 2湯匙乾燥芥末

做法

雞洗乾淨後拍乾，雞翅尖去掉丟棄，或保留起來做高湯。抵著脖子和雞胸把雞豎起來、屁股朝上，用廚師刀從肋骨處切開，從任一邊去掉雞背骨。打開雞，雞胸肉往下壓平，雞腿往裡折，小腿橫在雞的中間下方兩根平行，小腿的尾端用棉線綁起來。在雞的兩邊都撒上大量鹽。

烤爐半邊鋪上厚厚一層煤炭，搭井生火。

小型醬汁鍋以中高溫加熱，放入檸檬汁和一塊奶油持續攪打，打到奶油融化一半後再加入另一塊持續攪拌，等融化後再加入其餘。奶油全數融化後，開小火，加入紅蔥頭、龍蒿、芥末、攪拌均勻。火關掉，蓋上鍋蓋讓奶油保溫。

半邊烤爐鋪平煤炭，烤架放在上面預熱，等到熱了將雞皮朝下放在炭火上烤10分鐘。

如果火舌開始亂竄，就蓋上蓋子。雞再烤10
分鐘，然後翻面讓雞皮朝上放到爐子另一邊
的涼區。蓋上爐蓋繼續烘烤，全部時間大約
再烤50分鐘。之後翻開雞，用奶油澆淋有骨
頭的那一面，讓奶油在雞上慢燒，再把雞翻
面，替雞皮澆油，蓋上爐蓋。記得留下一點
奶油，好在雞拿出炭烤爐時再刷上一遍。切
開享用前，先讓雞靜置10到20分鐘。

燒烤牛肋排 / 6人份還有剩

燒烤整副牛肋排及整塊牛里肌，我認為沒有比組合爐烤燒烤更好的方法了。這個方法會讓肉塊烤出極棒的炭烤香味，也讓你能完美控制溫度和時間。在夏天和冬天假期，我都會用這方法做菜，請自助餐時做牛里肌三明治，如果人數更多，我還會用這方法燒烤整副牛肋排。

做牛肋排有附加的好處，你可以做好立刻吃，但我喜歡留一點起來，還可以做成隔夜菜。肋排抹上第戎芥末醬，搭配麵包丁就是美味一餐。如果你喜歡辣味，就撒上開雲辣椒粉後再入小烤箱裡烤。我為每個人準備455公克的肋排，通常這樣的份量做隔夜菜也是夠的。

如果你想用里肌肉取代肋排，就先把里肌肉每一面都煎3分鐘左右，煎到焦香，再放涼至室溫備用，或者放入冰箱，等到烤前3小時再拿出來退冰。每455克里肌肉需要15分鐘才會烤到一分熟。

如果你希望烤肉風味較濃重，可在2到4天前就開始備料，肉用鹽醃過之後再放乾，不需加蓋，放入冰箱冷藏。

這道菜可搭配褐色奶油馬鈴薯泥（見 p.147）或早備蘑菇燉飯（見 p.350）一起吃。

材料

- 1副牛肋排，2.7公斤
- 2到5湯匙猶太鹽
- 2湯匙芥花油或橄欖油
- 2茶匙黑胡椒，事先大致壓碎或切碎
- 2茶匙芫荽籽，大致壓碎

做法

牛肋排洗乾淨後拍乾，放入適當尺寸的烤盤或鋪了餐巾紙的大盤上，撒上大量鹽，讓表層包上一層漂亮的鹽殼。這動作最好在燒烤前幾天做好，然後不包不蓋放入冰箱直到要用時再拿出來。

牛肉在燒烤前3到4小時就要先從冰箱裡拿出來退冰回溫，然後抹上油，撒上黑胡椒和芫荽籽。

在烤爐半邊搭井生火（預備把牛肋排每一面先烤到焦香），鋪開煤炭，烤架上油後擺上預熱。牛肋排放在有炭火直燒的烤架上，然後蓋上炭烤爐。牛肋排每一面烤3到4分鐘烤到焦香上色（蓋上爐蓋可讓肉沾上更多醃燻香氣，油滴下時也不會火舌亂竄）。當各面都烤上色，將肉移到炭烤爐的涼區，蓋上蓋子，再烤10分鐘。

如果這牛排要立即享用，先將烤箱預熱到 120℃（250 ℉／gas 1/2），再將肋排骨頭朝下放置烤盤上。如果要吃一分熟的，則烤到內部溫度達52℃（125 ℉）；要吃三分熟的，就烤到54℃（130 ℉）。每磅牛肉爐烤的時間需要15到20分鐘，但還是要看肉開始放進烤箱時的內層溫度。

（如果牛肋排要隔幾天才吃，請用保鮮膜包好放冰箱冷藏，等要做之前4小時先拿出來回溫，然後按照指示操作）。

從烤箱拿出肉靜置15到20分鐘，再去骨取肉，直刀劃開排骨，取下整塊肉。最好放在外圍有溝槽或引流的砧板上做這個動作。牛肋排會流出大量肉汁，可以將這些肉汁舀起來最後享用前再淋在牛肉上。如果喜歡可以將肉切片。如果你想整塊連骨一起端上桌，只要分開整塊肋排，再淋上肉汁就可以了。

炭烤春季蔬菜佐義大利黑醋 / **4** 人份

炭烤蔬吃來滿足且有複雜深度。所以當溫暖氣候來臨，當季蔬菜一上市，餐食的內容可以全是炭烤蔬菜。春天最好的一餐，莫過於一大盤炭烤蔬菜搭配少量燉飯（見p.350）。

當有各種不同蔬菜要炭烤，最重要的是只用一邊的爐子升火，要留下很大空間放置烤蔬菜，這樣可讓這些蔬菜保持溫度又不會烤過頭。這裡的蔬菜可以任選，唯一的要求是只能選品質好的。

義大利黑醋的甜味和焦香的蔬菜十分對味，可以在油醋醬裡加入義大利黑醋增加風味。

材料

- 1顆夏季南瓜，直切成四份
- 1顆櫛瓜，直切成四份
- 1顆甜洋蔥，從根部直切成四份，所以每片洋蔥瓣在爐上烤時可以不散落
- 4顆完熟李子番茄，直切成二半
- 1顆紫色包心菜，直切成二半
- 12到20支蘆筍（看尺寸大小，一人可分3到5支）
- 橄欖油

義大利黑醋醬料

- 1.5湯匙紅酒醋
- 1.5湯匙義大利黑醋（balsamic）
- 1湯匙紅蔥頭末
- 半茶匙第戎芥末醬
- 猶太鹽
- 1/4杯（60毫升）橄欖油或芥花油

做法

半邊爐子搭井升火。

蔬菜抹上油，半邊爐子的煤炭攤開，架上烤架，放上夏季南瓜、櫛瓜和洋蔥以直火加熱，每面烤3到4分鐘直到焦香上色。然後將櫛瓜和南瓜移到炭烤爐沒有火的那邊，再將洋蔥放到炭火的邊緣（可以多烤一些時間）。接著將番茄和紫色包心菜烤香上色，每面需烤3到4分鐘，然後移到炭烤爐的涼區。再來是蘆筍，放在火源上直接加熱，再蓋上爐蓋烘2分鐘，再翻動蘆筍。等到蘆筍變軟，所有蔬菜移到大盤子。

製作油醋醬：小碗裡放入醋、紅蔥頭、芥末醬。用兩隻手指捏起的鹽量調味，再將油攪入醋裡。

油醋醬淋在蔬菜上即可享用。

炭烤梨子沙拉佐蜂蜜核桃醋

4人份

水果也是令人讚嘆的炭烤料理，鳳梨、桃子、哈密瓜都因為焦香味而更美好。這裡，烤好的梨子可做搭配火腿和堅果的夏日沙拉。

油醋醬料

- 2湯匙檸檬汁
- 2湯匙蜂蜜
- 少許開雲辣椒粉
- 猶太鹽
- 2湯匙核桃油或芥花油

材料

- 1/4顆檸檬
- 3顆梨子
- 芥花油
- 4片長棍麵包或其他好品質麵包
- 橄欖油
- 225公克芝麻菜
- 115克火腿肉，切絲
- 半杯(55克)核桃，預先略烤
- 半杯(60克)帕瑪森乳酪，大致磨碎
- 新鮮現磨黑胡椒

做法

製作油醋醬：小碗放入檸檬汁、蜂蜜、開雲辣椒粉，加少許鹽調味（約兩隻手指捏起的量），再慢慢攪入油裡。

炭烤爐的半邊搭灶生火。準備好後，1/4顆檸檬汁擠到一碗水裡。梨子切成四半去核，準備時就讓梨子泡在水裡。烤梨子時，從水裡拿出拍乾，抹上芥花油，放在爐上以直火加熱，烤到梨子變軟，刀切面上出現漂亮烤痕，就可以把梨子移到涼區（如果你不喜歡一咬燙口，也可以直接放到盤子上）。長棍麵包切片放在火上兩面烤香後取下抹上橄欖油。

沙拉碗放入芝麻葉，拌上油醋醬，醬汁留下1到2湯匙。盤子分好，擺上火腿、核桃和帕瑪森乳酪。每瓣梨子再直切為兩半擺入沙拉盤上。淋上剩下的油醋醬，以胡椒調味。搭配長棍麵包一起享用。

炭烤爐魚配茴香球莖檸檬紅蔥頭

4人份

炭烤魚是個好技巧，無論做魚排或帶骨的魚都是如此。魚骨讓肉濕潤多汁。炭火的高溫使魚皮脫水成酥脆金黃，而魚裡面塞了水果蔬菜，就在魚骨頭旁，如此會讓魚肉更多汁。

我建議這道菜應搭配p.255的生煎夏日南瓜，還可以拌入沒有當作內餡填料的茴香球莖。或者也可以搭配水波煮馬鈴薯一起吃，做法是先燙軟馬鈴薯，對半切再拌入新鮮百里香、巴西里、蝦夷蔥和大量奶油，加上去皮後的茴香球莖沙拉。上菜時，旁邊點綴一瓣檸檬也是不錯的主意。替那些不喜歡魚皮的人準備一個碗放魚皮魚骨；這道溫和卻香氣逼人的魚料理中，大多數骨頭都可直接挑掉。

Branzino是歐洲的海鱸魚，若用爐烤也是一道絕妙好菜，全魚放在預熱過，溫度達230℃（450℉／gas 8）的熱烤箱爐烤（如果有對流功能也請開上）。

做法

炭烤爐架煤升火，要用足夠的炭，讓魚都可以用直火炭烤。

切下茴香球莖上的葉子留著做魚腹填料。剖開球莖，切成8片，也做內餡。每條魚的肚子裡略微上鹽，塞進2片檸檬片、2片茴香切片、茴香葉及一些紅蔥頭（如果擔心翻動魚時，裡面的餡料會掉出來，可用兩根牙籤固定好）。每面都用橄欖油擦上並撒上鹽。

烤架先抹上一層油，魚放在烤架上烤4分鐘，烤到魚皮金黃焦香。將魚翻面時，請小心勿讓內餡掉出來。蓋上爐蓋，烤到魚中心都熱了。即顯溫度計插到魚肚子貼近脊骨的地方，若顯示溫度達60℃（140℉）就是好了。（多謝魚骨頭，當你做配菜時，只要將魚靜置5分鐘左右，魚仍然多汁溫熱。）上菜前請將填料全部拿掉，即可食用。

材料

- 1顆帶葉的茴香球莖
- 細海鹽
- 4條海鱸魚，去掉鱗片魚鰓魚鰭（每隻鱸魚約25到30.5公分長，重455公克以下）
- 8片檸檬片
- 1顆紅蔥頭，切細絲
- 橄欖油

1. 準備鱸魚。　　　　　　　2. 提香料塞進鱸魚肚子。

3. 一面烤好後再翻面。　　　　4. 享用前先拿掉肚子裡的香料。

19

油炸 FRY

熱焰之極

油炸食物是最有風味的烹調方式了，但也可能是最受誤解，也最少在家使用的料理技巧。無可否認地，油炸（deep-frying）食物一定留著某些炸進去的高熱量油脂，所以我們就以為油炸食物一定是高熱量食物，但只要炸得適當，食物不該太過油膩。油炸之後，油不該滲入雞小腿的緊實肌肉，而應將雞皮裡的水分炸出來，風味透進去，當熱力穿透雞腿時，雞皮就會變得金黃酥脆。當我們把薯條丟進熱油裡，薯條裡的水分會沸騰蒸發變成無數的泡泡，把馬鈴薯的油逼走。

　　朋友羅斯‧帕森斯（Russ Parsons）是《洛杉磯時報》的美食編輯，著有《如何解讀法國薯條》（*How to Read a French Fry*），其中有個重要觀點，認為：「依據溫度及入鍋油炸的食物，存在的蒸氣和欲穿透的油脂互相碰撞，達到一種不穩定的平衡。這就是為什麼炸得好的食物外層酥脆內層柔嫩的原因。事實上，食物外層是用炸的，內層是用蒸的。」

　　高溫是美味酥香的原因，而油脂密度的影響則帶來更多好處，讓油的導熱更有效。雞腿放在180℃（350℉）的油中炸熟的時間會比放在180℃（350℉／gas 4）的烤箱快兩三倍。油的密度讓肉的風味不會隨著蒸發的水分擠出去。這是炸雞也許比烤雞有更多雞香味的另個原因。

　　雖然油炸食物是令食物美味的有效技法，但缺點就是花費太高。油可比你烤箱裡不太花錢的熱空氣要貴得多，但炸油可以過濾到容器裡再次使用。

　　為了減輕花費，我們可以使用第二種油炸技巧，「半煎炸」（panfrying）。半煎炸就是以淺量的油煎炸食物，不是只放一層薄油的煎，所用的油量也只浸到煎炸物一半的高度。我們使用這個技法處理扁薄的品項，就像豬排骨或雞肉，半煎炸的雞肉多半先裹上粉（見p.327）再炸。任何可半煎炸的食物都可以用油炸，比方裹了粉的豬排。但在大多數情況下，用油炸的反而浪費油，因為油炸和半煎炸的效果基本上都一樣。

　　半煎炸和油炸都用高溫均勻有效地烹調食物。除了多費油之外，很多人迴避油炸的理由是害怕，還有些人能避就避的原因是油炸與高熱量有關，其他人則是因為隔天還會在屋裡聞到油煙味（裝台抽油煙機很有幫助噢！），還

有人則是不喜歡清理廚房。

那麼為什麼要油炸？因為油炸食物實在太好吃了！如果你喜歡讓食物變得好吃，也許沒有比油炸更好的烹飪方法。這不是每日常備技巧，但遇上特殊日子，也許沒有比炸雞（見p.328）或蘋果肉桂甜甜圈（見p.336）更好的食物了。

油炸的三項規則

1. 永遠使用大鍋子，至少要6.6公升大，只要加滿1/3高的油（約2.4到2.8公升）。油炸會炸出大量泡泡，鍋子裡的油會升高到2倍的量。太多油放入太小的鍋子只會讓油溢出來，弄得到處一團亂，更糟的是，還會燒起來。

2. 使用溫度計確定你炸東西的溫度正確（通常是180℃到190℃／350℉到375℉）。別讓油燒得過熱。

3. 火上放著油鍋時，決不讓它離開視線。

這就是油炸應該注意的全部事項。最大的安全議題就只是別讓油燒得太熱，油不可以冒煙。如果冒煙，就是開始崩解的時候，而且冒出的黑煙也會點燃。這時請加入少許的油讓它冷卻。如果油開始燒起來，切勿驚慌，只要蓋上鍋蓋，關掉爐火，讓油冷下來。

還有幾項較不重要的因素要考慮。花生油是最好的油炸油，風味十足，起煙點又高。芥花油、玉米油和其他蔬菜油也不錯，都比花生油便宜。

食物放入鍋中不可太擠。放入太多食物會降低油溫而無法油炸食物，還會讓食物吃油。使用太多的油一樣不會炸得均勻，可能會炸不熟，或者外層無法炸出相同的脆度。

完美的炸薯條

馬鈴薯是惹上油炸麻煩的最好理由。照理說，所有食物都應該以180℃到190℃（350℉到375℉）的溫度油炸，但馬鈴薯是唯一的例外。要炸爽脆的薯條或洋芋片，都該先用135℃（175℉）的油把馬鈴薯泡上10分鐘，讓它

泡到軟，再放在架子上冷卻（放入冰箱冷藏甚至冷凍都可以）。當你要完成時，再用180℃到190℃（350℉到375℉）的油炸到金黃酥香。然後拿出薯條瀝掉油，放在墊了餐巾紙的大碗裡，一面撒上細鹽，一面翻攪薯條，立刻享用。

絕讚洋芋片

你需要削皮器或可以均勻切馬鈴薯的方法。我會用日式削片器來削馬鈴薯片。油炸關鍵是不要放太多薯片在油裡，太擠就炸不好，所以我每次只放一顆馬鈴薯的量。

油加熱到180℃（350℉）後，把第一顆馬鈴薯片丟進油裡，動作快一點，每次丟一片入鍋，就像丟撲克牌一樣。若可能，最好找人幫忙一起做，越快把薯片丟到油裡，就會炸得越均勻。用一個漏勺或濾網輕輕攪動（我都用很大的濾網攪動油，這在亞洲超市買得到）。趁這鍋在炸時，趕快切下一顆馬鈴薯，當第一批已炸得金黃，就從油裡撈出來，抖掉多餘的油，放在墊了餐巾紙的碗裡。替洋芋片撒上細海鹽時，請大力搖動碗。可放入95℃（200℉）的烤箱中保溫，繼續做下一批。

如何半煎炸

平底鍋裡倒入6到8公釐高的油，高溫加熱。當油開始起油紋，看起來油亮亮，就是油夠熱可以放入食材了。如果你不確定，用木頭筷子插入油中，如果立刻冒出泡泡就是好了，如果沒有，表示油還不夠熱。當油夠熱後，加入你想煎炸的食材，煎到底面金黃就翻面再煎炸，煎到另一面也呈現金黃色。

保持油炸食物

製作油炸食物的好處之一是可以放在熱烤箱裡，然後還維持得很好。如果你已炸出漂亮的外殼，放進熱烤箱會讓食物內層又燙又多汁。對於油炸

比較硬的肉塊，或是像雞腿這種可以耐高溫的食物，這種方法特別有用。我通常將烤箱溫度熱到120℃（250 ℉／gas 1/2），再把油炸食物放在烤架上烘烤，這溫度已經夠熱，可以讓外層酥脆，肉也會繼續熟成。食物放出的蒸氣會讓外層軟化，所以如果你的烤箱有熱氣對流，請使用這項功能。

標準裹粉程序

替原來不酥脆的食物帶來酥脆外殼的方法之一是裹粉再炸。標準的裹粉程序是用麵粉、蛋和麵包粉三重奏。

擺好三個盤子，第一個盤子放麵粉，第二盤子放打好的蛋液，只要用一兩個蛋打到均勻就好，第三盤放麵包粉。我喜歡日式麵包粉，因為效果特別乾脆，特別適合用來炸。食物沾上麵粉，讓表層乾燥，再沾上蛋液，讓它沾在乾麵粉上。接下來放入麵包粉中，讓它沾在潮濕蛋液上。

我不喜歡太厚的炸殼，除非是用來防止湯汁留出去（就像基輔雞防止奶油流出去的做法，或如油炸冰淇淋），如需要，可重複沾粉程序。

在麵粉或蛋液裡調味是增加外殼風味的好方法。試著在麵粉裡拌入大量黑胡椒、辣椒粉、洋蔥粉或大蒜粉，在蛋液裡也可加入泰國是拉差醬（Sriracha）或其他辣椒醬，也可加入新鮮香草，就看你油炸什麼來決定。

重複使用及丟棄

油炸的油可以再利用。如果經常油炸，可能需要附鍋蓋的深炸鍋專門油炸，而要保存油，只要蓋上蓋子，把油鍋放入儲藏室就可以了。或者，你也可以過濾油，放在保鮮盒中儲藏。如果是炸馬鈴薯，油可以重複使用。而炸麵糊類食物的油特別容易壞，尤其是炸過肉的油，這種油就只能用一兩次了。

最好別將廢棄的油倒入排水孔，時間一久，油會在水管中固化，也許會堵在某個地方，讓你不得不用通水管的工具。壞掉的炸油先放涼，放回原來的空油罐再丟掉。有些城市有油品丟棄方案或油品回收計畫。

迷迭香酪乳炸雞 / 6 到 8 人份

這是史上最棒的炸雞。沒錯,是我說的。如果不是,我倒想試試你的。

當我開始寫《艾德哈克在家做》(*Ad Hoc at Home*)這本書時,才真正開始留意炸雞。「艾德哈克」是湯瑪斯·凱勒在納帕谷(Napa Valley)開的餐廳,專攻家常菜。每晚都供應一種家常餐點,人人都吃這道菜。而炸雞是裡面很熱門的菜,一週要供應兩次。主廚傑夫·塞西羅(Jeff Cerciello)和戴夫·克魯茲(Dave Cruz)試過各種方法,主要都集中在如何炸出最棒的脆皮。他們最後決定炸雞裹粉用麵粉、酪乳、麵粉三重奏最棒。這點我同意,但這道菜的關鍵因素在於重鹽水。鹽讓雞多汁有味,讓迷迭香的味道更深入肉裡。所以就算脆皮歡天喜地吃完了,雞肉的風味還是會拉著你。

這裡用的濃鹽水,就像所有濃鹽水,都使用提香料提味,最好將所有食材放到水裡煮到小滾。但如果你跟我一樣有時喜歡抄捷徑加快腳步,就請拿出秤,先將一半的水加入濃鹽水需要的食材,煮到微滾之後,讓提香料在裡面浸泡 20 分鐘。量好剩餘的水,與冰塊同份量,然後將煮好的濃鹽水倒入冰塊裡。或者乾脆將濃鹽水與冰水混合。

很少人在家做炸雞,所以我喜歡請朋友一起吃。幸好這是一道可以事先做好的美味料理;雞在幾小時內都還很好吃。你可以先炸好擺在架子上,再放入 120℃(250 ℉ /gas1/2)的烤箱中直到要用時。如果你的烤箱有熱風循環的功能,請開著讓炸雞的皮保持酥脆。雞腿在低溫多放一些時間,會變得超美味又軟嫩。最後炸雞放在大盤上,用幾支乾燥迷迭香和檸檬皮碎做裝飾,就可上桌享用。

濃鹽水

- 1 顆小洋蔥,切細絲
- 4 瓣大蒜,用刀背拍平
- 1 茶匙蔬菜油
- 猶太鹽
- 5、6 支迷迭香,每支約 10 到 12 公分長
- 4.5 杯(1 公升)水
- 1 顆檸檬,切成 4 等份

材料

- 8 支雞腿,小腿和大腿分開
- 8 支雞翅,去掉雞翅尖
- 3 杯(420 克)中筋麵粉
- 3 湯匙新鮮現磨黑胡椒
- 2 湯匙紅辣椒粉
- 2 湯匙細海鹽
- 2 茶匙開雲辣椒粉
- 2 湯匙泡打粉
- 2 杯(480 毫升)酪奶
- 炸油

做法

製作濃鹽水：中型醬汁鍋以中高溫加熱，洋蔥和大蒜入鍋油煎3、4分鐘直到半透明（見p.67的出水）。加入3湯匙鹽，煮30秒左右。再加入水和檸檬，去掉籽將檸檬汁擠到水中。水煮到小滾，加鹽融化，然後離火放涼，放進冰箱冷藏。

全部雞塊放進又大又牢固的塑膠袋，袋子放進大碗中以免垮掉。冷卻的濃鹽水和提香料倒入袋子，密封好袋子，把空氣逼走越多越好。雞浸在濃鹽水裡，放入冰箱冰8到24小時，期間要不時搖動袋子讓濃鹽水重新均勻分散。

醃好後，從濃鹽水中拿出雞，用冷水沖乾淨，拍乾，放在墊了餐巾紙的架子上。烹飪前，雞可以放在冰箱長達3天，或者也可以直接料理。但理想的狀況是放入冰箱，不加蓋，放一天讓雞皮稍微乾燥，但通常我都等不及，直接烹調。

麵粉、黑胡椒、紅辣椒粉、海鹽、開雲辣椒粉及泡打粉放入碗裡攪拌均勻。將粉料分成兩碗，酪奶放入第三個碗。烘焙紙放在架子上。雞先沾上麵粉，抖去多餘麵粉，放在架子上。再將雞浸入酪奶，放在第二個麵粉碗裡裡沾上大量麵粉，然後放在架子上。

油加入深炸鍋加熱到180℃（350℉）。只要鍋子不會太擠，可以盡量放入雞塊油炸，偶爾翻動，依據雞的大小大炸12到15分鐘，炸到熟透。再拿出來放在乾淨架子上，靜置5到10分鐘再食用。

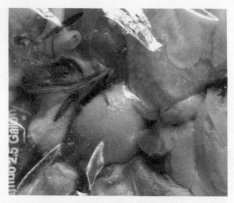

1. 用加了提香料的重鹽水醃雞。

2. 酪奶和兩碗麵粉拌合備用

3. 先將還沒裹粉的雞放入大碗中。

4. 把雞全部沾上麵粉。

5. 再把雞浸泡在酪奶中。

6. 用第二個碗再沾粉。

7. 抖掉多餘麵粉。

8. 放在架上。

魚餡玉米餅佐酪梨莎莎醬

6人份

油炸上漿食物是一種承諾，所以最好留給特別的料理，就像這道魚餡玉米餅。我的廚師朋友珊蒂·柏斯頓（Sandy Bergsten）是魚餡玉米餅的忠實愛好者，她有句話說得真好：「我點餐時總會點魚餡玉米餅，當它端上來時，我打心底興奮。清淡香脆的魚、爽脆的生菜、一點滑嫩的酪梨，再稍微淋上一點醬汁，完美結合在一起，彷彿加勒比海的假期盡在你嘴裡。再來罐加了萊姆的冰涼可樂娜啤酒，皮膚曬得紅紅的，有什麼比得過。」

你可以依己所願將食物提升到任一境界。你可以用市售的義大利三味醬和莎莎醬，但這兩種醬汁都很容易製作，絕對值得花些工夫。玉米餅也可以自己烤，但如果你不想這樣做，我建議你用麵粉餅皮，它比市售的玉米餅更能帶出魚和莎莎醬的風味。

油炸前，長條的魚先沾上天婦羅麵糊。魚切成粗條，是因為當食物表面積有大片麵糊和脆皮時，這樣做才不會喪失魚的風味。

新鮮莎莎醬料

- 3顆李子番茄，切成小丁
- 1顆小洋蔥，切細丁（份量大約是番茄丁的一半較理想）
- 1小顆jalapeño辣椒，去籽切細末
- 1小瓣大蒜，切細末（約1茶匙）
- 猶太鹽
- 少許孜然粉
- 新鮮萊姆汁
- 1湯匙新鮮香菜碎

義大利三味醬料

- 1湯匙紅蔥頭末
- 1湯匙萊姆汁
- 2個熟酪梨
- 猶太鹽

材料

- 3/4杯（105克）低筋麵粉
- 1/4杯（35克）玉米粉
- 1茶匙泡打粉
- 680克白魚，可用大比目魚、石斑、鰈魚、黑線鱈魚，深海鱈魚，或大西洋胸棘雕，切成約2×2公分的長條塊
- 細海鹽
- 炸油
- 1杯（240毫升）氣泡水
- 6個中型玉米餅，溫熱備用
- 1杯（50克）美生菜，切絲
- 半杯（40克）新鮮香菜碎
- 6片萊姆

做法

製作莎莎醬：料理前至少30分鐘就要把魚拿出來。小碗放入番茄、洋蔥、辣椒和大蒜。用孜然、萊姆汁及三指手指捏起的鹽量

調味,攪拌均勻。上桌前,請再拌一次,再加入新鮮香菜,再拌勻。

製作義式三味醬:小碗放入紅蔥頭和萊姆汁,紅蔥頭浸泡5到10分鐘。酪梨去皮去籽,肉挖到碗裡,用叉子或壓馬鈴薯的壓泥器將酪梨壓成奶油狀。用三指捏起的鹽量調味,但要足量。加入紅蔥頭和萊姆汁,與酪梨一起攪拌均勻。用保鮮膜包好,如果你前小時就先做好醬汁,就得把保鮮膜貼緊醬汁。

麵粉、玉米粉和泡打粉放入大碗,讓魚沾粉。

魚用鹽調味,放在墊了餐巾紙的盤子上濾乾。

油放入深炸鍋裡,加熱到180℃(350℉)。

當油變熱,在粉料裡加入氣泡水,用叉子或用兩根筷子攪拌成稀疏的麵糊。麵糊雖稀,但應可薄薄地包在魚上,裹上厚厚一層麵漿則不宜,也不可以稀到會從魚上掉下來。所以,如果麵漿太厚就加少許水,太薄就再拌入少許麵粉。碗裡加入魚塊,溫和攪拌使均勻裹上一層麵糊。拿出魚塊,讓多餘麵糊流去一些。將魚塊放入油裡,溫和攪拌確定炸得均勻,如需要則可翻面。炸2分鐘左右,當魚塊呈現美麗均勻的金黃色時,移到大盤子上。

每個盤子上都放上玉米餅,將魚平均分在每個玉米餅上。最後淋上大量義式三味醬,加上一些美生菜,舀入很多莎莎醬,撒上香菜碎。最後捲起玉米餅,擺上萊姆片,即可食用。

香辣玉米炸餡餅佐辣椒萊姆醬 / 15到20個

當我寫《美食黃金比例》(*Ratio*)，一再想起我有多喜歡蔬果炸餡餅(fritter)。炸餡餅是水果或蔬菜裹上麵糊再油炸，所用的麵糊就是做鬆餅的麵糊。這裡的食譜只是在麵糊中加入新滋味。你不會想用太多麵糊的，油炸時麵糊會膨漲，餡餅就變得厚重結塊。

淋醬料

- 1湯匙紅蔥頭末
- 1湯匙萊姆汁
- 1杯(240毫升)美乃滋(見p.118)
- 1/4杯(20克)香菜碎

材料

- 半杯(70克)低筋麵粉
- 1茶匙泡打粉
- 2茶匙孜然粉
- 猶太鹽
- 1/3杯(75毫升)牛奶
- 1大顆蛋
- 2瓣大蒜，切末
- 2條罐裝墨西哥醃燻辣椒(chipotle chiles)，去籽切細末
- 1湯匙醃燻辣椒裡的醬汁(adobo sauce)
- 2杯(300克)新鮮玉米粒
- 半杯(50克)洋蔥丁
- 炸油
- 新鮮香菜，撕碎

- 萊姆片

做法

製作淋醬：小碗放入紅蔥頭和萊姆汁，紅蔥頭浸泡5到10分鐘。加入美乃滋和紅蔥頭、萊姆汁攪拌均勻，再加入香菜。

麵粉、泡打粉、孜然和三隻手指捏起的鹽放入大碗中。再用小碗放入牛奶、蛋、大蒜、醃燻辣椒及罐頭醬汁攪拌均勻。倒入乾性食材中，打到二者完全混合。再把玉米、洋蔥放入另一碗中，加入麵糊，份量剛好蓋住食材即可。

大型煎炸鍋放入12公釐的油加熱，當油變熱，油紋也出現，就用湯匙將麵糊舀入油炸，一次約2湯匙的量。如果需要，可以油炸再翻面，約炸5到7分鐘，炸到餡餅外層金黃酥香且完全熟透。蔬果餡餅移到墊了紙巾的盤子上，再撒上鹽。

香菜撕碎撒在餡餅上，擺上萊姆片當裝飾，最後淋上醬汁即可食用。

炸豬排佐檸檬酸豆醬 / 4人份

以我的口味來說，做豬排最棒的方法是用半煎炸。這方法會帶出豬肉的甜香。請努力尋找當地豬商，你的努力會以美味回報。不然，就要找豬隻來源都是人道飼養的店家，如完全食物超市（Whole Foods）。一般食物賣場的豬肉多半沒什麼滋味，但如果那是你的唯一選擇，用這個方法料理鐵定最好。麵包粉在增加風味及酥脆，也是豬里肌的保護殼，以免它煮過頭，肉汁全乾掉。我建議用厚度介於2.5公分到4公分的豬排，如果肉太薄，會在脆皮形成前就老掉。

要做更好的豬排，請事先用 p.28 的鼠尾草蒜味濃鹽水醃漬。濃鹽水會增加豬排風味，也會讓肉更多汁。最後再配上簡單醬汁就完成了。

材料

- 4片帶骨豬排
- 猶太鹽
- 新鮮現磨黑胡椒
- 1杯（140克）中筋麵粉
- 1大顆蛋，加幾湯匙水打散
- 1.5杯（175克）日式麵包粉
- 炸油

檸檬酸豆醬料

- 6湯匙（85克）奶油
- 4片檸檬，每片約3公釐厚
- 3湯匙酸豆
- 1湯匙巴西里末

做法

豬排在料理前1小時就先從冰箱拿出來，兩面都撒上大量的鹽和胡椒調味。

另外找不同碟子分別放入麵粉、蛋液及麵包粉。豬排先沾麵粉，抖掉多餘的粉。再沾蛋液，再裹上麵包粉。

平底鍋放入6到12公釐的油，高溫加熱。當油熱出現油紋，豬排放入鍋裡炸3到4分鐘，炸到金黃色，翻面再炸，一樣炸3到4分鐘，炸到金黃。炸好的豬排放在架子上，此時正好可做醬汁。（如果你要先停住半煎炸程序，或者豬排需要分批炸，可以將它們放入95℃／200℉／gas 1/4的烤箱烤30分鐘。如果你要停頓滿久的時間，先它他們由一分熟炸到三分熟，後續的熟成就可以在烤箱中完成。）

製作醬汁：奶油放入小煎鍋以低溫加熱。融化時放入檸檬片，平放成一層，再放入酸豆。溫度調高到中高溫，攪拌鍋中食材。當奶油大滾且冒出泡泡時，加入巴西里，離火，繼續攪拌。

每片豬排都淋上一點醬汁，放上檸檬片及一些酸豆，即可食用。

蘋果肉桂甜甜圈 / 30個

這道甜點對那些下廚上癮的人來說，非常簡單。這個可迅速做成的麵團叫做pâte à choux（就是泡芙麵團），可做奶油泡芙，但這裡讓它裹上蘋果丁，再油炸，再滾上肉桂糖粉。這道甜甜圈作為一天的開始可說太美好，當晚餐後的宵夜點心更是非常容易，也令人印象深刻。

材料

- 4湯匙（55克）奶油
- 半杯（70克）中筋麵粉
- 2大顆雞蛋
- 1到1.5杯（120到180克）蘋果丁，1到2顆 Granny Smith 蘋果，去皮切細丁
- 1.5杯（300克糖）
- 1¼茶匙肉桂粉
- 炸油

做法

小醬汁鍋高溫加熱，放入奶油和半杯（120毫升）的水。當奶油融化水煮滾了，火關到中溫加入麵粉。拌到麵粉吸掉水分變成麵糊，再把麵糊煮30秒左右，離火。迅速攪拌，一次加入一顆蛋，再拌到完全均勻，讓麵團冷卻到可以用手碰的程度。

團中加入蘋果拌到充分混合。抓著塑膠袋從裡朝外抓住蘋果麵團，然後把塑膠袋一角剪出一個12公釐的洞。

取一個碗，大到可放入所有麵團，放入糖和肉桂粉拌勻。

平底鍋或深炸鍋裝入油加熱到180℃（350℉）。麵團擠入油中，每5公分為一段，也可依個人喜好調整大小（或將麵團用兩隻湯匙塑型，再送到油裡）。麵團炸到金黃熟透，時間需3分鐘；一個麵團切成兩半，看看中間是否固定及溫熱。從油裡撈出麵團到墊著餐巾紙的碗上瀝乾，然後滾上肉桂糖粉，即可享用。

1. 從水和奶油開始做基本的泡芙麵團。

2. 加入麵粉。

3. 麵粉會吸收水分。

4. 麵糊並不黏鍋,可以翻起來。

5. 一次一顆加入蛋。

6. 拌到蛋與奶油麵糊完全均勻。

7. 加入蘋果。

8. 用塑膠袋抓出麵團。

9. 剪掉帶子一角。

10. 將麵團擠到油裡。

11. 炸到金黃。

20

冷凍 CHILL

移除熱度

當我們定義烹飪這件事，總是把它歸納在用火煮食的範疇。我們很少承認，去除熱度也是烹飪的一部分。沒錯，我們會從烤箱或鍋子裡拿出東西。誰都可以加熱食物，但真正的技巧是知道何時移除熱度。

廚藝技巧大多教導我們食物與廚藝的作用和方法，但在了解停止加熱或扭轉火的應用上，這方面的知識卻不多。我們得注意料理的各個階段——了解蔬菜如何由硬變柔再變軟，這種學習幫助我們停止讓它由軟再到爛。我們學到設想牛排的變化應是先由軟，變成外層硬內層軟，再到整個變硬，而這就是煮過頭了。我們學到看出並了解「後熟作用」的力量：食物拿出烤箱或鍋子後，食物的溫度會繼續讓食物熟成，無論是羊腿還是卡士達醬都是如此。最終我們學到更會掌控食物，在廚房也更俐落。

餐廳廚房出於必要，一定得掌握移除熱源的技巧。如果餐廳做菜像多數人在家裡那樣，做一道菜從頭開始，然後到要吃時再完成，這樣的餐廳一定不久就倒了，因為廚房出菜的時間會太久。餐廳能夠運作，就在於把大多數食物預先煮好，然後冷卻。他們不會先煮柔嫩的肉和魚，但絕對會先煮湯和醬汁、蔬菜及澱粉類食物。有時餐廳廚房會先把肉過油煎過，等到有人點餐時再用另一半時間完成。

某種意義上，餐廳存在的目的，在於提供精美的剩菜。沒有理由家庭廚師不能受惠於預煮食物的餐廳策略。這會讓你有更多時間在晚餐派對上陪客人，或在平常工作日還能為家人準備營養美味的一餐。

冰凍冷卻的技法可以分為兩類：把食物拿離火源，將食物丟進低溫環境——也就是，溫和漸進的降溫以及急遽迅速的降溫。

溫和漸進的降溫是你在享用菜餚過程中必然的狀態，這是料理程序的一部分，但注意這種現象可以讓你成為更好的廚師。我們知道藍莓派在切之前必須先放涼，但你可不想把雞蛋放涼，這樣入口就不美味了。我們也得注意雞和羊腿的狀況，當它們從烤箱拿出來，熱度就像小電燈泡熱氣騰騰的，無法迅速降溫。油脂多的食物也較容易保留熱度。如果是表面積大的食物就會很快散熱，像是一把綠色蔬菜或義大利麵。

通常，當我們希望停止食物熟成，就會把它放到極冷的環境，如冰箱、冷凍庫、放了冰塊的碗裡、放著冰水的碗中。很多情況下，用這種方式冷卻的食物之後會再加熱，就像柔軟的綠色蔬菜經過冰鎮再加熱才完美——它們用這種方式烹煮較好，顏色會更鮮活，熟成會更準確。

義大利麵也可預先煮好，放入冰塊水中冰鎮，過濾後再拌上油。水煮蛋也需要冰鎮，以免蛋黃表面因為蛋裡的鐵及硫變成綠色。大塊柔軟的肉可以先油煎或燒烤，然後冰凍起來等要需要時再完成。香草醬和其他卡士達得過濾到碗中隔水降溫，蛋才不會煮過頭。

也有許多東西不需要先煮再冷卻的程序。讓魚再加熱一次並不好，甚至大多數的魚都不適合靜置。這對小牛肉片等又薄又軟的肉塊也適用。但一般而言，大多數的食物都可先煮到部分熟成，放涼之後再加熱，效果都不錯。

學習如何冰鎮及再加熱是餐廳廚房的技巧，但對家庭也妙用無窮。

我可以預煮什麼食物？

幾乎所有食物都可以預煮再再加熱，特別是那些會乾掉的食物或是有酥脆外殼的食物，如油脂不豐的肉、魚和很多油炸食物。有些東西熟得很快，就算你想預先煮好也不實際（如新鮮玉米）。同樣地，食物冷卻越快，再

Key Terms

後熟作用（Carryover Cooking）

食物煮好後仍繼續熟成的作用。食物在起鍋後、關火後或出爐後，依然會繼續熟成。決定後熟作用會持續多久以及以幾度熱度烹燒有各種因素，但經驗告訴我們後熟會讓溫度提升5℃（10℉）。例如，如果你需要把羊腿燒到60℃（140℉），請在內層溫度達到54℃（130℉）時就把羊腿拿出烤箱。肉中餘溫也是你不需要擔心靜置的肉會太快冷去的原因。食物的塊頭越大，後熟的溫度就升得越高，熱得越久。

1. 使用大量鹽時需要秤重。

2. 水必須要有濃鹽水的強度。

3. 與要燙的蔬菜相比，水量必須夠多。

4. 加入蔬菜後，水仍須持續滾沸。

5. 立刻拿出蔬菜加以冰水浴。

6. 冰水浴的冰塊和水的份量要一樣多。

7. 若要快速冰鎮，請晃動蔬菜。

8. 完美預煮（並冰鎮過的）四季豆，仍然保有鮮綠。

加熱就越好。

水果：任何可以煮的水果都適用，從蘋果、核果到青椒、彩椒和茄子，都可以事先預煮，需要時再再加熱。

綠色蔬菜：所有綠色蔬菜也可以事先預煮，用冰塊水冰鎮後，再加熱。質地較嫩的蔬菜（如豌豆、菜豆、花椰菜）一煮完就要立刻冰鎮，過濾，用餐巾紙墊著，包覆儲藏。葉菜類可以同樣方式烹煮冷卻，然後冰到冰箱，之後再加熱。烤過的綠色蔬菜也是如此，如芥藍菜和羽衣甘藍這種用在燉燒的蔬菜。

非綠色蔬菜：洋蔥可以先煮好。胡蘿蔔和馬鈴薯等根莖類蔬菜，如果不需要熱騰騰上桌，通常較好的做法是先保溫，要吃時再拿出來，而不是放進冰箱。

穀物和穀類製品：這類食物全部都可以事先預煮。我都會提前大致煮過義大利麵，而米的再加熱效果非常好。

乾燥豆類：所有乾燥豆類都可以事先煮好。

肉類：厚實柔軟的肉塊可以先煮到外層有風味，放入冰箱等到要用時再拿出來。厚實但堅韌的肉塊通常需要燉燒才會好吃，可先冷卻再加熱。

魚類：魚通常不該預煮。貝類要先煮過，冷卻後可吃冷的，但如果你想吃熱的，最好吃前再烹煮。

冷凍

當我們大幅移除食物的熱度，就是冰凍。我們利用冰凍使美味醬汁變成更美味的冰淇淋，或者加入糖和果汁冰成冰沙。

把食物冷凍起來保存是平日烹飪的一部分。現在我們有了冷凍櫃可以放食物。把食物冰起來已習以為常，我們很少想到這是多麼奢華的事。就像我們把許多事視為理所當然，我們也忘記冷凍也有好壞之分，就像廚房的其他技巧一樣。

經過深思的冷凍技巧包括兩部分：第一要了解冰庫裡的空氣是食物的敵

人，暴露在冷空氣中的食物會脫水且凍傷，所以最好把食物包起來。暴露在空氣的面積越少，冷凍的保存期限越長。把東西保存在冰庫的最好方法是用真空袋密封。真空袋迫使食物表面緊貼著一層塑膠，可讓水留在食物中。如果你沒有使用真空袋，就用保鮮膜把食物包得緊緊的，再包上第二層，或把包好保鮮膜的食物放在塑膠袋中。包越多層，就越能保護食物隔絕空氣，也隔絕讓食物變萵的異味。

第二個冷凍技巧就是，千萬別冰起來就忘記有這東西，然後放到壞掉。我們有多少次把東西放入冰箱，就忘了它們，任它們腐壞？我不知犯下多少次這樣的過錯。送它們進冰庫前請將食物標記好，還要經常整理冰庫，這樣才知道要利用花了時間包好、記好放冰庫的食物。

在冰塊水中加鹽會使水的溫度降低在零下。想要迅速冷卻溫熱的白酒嗎？用冰塊水加鹽的冰水浴可以讓它在5分鐘內迅速冷卻。

脆燒小牛胸 / 4到6人份

我們通常看到的小牛胸做法都是填了餡料，但我喜歡用燉燒的方法燉到牛肉軟爛，然後加以冰凍，再裹上麵包粉油炸到外層酥香但內層仍然多汁柔軟。久燉的過程會產生如夢般的醬汁，讓這道菜完美無缺。市面上賣的小牛胸有些已經去骨，有些則骨頭和軟骨都留著。如果你買的是帶骨小牛胸，請先燉燒，在放涼後、冰凍前，溫度達到可以手碰時，再將拿掉胸肉裡的骨頭和軟骨。我偏好小牛胸的油花，肥美的口感讓我總想買到帶骨的小牛胸，骨頭可以加入最後的醬汁中。如果食材取得方便，這道菜也可用小牛後胸或牛後胸代替。這項技法用來做米蘭燉牛膝（osso bucco）也很好。

材料

- 2.3到3.2公斤小牛胸
- 猶太鹽
- 芥花油
- 1大顆西班牙洋蔥，切絲
- 4、5瓣大蒜
- 1湯匙番茄泥／番茄糊
- 2片月桂葉
- 2、3根胡蘿蔔，視需要而定
- 4杯（960毫升）牛肉高湯、雞高湯、蔬菜高湯或水
- 2湯匙奶油和2湯匙中筋麵粉，拌合均勻備用

- 新鮮現磨黑胡椒
- 1/4杯（60毫升）第戎芥末醬
- 麵包粉
- 義大利三味醬（Gremolata，見p.286）

做法

小牛肉清洗後拍乾，整塊都撒上鹽。

荷蘭鍋或厚底耐烤的湯鍋倒入6公釐高的油，高溫加熱，裝小牛肉的鍋子必須夠大。油燒熱後，小牛胸每面煎香上色。拿出牛肉，倒出油，再把小牛肉放回鍋中。洋蔥絲塞再小牛肉旁邊，加入大蒜、番茄泥／番茄糊和月桂葉，再把胡蘿蔔塞到有空位的地方。加入高湯，完全蓋過小牛肉，但是份量越少越好。

烤箱預熱到135℃（275 ℉／gas 1）。

中高溫將湯汁煮到小滾，蓋上蓋子，放入烤箱烤4小時，烤到小牛肉用叉子一插就開。

蓋上蓋子，小牛肉放涼到室溫後，再小心將肉從鍋子移到砧板上。拿掉所有骨頭和軟骨，再把小牛肉放回燉汁中，蓋上蓋子，放冰箱冷藏1到3天。

到了要完成這道菜的時候，先去掉表面凝結的油脂。小心將小牛胸移到砧板上，再把湯汁重新熱到滾燙。用細網篩將湯汁濾到小醬汁鍋裡，以中溫將湯汁煮到只剩一半，將火轉到低溫。上桌前再拌入奶油麵糊，拌到醬汁變濃稠。

　　小牛胸切成4到6塊長方肉塊，用鹽和胡椒調味。先在每片牛肉上層和底部都刷上第戎芥末醬，兩面都壓入麵包粉中沾粉。取一個份量夠大可放小牛肉的煎鍋，油倒至6公釐處，以中高溫加熱。加入小牛肉塊煎3到4分鐘，煎到上層底部金黃酥香。

　　每個盤子內都放入一些醬汁，再加入牛肉塊，最後淋上義式三味醬即可食用。

蘑菇燉飯／6人份

基本上，真正最棒的人間極品燉飯只會發生在以下條件，從開始做到結束上桌事事講究，做燉飯的歷史悠久，還要了解燉飯製作的細微之處。也許，這就是燉飯為何如此難做的原因，因為它很費工，得格外留意。但還有一說，就連最沒經驗的廚師也可以做出上好的燉飯。此外，你需要幾個小時前或一兩天前就開始製作，最後再花10分鐘完成。基於這個理由，燉飯成為請客最理想的菜餚。既可作為令人眼睛一亮的配菜，也可當素食者的主菜，燉飯是真正優雅溫暖的食物。

做燉飯，我只有一條必守戒律：新鮮的高湯。因為製作燉飯需要大量水分，水會被米吸收而減少，無論你用何種高湯都會濃縮到米中，成為整道菜餚的主色調。當你用市售高湯來濃縮時，最糟的缺點因濃縮而放大，特別是鹽分。當你使用新鮮高湯，全部的優點也被濃縮。而這比在爐上的一切技巧都重要，也是做絕品燉飯的祕密。幸好取得好高湯十分容易——請見 p.63 的簡易雞高湯。

這道食譜可做四人份的燉飯，但是還是用眼睛看最準確。你甚至不需要測量米——只要簡單抓起一把米，就是一個人的份量。如果要做較輕盈的春天版本，就用櫛瓜丁、黃南瓜和甜椒代替蘑菇。

材料

- 6湯匙（85克）奶油
- 1顆中型洋蔥，切成小丁
- 猶太鹽
- 3/4杯（150克）Arborio 或 Carnaroli 米
- 1杯（240毫升）無糖白酒
- 3.5杯（840毫升）雞高湯或蔬菜高湯，或其他高湯
- 香煎蘑菇（見p.236）以及蘑菇流出的湯汁
- 1/4杯（60毫升）高脂鮮奶油
- 半杯（60克）新鮮帕瑪森乾酪碎片
- 1/4杯（20克）新鮮巴西里碎（自由選用）
- 1顆檸檬皮碎（自由選用）

做法

大煎炒鍋以中高溫加熱。放入2湯匙奶油，加入洋蔥及三指捏起的鹽一起拌炒1分鐘左右，直到洋蔥軟化透明。加入米繼續拌炒。煮2分鐘後，稍微放著烤一下，等汁收乾，再加入酒持續攪拌。如果你想，可將火開到高溫，讓酒燒掉後再繼拌炒。大力攪拌，好幫助米釋放澱粉，而澱粉可使這道菜如奶油般滑潤。

加入1杯（240毫升）高湯，持續攪拌直到高湯煮乾，米也開始出現軟滑狀。再加入1杯高湯重複相同程序。當高湯煮乾時，將米飯移到盤子上或容器裡快速冷卻。此時米粒的邊緣應該呈灰色，中心是白的，略帶咬勁。

當米飯冷卻，用保鮮膜包好放在冰箱可長達
2天（但當天使用效果最好）。

　　等到要完成燉飯時，放回煎炒鍋，加入
剩下的高湯以高溫加熱，一面攪拌直到高湯
微滾後加入蘑菇再攪拌。當高湯煮乾時，試
吃燉飯調整味道。如果米飯吃來太有嚼勁，
加入水或高湯煮到米飯軟而滑潤，但不能煮
到爛。把火關到低溫，先拌入剩下的奶油，
再加鮮奶油拌到均勻，然後是帕瑪森乾酪。
立刻上桌享用，最後可以巴西里和檸檬碎裝
飾。

魔鬼蛋 ⁄ 切成四等份的魔鬼蛋可做 **48** 片

每當有人要請客,如果端上來的是魔鬼蛋[1],我接受。每次吃它,我就會想:「為什麼我們不更常做呢?」魔鬼蛋是最精采的餐前小點,令人滿足,事先容易準備,又絕對負擔得起。俄式煎餅 blini 上放著費工的醃燻鮭魚和魚子醬,我每次還會在上面加顆魔鬼蛋。這又再次證明,食材昂貴,菜餚卻不一定美味。

如果真要挑魔鬼蛋的毛病,那就是魔鬼蛋向來上桌都是半顆蛋,這可是很大一份,你們能夠吃下多少呢?魔鬼蛋混合著濃郁的食材,你和客人的肚子一下就填滿。所以我喜歡把蛋切成四份,再利用擠花袋或湯匙將蛋黃醬加在蛋白上,這樣一口咬下更乾淨俐落。用擠花袋雖然比用湯匙較不凌亂,但也乏味不少。

至於蛋上的裝飾則看廚師個人喜好。我喜歡在上面撒點甜椒粉。如果是假日,就會改用巴西里末,夏天時加一葉龍蒿,或放上酥脆美味的麵包丁。在蛋黃醬裡也可以拌點東西,這就是主廚所謂的「內餡配料」(interior garnish)——可以拌入醃漬紅蔥頭末,或加點切得細碎的巴西里或紅洋蔥。不然,若你還想把蛋裝飾得更花俏一些(擴展蛋的主題),

就在每份蛋上加上一小團魚子醬或少許鮭魚卵。

材料

- 12顆大雞蛋,最好至少有1週大
- 1到1.5湯匙第戎芥末醬
- 1/4杯(60毫升)美乃滋(見 p.118)
- 1.5湯匙紅蔥頭末,用檸檬汁醃漬(見 p.89)
- 猶太鹽
- 新鮮現磨黑胡椒
- 可選用的裝飾:2湯匙巴西里末、龍蒿葉、小而細緻的麵包丁
- 開雲辣椒粉或甜椒粉

做法

蛋放在平底鍋裡,鍋子的大小需可平放所有蛋,但又不能大到讓蛋在裡面亂滾。加入適量的水用高溫煮沸,水量需蓋過雞蛋約2.5公分。水煮到大滾後立刻離火,蓋上鍋蓋。如果那時蛋已達室溫就在熱水燜13分鐘,還是冷的就在熱水裡燜15分鐘。

蛋用冰塊水隔水冷卻(見 p.49)10分鐘,至完全涼透。蛋冷卻的程序十分關鍵,可以防止蛋黃轉成綠色及帶著硫磺味。

剝掉蛋殼。我喜歡在冰塊水中敲破它們,因為這樣有時會比較好剝;蛋如果太新鮮就比較難剝。蛋直切剖成兩半,用湯匙把蛋黃挖在碗裡,再將半顆蛋白再剖半,等於每顆

---

[1] 魔鬼料理(devil),食物加上刺激芥末和辛香辣味的料理。魔鬼是指辣味,除魔鬼蛋外,還有魔鬼火腿。

蛋分成四份。

　　蛋黃中加入芥末、美乃滋、紅蔥頭，再用1/4茶匙的鹽及少許黑胡椒調味。所有食材攪拌均勻，蛋黃柔順如奶油。若加入巴西里末等內餡配料，這時也要拌進去。

　　蛋黃醬放進塑膠袋，在一角剪出6公釐到1公分的洞。如果你有擠花器，就插進洞中（如果只是偶爾做一次魔鬼蛋，這種擠蛋方法就已足夠，但若常常製作，就需要擠花袋和擠花嘴）。每片蛋白上擠滿蛋黃醬，撒上開雲辣椒粉或甜椒粉，或者其他選擇，就可上桌享用。

藍黴乳酪培根魔鬼蛋

切成兩半的魔鬼蛋可做 **12** 個

　　這道食譜是我從瑪琳・紐威爾那裡學來的，她是我的同事，也是首席試吃員。吃早午餐的時候，我首次端上這道菜，熱門的程度讓我覺得不把它放在這裡，可能不太道德。所有食材完美結合在一起。培根和香蔥細細剁碎很重要，可以均勻拌在蛋裡，不會搶去蛋黃味道。

材料

- 6顆雞蛋，煮成水煮蛋（見上頁），切半或四等份，蛋黃和蛋白分開
- 2到3湯匙藍黴乳酪碎
- 1/4杯（60毫升）美乃滋
- 2湯匙第戎芥末醬
- 1茶匙乾燥芥末
- 少許開雲辣椒粉（自由選用）
- 2湯匙蝦夷蔥末
- 85克培根，切細丁，煎到酥香

做法

　　取一小碗，將蛋黃和藍黴乳酪用叉子或壓泥器拌在一起，再拌入美乃滋、兩種芥末和開雲辣椒粉（如果使用）。然後拌入一半香蔥和一半培根。蛋黃醬用擠花器或勺子放入蛋白中，最後用剩下的香蔥及培根點綴即可食用。

焦糖胡桃冰淇淋 / 4杯（960毫升）

焦糖配上奶油，讓冰淇淋完全顯現二者結合的深度。就像很多焦糖料裡，鹽是調出甜味的關鍵，只要簡單地將胡桃烤過，就可以用在冰淇淋裡。但我認為加了糖和鹽的堅果更好，做個蜜胡桃雖然麻煩但也值得。

材料

- 1杯（200克）糖
- 4杯（55克）奶油
- 1杯（240毫升）高脂鮮奶油
- 2杯（480毫升）牛奶
- 8顆大蛋黃
- 1茶匙香草
- 3/4茶匙猶太鹽
- 3湯匙波本酒（自由選用）
- 蜜胡桃（見下面食譜）

做法

糖放入高邊重底的醬汁鍋以中溫加熱。當鍋子周邊的糖開始融化時，輕晃鍋子帶著糖也稍微轉動。將周邊融化的糖慢慢撥進鍋子中間，請盡量不要常常攪動糖液，不然糖會結砂（如果結砂，請繼續煮，最後一定會融化）。持續煮到糖全都化開，變成深琥珀色的焦糖。如用糖漿溫度計測量此時溫度須達160℃（320℉）。奶油加入攪化後，再將鮮奶油和1杯牛奶（約240毫升）加入攪拌均勻。將溫度升高，讓奶油糖漿煮到微滾。

蛋黃放入碗中，拌入1/2杯（120毫升）的熱鮮奶油，再將蛋液倒入醬汁鍋，煮到醬汁稍稍變濃。在沸騰前離火，放入剩下的1杯牛奶和香草、鹽及波本酒（如果使用）。混合液倒入放在冰塊的碗中冷卻。

焦糖奶油完全冷卻，然後用冰淇淋機做成冰淇淋，冰淇淋移到可裝4杯約960毫升的保鮮盒中，再拌入蜜胡桃。

蜜胡桃 / 1.5杯（200克）

材料

- 1.5杯（170克）胡桃，大致切過
- 1/4杯（60毫升）玉米糖漿
- 4湯匙（55克）奶油
- 2湯匙紅砂糖
- 鹽之花或莫頓鹽
- 開雲辣椒粉（自由選用）

做法

烤箱預熱到180℃（350℉／gas 4）

胡桃放進籃狀的濾網，有任何堅果碎渣都要搖掉。玉米糖漿、奶油和砂糖放入小醬汁鍋以中溫加熱。當奶油融化時，拌入胡桃，讓外層沾上奶油糖漿。

胡桃放在烤盤裡烤15分鐘，中間要不時翻動。此時胡桃看來有很多泡泡。胡桃在烘焙紙上攤開，趁熱撒上鹽，如果喜歡還可撒上少許辣椒粉。完全放涼。

放在完全密閉的容器中，室溫下可放2個禮拜。

葡萄柚冰沙 / 4到6人份

做法簡單並不表示它不特別。這道葡萄柚冰沙可說是我吃過最貴一餐中的一道。那是在曼哈頓的四星級餐廳吃到的，真的很棒。冰沙作為大餐清新的結尾，在炎炎夏日更是舒暢。

材料

- 2杯（480毫升）新鮮現榨葡萄柚汁
- 2湯匙糖
- 2湯匙白酒，最好是白蘇維濃（Sauvignon Blanc）或是里斯林（Riesling）

做法

用無應耐低溫的碗，放入果汁、糖、白酒（如果使用），拌到糖融化。碗放入冰庫冰30分鐘。碗拿出冰庫，將裡面已成冰晶的內容物攪碎。再放回冰庫再冰30分鐘，然後再把碗拿出來攪碎冰晶，重複這道程序直到全部變成冰沙。視冰庫的狀況，需花上2小時或2個半小時。然後蓋上蓋子，冰起來直到上桌。

結語

不久前，我在《哈芬登郵報》（*Huffington Post*）為一位常上電視的廚師辯護。這位頗受歡迎的廚師因為在她「從零開始」的食譜中使用了加工食品而備受美食圈嘲笑。我要說的是，當我開始做菜，我也用配方粉做大多數的基本備料，因為我不知道還有更好的選擇，而配方粉對我也無害。幾十年來，我們已經被跨國食品公司訓練成買現成的加工產品就好，而不是吃我們自己烹調的食物。

但這是危險的：如果年輕廚師只會用奶油白醬調理包和布朗尼蛋糕粉，他們就學不會做出自己的菜餚，甚至不知道料理粉包只是一種選擇。但是料理包裡的粉料，倒也不失為讓人願意持續做菜的一種機會。越常下廚，就做得越好，而你做得越好，就越想達到更高的境界。就像你現在讀這本書，只因為你喜歡做菜，或你想做得更好，或兩者皆是。越做越好是下廚最讓人歡喜的事。而做菜還有一個事實是，不論你屬於哪個程度，是初學者，還是四星級餐廳大廚，一定都會越做越好的。年輕的那個我也是，在用夠了奶油白醬料裡包後，也不免揣想真正的奶油白醬是什麼樣子，我要怎麼樣才做得出來。

但要如何積極而不被動地越做越好呢？

你已經在做了，因為你正在看這本書，思索廚藝的種種。你藉由自問自答食物與廚藝的相關問題，藉著比較同一道菜在兩本食譜上的異同，了解它們在食材和手法上又有何差別，而更增進手藝。

你也可以因為跟著食譜做而變得更好，而不是靠著死記硬背。食譜不是操作手冊，不像你做樂高直升機時的指示說明。食譜就像樂譜，是無數細微動作的書面描述。如果你是只會按照食譜一步一步做的廚師，我建議你，先讀食譜，了解相關步驟，把每個步驟的動作在腦海裡想一遍，買齊適量食材，然後闔上書，依照腦海中融會貫通的食譜用手做出來。

一面努力成為更好的廚師時，還要盡量買最好的食物。所以你必須知道什麼才是好食物。好好運用你的五感，這是最重要的常識。好好評估食材：它看來好嗎？聞起來好嗎？是否來自好的商家？

「垃圾進，垃圾出」，這句餐廳廚房常用的慣用語，對家庭廚房也一樣適用。如果你買的生菜已經在賣場放了一個禮拜，之前卡車運送又花了一個禮拜，那你做出來的沙拉最好也就如此。但如果你買的生菜剛剛才自當地農場摘下，基本上你可不費什麼力氣就成為世上最棒的廚神。就連廚神也無法將飼料豬做出的豬排，變成像自家飼養人工宰殺的豬排一樣好吃。但食材來源的好壞卻很難說。大賣場裡也可能有精美的產品，知名農場也可能養出乏善可陳的牲畜和植物，甚或

粗心照料牠／它們。

所有大廚和家庭廚師都該知道,買好菜就像其他廚藝技巧一樣需要培養。這是精進廚藝的第一個祕密。

如果你是初學者,我建議你熟練基本功,也就是所有烹飪都依賴的基本技法。這些基本技法主要出現在第2、14到20章。其他章節則視情況附帶說明。糕點烘培師傅首要熟悉麵粉。一旦你了解這些基本功,就要練習熟能生巧,越做越好。

如果你已經可以憑直覺及本能做菜和烘焙,就該做中學,這是增進手藝的最快方法:一面做一面觀察發生什麼事。如果你了解基本功,也知道這些基本功的原理,就可以把書丟開,創造自己的食譜。或者也可以像其他大廚一樣,在書中尋找靈感和創意,或是特殊的搭配和不太常用的技巧。

磨練基本功時,一定要深入,不能只做表面工夫。也就是說專注在一項新的備料方法或技巧,而不要同時練習好幾個。如果你從來沒做過披薩或天使蛋糕,請不要在同一餐中嘗試做兩樣。只要做披薩就好了,然後點心就做Auntie Em's餐廳的檸檬小方糕,這個點心你已練習過無數次,閉著眼睛也能做。

只要記得別永遠閉著眼做檸檬方糕就好。這方糕可是花了你好多時間才做得完美的。可是,為什麼那些主廚這麼棒?不是因為那些大廚的天賦比你高,而是因為他們一遍又一遍地烹煮菜餚。他們不是藝術天才,只是非常努力。大廚一開始做的菜決不會像他在餐廳端給你吃的那樣好吃。你也應該一遍又一遍地重複做同一道菜,然後這道菜就會越做越好。變化菜色時,也要留意各種變化如何影響每道菜。

留意,留意,再留意。最好的廚師永遠比隔壁廚檯的廚師更加警覺。每個人,在廚房,生活中,都該時時保持警覺。有人總是忘東忘西,有人卻像後腦勺也長了眼睛,對周遭狀況處處警覺。而大多數人介於中間,但我們可以越來越警覺,只要我們對周遭事物更仔細更留心。

成為更好廚師的最後方法,我很少看到有人提及,那就是:牢記。

牢記你剛剛做的事。牢記當你把卡士達拿出烤箱的樣子以及後來塌陷的樣子;把現在的狀況和你上個月或去年記得的狀況加以比較。牢記你把牛排離火時是多麼柔嫩,靜置多久時間,當你一刀切下,牛排的狀況又是如何?看來肉汁四溢嗎?還是沒有肉汁?與你之前做的4塊或40塊牛排比較。

我記得牢記的重要,因為我很清楚這點。有一次我在舊金山「祖尼咖啡」(Zuni Café)的廚房閒晃,這是我最喜歡的餐廳之一。餐廳主廚茱蒂‧羅傑斯(Judy Rodgers),是我所知最好的主廚作家之一,跟我說了件烤羊腿的事。她很了解羊,知道當羊肉經過45分鐘的

燒烤後,如果內層溫度達到38℃(100℉),她就毀了!沒有什麼方法可以把羊烤好,外層一定會在內層烤好前就乾了。「我知道。」她說:「我在『聯合餐廳』(The Union)有兩年時間每個禮拜都要烤一隻羊腿。」

她在那家餐廳把所有羊腿都用心研究過了。她記得昨天的羊腿長得什麼樣,幾個月前那隻完美無缺的羊腿又如何,還有一年前那隻好像永遠烤不熟的羊腿到底怎麼了。她努力思索為什麼那些羊腿會這樣?是因為進烤箱時烤箱溫度太冷嗎?還是因為擺在炎熱的廚房一小時的緣故?或者那時候加太多鹽了?還是捆羊時繩子紮得不對?茱蒂歲歲年年都在烹飪,但她記得烤過的每隻羊,還記得每次使用的全部材料。

你也辦得到。廚師在這方面很像醫生。醫生看過無數不同案例後學到如何診斷,好像在腦海中發展出病例檔案夾,所以當他們診斷新病例,立刻浮現經年執業中已收集好的病況模式。而廚師運用經驗評估現況的方法就很類似醫生。

下廚做菜很簡單,只要你了解基礎,並憑五感料理。一旦我們為自己做上一餐,世界就變得更美好。

後記

這本書是從西維吉尼亞州白硫磺泉鎮的綠薔薇度假村走廊上開始的,當時正在舉辦一年一度的飲食作家論壇。開了一整天研討會後,我和比爾・勒布隆(Bill LeBlond)坐在一起,他是Chronicle出版社「美食與酒」書系的編輯主任,但更重要的是,他喜歡做菜。那時,啜著薄荷酒,比爾嘆息說他做菜一點都沒進步,以前總是穩定成長。我說,我聽過很多愛做菜的人都有相同的感覺。如果你只照著食譜做菜,那就免不了如此。這就是問題所在。

「比爾,」我說:「你大概只需要知道20個烹飪技法,就足以做出所有的菜了。只要知道20個,就沒什麼你做不了的。」

比爾抬起頭,他喜歡這想法。我不假思索就脫口說出這數字,但我知道就是這數量和規模了。廚藝技法不會只有五個,也不會有上百個,大概就是20個。

「好,這本書就這麼定了!」他說,而且在我們動身去晚餐前,他已經把書名寫在度假村的便條紙上,還寫了兩遍!他把紙條撕成兩半,一半給我,一半自己留著。

那時是2009年5月,這20個烹飪技法的書籍概念就此在我腦海盤桓不去,整個夏天努力構思,然後到了秋天,我決定動筆了。

* * *

我是偶然間開始我的職業烹飪生涯，至少沒有刻意追求以料理當職業，而是以寫作為職志。但透過練習促進寫作的相同肌肉，我一頭鑽入烹飪世界，而且也愛問題。

我30出頭時在俄亥俄州克里夫蘭的一家雜誌社工作，每月寫一篇專欄，主題是跟著城裡的大廚一起做菜。從那時起，我開始感覺到食譜不是初學本或參考資料，而是別的事綜合在一起的結果。這「別的事」才是我需要知道的。這跟食譜一點關係都沒有。食譜就像在斷肢上搔癢的鬼魂，真正癢的是別處。我想大廚們一定知道別處在哪裡。

帕克・波斯雷（Parker Bosley），是我那時候撰寫過的主廚，他在城裡很有名，不但第一個與農夫建立關係，還成為季節飲食的代言人，提倡做菜要用當季食材，要吃附近生長的食物。當你這麼做，最簡單的菜也很精緻。烤雞就是例子。

「你怎麼烤雞？」我問。

「先調味，再放在mirepoix上，然後……」

「什麼是mirepoix？」我問。

他停下來看我這個拿著筆和小筆記本的作家。他停了很久才向我解釋mirepoix就是調味蔬菜，也就是洋蔥、胡蘿蔔、芹菜和其他提香料的組合物。他輕蔑的態度彷彿身上燒出一把火。你憑什麼認為你可以寫美食？你

連最基本的東西都不知道。他用那個停頓很清楚地告訴我。

那一刻再清楚不過，主廚知道我不知道的事，而這件事沒有寫在食譜裡，也不在書本上。所以當我想寫這些主廚知道而我不知道的事時，我就去了那有好多這種事的地方——美國廚藝學院。與其他地方相比，這裡大概是每平方公尺、厲害主廚聚集密度最高的地方了。

我進廚藝學校是為了寫成為主廚必須知道的事。而那時正是美國空前關注大廚工作的時刻，我希望寫出廚師意義何在的故事，包括：當你變成主廚，你該知道什麼？會成為哪種人？我還希望能學到廚藝。我九歲那年曾是積極的廚子，用自己的方法試遍無數食譜，但我從來沒有在食譜上看到mirepoix這個字，也不知道這個字會招致我尊敬的主廚對我的輕蔑。還有什麼是我不知道的？我想找出來。我進入美國廚藝學院去找what（什麼）、why（為何）及how（如何）。

而我辦到了。我很幸運分到通識廚房那班，和很多喜歡問問題的美國年輕主廚一起上課。我盡可能地訪問了每位大廚，在他們的廚房徘徊不去。我做他們做的食物，我一直在問問題。我專注於從未改變的事。食譜會變，它只是潮流，就像衣服。有些主廚的食物就像愛馬仕般精緻，有的則像Levi's，是件舒適的舊T恤，但誰好誰壞也說不準，

只是選擇和性格使然。我可以以後再研究潮流。我得先知道那些像基石的東西，那些在料理工作中根深蒂固、無可撼動的東西。

那些主廚最後總是再回到的那件事上：基本功。

我在筆記上寫著：

盧迪・史密斯（Rudy Smith）主廚，介紹熱食：「烹飪基本功就是一切，其他的只是皮毛。這些基礎功會領你走過整個料理事業，它就是每個階段的基礎功夫。」

尤威・赫斯納（Uwe Hestnar）主廚，廚房技巧團隊的領導者，之前給過我烹飪比例的講義，也說：「烹飪基本功不會改變。」

丹・圖戎主廚，開設American Bounty餐廳，說：「如何正確烹煮四季豆，就是他們在這裡要把你們真正塑造成的模樣。它真的真的很重要。你們看看那些頂尖廚神，其實他們只做了一件事，就是精熟這些基礎烹飪技巧。他們對這些技術運用自如，一直在做，做到已經成了習慣——所以他們每次煮四季豆，就是完美的四季豆。」

廚神艾斯可菲創造了廚房團隊，將他對備料的分門別類寫入《現代烹飪藝術完全指南》（*The Complete Guide to the Art of Modern Cooking*），書中開宗明義就寫基礎備料和基本功的重要。「沒有這些工夫，」他寫道：「也就沒什麼重要的東西可以嘗試的了！」

我喜歡這句話。沒有烹飪基本功，就沒有，再**沒有**什麼重要的事可以做了。典型的大廚傲慢和真話。

我把這些概念放在心裡，也寫了很多關於基本功的事，因為它們出自傑出的廚藝學校，但我懷疑，難道料理基礎功夫就只是學校的事？難道它們只是教學工具？現實世界的餐廳主廚真的有用它們嗎？從那時候開始，我花很多時間在各家餐廳廚房，並沒有聽到有人談論這些基本功。我看到高湯持續大滾，四季豆煮得很硬，再沒有人歌頌基本功這套真言祕訣了。也許那只是理想世界裡的情節。

在我完成關於廚藝學校的書後不久，又有個意外的好運，我被邀請到「法國洗衣店餐廳」，撰寫湯瑪斯・凱勒的第一本廚藝書。所有大廚裡，他的名聲無人能比。凱勒生於加州，在佛羅里達和馬里蘭長大，沒有接受過正規訓練，但就連法國人都對他大為驚嘆。曾有法國人在我耳邊偷偷告訴我：「他是美國最棒的**法式**主廚。」

於是我來到加州納帕谷的揚特維爾（Yountville），發現凱勒還沒有在那些放棄基本功只求創新技巧和菜色的廚師間取得龍頭地位。相反的，他深入鑽研基本功，把它們發揮到淋漓盡致。當我們討論廚藝，他甚至還提到四季豆的煮法。

「你怎麼煮四季豆？」他問。「你先準備適量的水，水中再放一些適量的鹽，相對於水和

鹽的份量，再放入適量的四季豆。每個環節都很重要。」

他倒了好大一壺水，用鹽調成大西洋的鹹度，讓它煮到大滾，趁水還滾著，加入很少豆子。但如果是蠶豆，他就不會一開始先用煮的，而是先剝皮（非常容易做）。他希望你先剝蠶豆（脖子會很痛），再去煮。他手下有個廚師花了一早上剝生蠶豆，然後就一股腦把蠶豆放入重鹽水中，因為太多了，水不夠，根本滾不動。凱勒恰巧經過爐台看到這情形，只對廚師說了句：「丟了！重做。」

我並不建議家庭廚師也要如此吹毛求疵，明明是很棒的豆子，做不好，就丟了。我說這故事只是想突顯這個國家最棒、最值得尊敬的大廚是這樣在做事的——並沒有多麼創新，卻在料理基礎功夫上深入探究。（「湯瑪斯，那你是怎麼煮豆子的？」我問，他回答：「我喜歡我的四季豆完全熟透。」）

我有本書在探討基礎比例，也就是食材變為成品的基本比例是什麼？比方做鬆餅麵糊而不是可麗餅麵糊，材料都是蛋、牛奶和麵粉，它們的比例是什麼？寫到這裡，我要說，知道配方比例和基礎技巧會讓你在廚房運用自如。比例就像鑰匙，轉動鑰匙，你需要技巧。如果你了解大量基礎技法，就可以登上嶄新的境地。

而且，只有將廚藝大小事化繁為簡到核心技法，我們才開始了解成就好東西和成就極致的無數細節。廚藝可以拆解成這幾個事項，無論你的程度在哪裡，是初學者還是精通的老手，只要照著做，就有無窮的用處。

附錄：工具器皿

工欲善其事，必先利其器。烹飪是一門技藝，具備對的工具十分重要。遺憾的是，我們往往把烹飪器具變成某種戀物，喜歡把那些只用過一次的便宜貨塞滿整個廚房抽屜。如果你曾經如此，就到了丟棄的時刻。我不建議買「唯一任務型工具」，也就是只有單一功能的廚房器具。但是有例外，像咖啡機就是咖啡機，只有一個功能，但我每天使用；還有我喜歡的去核器，雖然偶爾才用，而且只用在為特殊餐點去核。雖然我有我的信念，但工具這回事，最終還是你自己很個人化的選擇。我只要求你們想想工具的問題。

這裡我列出各種工具，我相信你一定都有，如果做料理已是每天的例行公事，我想你的工具對你來說一定是很好用的。

刀具

你只需要兩把好刀，一把大的和一把小的。刀子好不好，品牌很重要。我用Wüsthof的刀子，因為那盒刀具是我表妹在20年前送我的結婚禮物。Shun的刀具也很流行。J.A. Henckels出的刀也很好。我都用8吋／20公分的廚師刀和3吋／7.5公分的削皮刀，用了這麼多年，還是很好用。如果你打算一輩子都下廚，這兩種刀子可以投資。要求品質是值得的。

磨刀棒也很值得買，學習如何使用才能讓你的刀子回復鋒利。但是，還是需要找個專業磨刀的店家，每年一兩次把刀子送去磨。

切麵包刀──刀刃有鋸齒的長刀，有一把也不錯。因為要切麵包或蛋糕，若用廚師刀很容易切碎。

使用刀時，還需要砧板。請投資品質好又厚重的砧板。我偏好木頭做的砧板，厚度要有4公分，大小為46×61公分。你需要一個不會傷害刀具，也不會在工作檯滑來滑去的砧板。如果你的空間不大，請在有限空間內選一個最大最重的。我喜歡木頭砧板也因為它的質感和外觀，強烈推薦它，但是塑膠砧板也不錯。

煎炒鍋和深炸鍋

煎炒鍋的鍋緣是斜的，就是我們最常放在爐台上做菜的那個鍋子。你需要一個小型的煎炒鍋煎炒尺寸較小或份量較少的東西，而大鍋子就用來處理大份量的食物。投資買個高品質的鍋子，我推薦All-Clad的不沾鋼鍋，如果你負擔得起，還可以買銅鍋，這種鍋子比較好控制火候。

其他廠牌也出好鍋子，買你喜歡的，但要確定是厚重的鍋子。還有一點很重要，炒鍋的把手最好是金屬做的，這樣才可放入烤箱。

有時候不沾鍋也很好用，就像煎蛋或煎魚，但不一定要必備。你應該選擇高品質的

不沾鍋，不然塗層會釋出，讓食物沾鍋。好的不沾鍋需要好好對待，如此才能長久使用。

如果你想買別的鍋子，而且也負擔得起，就去買吧。就像我無法沒有鑄鐵鍋，要是沒有它我什麼都不想做——它們全是我在跳蚤市場和骨董店買來的。只要花幾分鐘工夫，好好清除生鏽的表面，就會回復原來的光澤。如果你要做飯給很多人吃，各種不同的鍋具絕對必要。但通常你只需要兩個好炒鍋，一個大的和一個小的。

醬汁鍋和荷蘭鍋

這裡我也推薦要有一個大鍋子和一個小鍋子。大湯鍋的容量有5.7到7.5公升，用來煮義大利麵和綠色蔬菜。小湯鍋的容量是960毫升到2公升，用來做醬汁、湯品、煮米和其他少量義大利麵和穀類。嚴格地說，你只需要這兩樣，但如果你常常做菜，請客人數多於一兩人，擁有各種湯鍋就很有用。

如果你要做大量高湯，有個容量15到19公升的大鍋就很方便，用來燙大量蔬菜或做龍蝦時也很實用。

我最喜歡的料理器具是鑲了搪瓷的鑄鐵荷蘭鍋，我簡直不能沒有它。它保溫良好，可以用在爐台上，也可以放進烤箱中，也防沾黏，但仍然可以讓食物褐變得很好。要做燉燒菜，沒有比這個鍋子更好的。

重要的檯面器具

桌上型攪拌機

所有檯面工具中，桌上型攪拌機是最貴但也是最重要的。我用的是Kitchen-Aid攪拌機，比食物處理機還更常使用。如果你常常下廚，我強烈推薦這台機器。難道不能用手持攪拌棒或是食物處理機代替嗎？可以，但你也放棄很多便利和品質。就像麵團用桌上型攪拌機準備最好，安上鉤型揉麵器後揉麵正好。桌上型攪拌機有各種力道速度，還附有攪拌盆——請確定你的攪拌盆至少有4.7公升——這樣就有較大空間處理份量大的備料。攪拌機附有其他器材，像是攪拌棒和磨碎器。

食物調理機

這是我第二常用的檯面器具，想要改變食物質地，食物調理機是無價之寶。而Vita-Mix是目前最好的機器，因為它馬達的力道、刀片的強度及各種變速的功能——但主要還是馬力，可以將固體物質打成均勻紋理的菜泥。但Vita-Mix很貴，如果可以選擇，請先花錢買桌上型攪拌機，再買比較不貴的調理機。若不管品質，你應該要有調理機。

食物處理機

粉碎固體和半固體食物時，食物處理機很好用。比如做麵包粉、橄欖油醋醬、豆泥、

堅果奶油、蒜味蛋黃醬、青醬和很多其他備料，是最好的工具。但是坦白說，如果你有了桌上型攪拌機和一台好的調理機，你用食物處理機的次數會少很多。

組合容器和工具

對於廚房該有的全部器具，我不想列出長長一條清單。很多東西很清楚，有些東西就很個人。廚房該有什麼工具，要看你烹飪的方法和你覺得什麼東西用來舒服。

我喜歡手邊放著各種康寧百麗系列碗盤（Pyrex）。百麗系列的碗可以讓你在事前準備時盛裝各種食材。這種碗十分耐熱，所以你可以把它們放在微滾的水中變成雙層蒸鍋，甚至可用它來烘焙。

我也是百麗量杯的忠實愛好者，建議從2公升以下，每種尺寸都擁有。大容量的量杯除了可以用來測量之外，還可以用來攪拌食材和儲存食物。我也會用小型量杯把最後吃不完的食物裝好放起來。

如果要確定肉或其他食材的熟度，我會用即顯電子溫度計。另外我也有糖漿／油炸溫度計。而電纜溫度計是用來注意烤箱中食物的溫度。

我會買三種不同大小的隨手杯——1杯／240毫升、2杯／480毫升、4杯／960毫升——可用在事前準備或儲放東西。它們的尺寸統一，容易疊放，很快就可收起來。

還有一些我不能沒有的器具，包括：漏勺；用來燉燒和盛裝的大型湯匙；一支又重又有彈性的橡皮刮刀；兩根湯勺，容量分別是60毫升（1/4杯）和235毫升（1杯）；一支很好的醬汁攪拌棒；可以磨出細粉的胡椒研磨器。如果有人把我的扁嘴木勺拿走，我可是會大發脾氣的，這是我在廚房最有用的工具之一。另外，我在工作檯附近放了一副小型磨缽和搗杵，要磨碎或敲碎東西，用它們一下就做好。還有一個Microplane磨皮器可磨柑橘皮。因為我不喜歡厚重的隔熱墊，我在爐子旁總會放條厚毛巾，方便抓起熱鍋子。爐子和砧板旁還有裝著猶太鹽的焗烤盅。

參考資料：選購食材

就尋找食材來說，我們生活在一個絕佳的時代。我甚至懷疑，連最不尋常的食材都能透過 Google 搜尋到，從網路上購買到，還直接送到家門口，這頁的資訊要不了多久就不合時宜了。舉個例子來說，我要找燉羊膝食譜中提到的鍋鏟，我不只能從廚藝權威寶拉・沃芙特（Paula Wolfert）的推薦清單中找到，也能從沃芙特自己為香料調味寫的食譜中找到連結。

此外，透過 Ruhlman.com 的網站，我通常會親自為網友解惑。若您想知道常見問題的答案，想更了解我個人，或是和我透過電子郵件聯絡，不妨來我的網站逛逛。若是想找一些這本書裡提到的工具來源，像是一把秤、溫度計和削皮器，以及我自己常用工具組中的 All-Strain 過濾紗網，請參照 Ruhlman.com/shop。

當然，網海無涯，為了找到最佳產品，我們的確需要一些指引。如果您正在尋找製作明蝦玉米粥用的優良玉米粉，或是很好的玉米餅，是非基因改造的有機穀類食材，也可以上 AnsonMills.com 網站直接訂購。

為了滿足我的醃漬需要，我會去 Butcher & Packer 這家醃肉店，網址是 Butcher-packer.com。在這裡，您可以找到一整列製作香腸的產品，而他們家也賣 DQ Cure #1 這個牌子的亞硝酸鈉，就屬性類別來說，也就是一般所稱的粉紅鹽。為了避免誤食，它通常被染成粉紅色，因為一旦誤食過量，會對身體造成嚴重損害。亞硝酸鈉是一種重要的醃漬用鹽，也是一種抗菌劑，在醃豬肉這道菜裡，它可以左右培根和火腿的風味。至於燒烤／碳烤料理中，烤過頭焦掉的食物，會使粉紅鹽醃漬的食物溫度飆到很高，這已經證實發現會產生亞硝胺類的致癌物質。不過只要按指示使用，用量適當，亞硝酸鈉應不至於對健康造成威脅。

特殊用鹽在成就許多菜色上，是無價的。莫頓鹽和鹽之花如今在特產店都很常見，而這些品牌的鹽和其他更多種鹽，有個很好的線上購物網站 The Meadow 可以一網打盡，網址是 AtTheMeadow.com。

做優格的乳酸菌在很多超市和健康飲食店都買得到。而 leeners.com 是在網路上很好的店家，可以買到很多不同的菌株，適用各種不同的發酵製品。

有個主廚告訴我，主廚最驚奇的工具是網路，而它也是家庭廚師最好的朋友。

致謝

這本書獻給安大略省奧克維爾的瑪琳·紐威爾，感謝她的寶貴想法與組織，還有不懈的精神及廚房中充滿智慧的操作，讓這本必須在短期內完成的書得以寫成。我是個有強制寫作習慣的作家——我不得不寫，就像鯊魚不得不游泳。而瑪琳是美食網站CooksKorner（www.cookskorner.com）的經營者，也是有強制習慣的廚師，而且是好的、會自我教育的那種。能定義她這個人的，就是難以形容也鮮為人知的終極源頭：熱情。瑪琳是熱情洋溢的廚師，詢問主廚想在年輕新廚子身上看到什麼，他們的回答從來不是良好的教育、師承、推薦信，也不是聰明，有雙巧手，或是動作快，答案幾乎總是熱情。其他的都可以教，唯有熱情無法教。

寫書期間，瑪琳負責測試再測試，評論和修改配方。她不只一次拿著書中食譜思考如何改進，追查廚房步驟的每個變化，確定每個步驟的實際狀況，加以修正。當所有食譜就快公諸於世，她招募一小群廚師，又再做了一次測試、評論，解決我們無法確定的問題。如果這本書有哪道食譜配方沒有效果，我們知道該找誰負責。（開玩笑的，瑪琳！我向妳鞠躬，致上深深謝意。你完成了不起的工作，沒有妳我根本無法完成此書。）我也向測試團員致上謝意，包括芭芭拉·萊德勞、馬修·茅原、唐娜·諾辛格、金·舒克。謝謝各位。

感謝Chronicle出版社編輯比爾·勒布隆，他靈光一閃說：「終於出現一本我可以真正強推的書了！」（等等，我說了什麼？！）

我還要向凡妮莎·狄納致謝，她讓我送去的黑白稿子變成如此高雅的版面。還有文字編輯茉蒂·鄧哈，她讓混亂變清楚，讓錯誤及不確定的食譜與指示變為正確，總是不居功地讓我成為獨享讚譽的人。謝謝妳，茉蒂。

本書的某些想法，只要我遇到問題或需要回應時，我有很多大廚可依靠，十分幸運可以拜訪他們，更謝謝他們的友情，包括：麥克·帕德斯、鮑伯·戴格羅索、戴夫·克魯茲、香娜·費雪、萊登、柯里·巴雷、麥克·西蒙、道格·卡茲和艾力克·里佩爾。

我從湯瑪斯·凱勒那裡學到許多，從細節（像是用柑橘醃鮭魚），到技巧（烹飪、製作菜泥、為湯和醬汁蒸蔬菜），再到廚房裡的哲學（精妙之道），已說不清楚何處我起頭，何處他終結。

最後向我的妻子唐娜致上無盡謝意，她的攝影為本書增添光彩。唐娜多年來一直擔任報紙和雜誌的攝影師，興趣在藝術，從不是食物，卻因為這段婚姻進入食物攝影的世界，讓我高興自豪的是，她像個新聞記者般照料一切，了解我對食物攝影的興趣僅在傳達訊息，也了解這些食物在家庭廚房應該呈現的真實樣貌。唐娜，我是妳最大的負擔，妳卻不當一回事。為此，為了一切，謝謝妳。